高等院校软件应用系列教材

U0279946

机械制图与
计算机辅助三维设计

主　编　江方记

副主编　尧　燕　陈　绚

主　审　黄雪云

重庆大学出版社

内容提要

本书是在总结多年高等职业教育经验的基础上,根据教育部对高等职业教育的最新要求编写的系列教材。本书主要介绍了制图基本知识与技能、投影法的基本知识、基本几何体的三视图及尺寸标注、组合体的三视图及尺寸标注、轴测图(GB/T 4458.3—2013)、机件常用的表达方法、标准件和常用件、零件图、装配图、第三角画法和计算机辅助三维设计等。同时,本书为适应高职院校文化育人、复合育人和协同育人的培养需求,对部分内容进行了适当的加深和拓宽,并加大了对机械工程图的识读和计算机辅助三维设计训练。全书采用了我国最新颁布的《技术制图》与《机械制图》国家标准以及与制图有关的其他国家标准。

本书既可作为高等职业技术院校机械类和近机类各专业的教材,也可作为其他专业及相关专业岗位培训的教材,还可供从事机械工程的科技人员参考。

图书在版编目(CIP)数据

机械制图与计算机辅助三维设计/江方记主编. ——
重庆:重庆大学出版社,2021.7(2022.8 重印)
高等院校软件应用系列教材
ISBN 978-7-5689-2811-3

Ⅰ.①机… Ⅱ.①江… Ⅲ.①机械制图—计算机制图
—高等学校—教材 Ⅳ.①TH126

中国版本图书馆 CIP 数据核字(2021)第 122527 号

机械制图与计算机辅助三维设计
JIXIE ZHITU YU JISUANJI FUZHU SANWEI SHEJI

主 编 江方记
副主编 尧 燕 陈 绚
主 审 黄雪云
策划编辑:鲁 黎

责任编辑:姜 凤 版式设计:鲁 黎
责任校对:邹 忌 责任印制:张 策

*

重庆大学出版社出版发行
出版人:饶帮华
社址:重庆市沙坪坝区大学城西路 21 号
邮编:401331
电话:(023)88617190 88617185(中小学)
传真:(023)88617186 88617166
网址:http://www.cqup.com.cn
邮箱:fxk@cqup.com.cn(营销中心)
全国新华书店经销
重庆市国丰印务有限责任公司印刷

*

开本:787mm×1092mm 1/16 印张:26.5 字数:681 千
2021 年 7 月第 1 版 2022 年 8 月第 2 次印刷
ISBN 978-7-5689-2811-3 定价:55.00 元

前　言

本书是为了适应高职院校针对"机械制图与计算机辅助三维设计"课程的需求,满足机械工程类各专业的教学需要,总结了作者多年来机械制图与计算机辅助三维设计方面的教学和工作经验,参考各方面的意见而编写的。

本书以应用为目的、以够用为度,紧密结合机械工程各专业的实际需求和高职院校文化育人、复合育人和协同育人的培养模式,知识涵盖面广,不仅有利于拓展学生的视野,也便于教师根据不同专业和学时需要进行适当的取舍。

全书共分 11 章,主要包括以下内容:

第 1 章　制图基本知识与技能

第 2 章　投影法的基本知识

第 3 章　基本几何体的三视图及尺寸标注

第 4 章　组合体的三视图及尺寸标注

第 5 章　轴测图

第 6 章　机件常用的表达方法

第 7 章　标准件和常用件

第 8 章　零件图

第 9 章　装配图

第 10 章　第三角画法

第 11 章　计算机辅助三维设计

本书采用了国家最新颁布的《技术制图》和《机械制图》标准有关规定及各专业现行制图标准,包括《机械制图 轴测图》(GB/T 4458.3—2013)、《机械制图 剖面区域的表示法》(GB/T 4457.5—2013)、《技术制图 简化表示法 第 1 部分:图样画法》(GB/T 16675.1—2012)、《螺纹 术语》(GB/T 14791—2013)、《普通螺纹 公差》(GB/T 197—2018)、《轴用弹性挡圈》(GB/T 894—2017)、《弹性圆柱销 直槽 重型》(GB/T 879.1—2018)、《圆柱蜗杆传动基本参数》(GB/T 10085—2018)、《滚动轴承 分类》(GB/T 271—2017)、《产品几何技术规范(GPS)几何公差 形状、方向、位置和跳动公差标注》(GB/T 1182—2018)、《机械工程 CAD 制图规则》(GB/T 14465—2012)、《机械产品三维建模通用规则》(GB/T 26099.1～4—2010)等。同时出版的《机械制图与计算机辅助三维设计习题集》,可与本书配套使用。

本书由江方记担任主编，尧燕和陈绚担任副主编。由黄雪云担任主审。其中，书中全部内容由江方记编写，尧燕、陈绚等对本书作了非常细致的修改和绘图工作，并根据长期的教学实践和工作经验为本书提出了许多建议，在此表示衷心的感谢。

由于编者水平有限，书中疏漏之处在所难免，敬请各位同行和读者批评指正。

编　者

2021 年 3 月

目录

绪　论

1）本课程的研究对象

根据 GB/T 13361—2012 的有关定义,在工程技术中,为了准确地表达物体的形状、结构和大小,将根据投影原理、国家标准和有关规定画出的图,称为图样。

图样是设计者表达设计意图,制造者组织生产和指导生产的依据,也是使用者了解机器结构、性能、操作和维护方法的重要工具。因此,图样被称为工程技术上的语言,是“工程技术界的共同语言”。

在现代机械工业生产中,各种车辆、船舶、航天飞机、机床,冶金化工设备和仪器仪表等都是根据机械工程图样进行生产和装配的,而且在使用这些机器、设备和仪表时,都必须通过阅读图样来了解它们的结构和性能,因此,工程技术人员若缺乏绘制和阅读机械工程图样的能力,就无法以工程界的语言进行交流。每个工程技术人员都必须掌握这种工程界的语言,具备绘制和阅读机械工程图样的能力。

随着科学技术的突飞猛进,机械制图理论与技术等得到了很大发展。尤其是在信息技术迅速发展的今天,采用计算机绘图在工业生产的各个领域已得到广泛应用。随着各种先进的绘图软件的推出,机械制图技术必将在我国现代化建设中发挥出越来越重要的作用。

2）本课程的学习任务

本课程的主要学习目标是掌握绘制和阅读机械工程图样的理论和方法,掌握机械工程图样的绘图和读图技能,同时具备相应的空间想象力。

本课程的具体学习任务如下:

①学习投影法,掌握正投影法的基本理论及应用。

②培养空间构思能力、分析能力和空间问题的图解能力。

③学习、贯彻技术制图与机械制图国家标准及有关规定,具有查阅标准和手册的初步能力。

④学习使用绘图仪器进行徒手绘制工程图样的能力。

⑤学习计算机辅助三维设计的相关知识及应用能力。

⑥学习阅读工程图样的基本能力。

⑦培养耐心细致的工作作风和严肃认真的工作态度。

3）本课程的学习方法

当今世界，智能制造行业发展迅猛，机械类专业知识的学习内容也越来越多。机械制图作为机械类专业基础课程，与其他机械类专业课和实训课程有着密切的联系。为了学好这门课，除了勤奋苦练之外，还要掌握以下必要的学习方法。

①本课程注重实际应用及技能的培养，是一门实践性较强的技术基础课程。平时需要多画图、多读图和多想象。深入理解"三维到二维"图形之间的转换规律以及由二维图形想象三维图形的正确方法。

②在仪器绘图及徒手绘图练习中，掌握正确的绘图和读图方法与步骤。

③图样是工程技术上的指导设计生产的依据，一旦出错，将会造成重大的损失，所以应培养自己细致的工作作风和严肃认真的工作态度。

④掌握计算机辅助三维设计的相关知识，并在机械制图课程学习中进行应用。

⑤以国家标准来规范自己的绘图行为。

⑥培养自己的自学能力和创新能力。

4）我国工程图学的发展历史

据出土文物考证，我们的祖先在新石器时代就能绘制一些几何图形和花纹，并具有简单的图示能力。

在春秋时期的一部技术著作《周礼·考工记》中，有画图工具"规、矩、绳、墨、悬、水"的记载。在战国时期，我国人民就能运用设计图来指导工程建设，距今已有 2 400 多年的历史。因此，"图"在人类社会的文明进步和推动现代科学技术的发展中起着非常重要的作用。

自秦汉起，我国已出现图样的史料记载，并能根据图样建造宫室。宋代李诚所著《营造法式》一书，总结了我国历史上的建筑技术成就。全书共 36 卷，其中，有 6 卷是图样，包括平面图、轴测图和透视图。这是一部闻名世界的建筑图样巨著，图上运用投影法表达了复杂的建筑结构，这在当时是极为先进的。

18 世纪欧洲的工业革命，促进了一些国家科学技术的迅速发展。法国科学家蒙日在总结前人经验的基础上，根据平面图形表示空间形体的规律，应用投影方法创建了画法几何学，从而奠定了图学理论的基础，使工程图的表达与绘制实现了规范化。

随着生产技术的不断发展，以及农业、交通和军事等器械日趋复杂和完善，图样的形式和内容也日益接近现代工程图样，如清代程大位所著《算法统宗》一书的插图中，就有丈量步车的装配图和零件图。

制图技术在我国虽有光辉成就，但因长期处于封建制度的统治，在理论上，缺乏完整的、系统的总结。中华人民共和国成立前的近百年，我国又处于半封建半殖民地的状态，致使工程图学停滞不前。

20 世纪 50 年代，我国著名学者赵学田教授简明而通俗地总结了三视图的投影规律——长对正、高平齐、宽相等。1956 年，原机械工业部颁布了第一个部颁标准《机械制图》。1959 年，国家科学技术委员会颁布了第一个国家标准《机械制图》，随后又颁布了国家标准《建筑制图》，使全国工程图样标准得到了统一，标志着我国工程图学进入了一个崭新的阶段。

随着科学技术的发展和工业水平的提高，技术规定不断修改和完善，先后多次修订国家标准《机械制图》，并颁布了一系列的《技术制图》与《机械制图》新标准。截至 2019 年，我国正在实施的《技术制图》和《机械制图》国家标准中已有多项标准被修改或替代。此外，我国在改进制图工具和图样复制方法、研究图学理论和编写出版图学教材等方面也都取得了可喜的成绩。

在第一台计算机问世后，计算机技术以惊人的速度发展，计算机绘图已深入应用于相关领域。在实际工程设计过程中，传统的尺规绘图模式也基本退出了历史的舞台，取而代之的是先进的计算机辅助设计（CAD）模式。

第 **1** 章
制图基本知识与技能

1.1　制图的基本规定

　　机械图样是现代设计和制造机械零件与设备过程中的重要技术文件。为便于生产、管理和进行技术交流,中国国家标准化管理委员会依据国际标准化组织制定的国际标准,制定并颁布了《技术制图卷》《机械制图卷》等一系列技术产品文件的国家标准,其中,对技术制图和机械制图的基本规定、图样画法、尺寸注法、图形符号及表示法和常用结构要素表示法等都制定了统一的规范。《技术制图卷》国家标准是一项基础技术产品文件标准的汇编,在内容上具有统一性和通用性的特点,它涵盖了机械、建筑、水利和电气等行业,处于制图标准体系中的最高层次。《机械制图卷》国家标准是机械类的专业制图标准。这两个国家标准是机械图样绘制和识读的准则,生产和设计部门的工作人员都必须严格遵守,并牢固树立标准化的观念。

　　每一项国家标准都有它的标准代号,如"GB/T 14689—2008",其中"GB"表示国家标准,它是"国家标准"汉语拼音的缩写,简称"国标";"T"表示推荐性标准(如果不带"T",则表示国家强制性的标准);"14689"表示该标准的编号;"2008"表示该标准是 2008 年颁布的。

　　本章介绍了《技术制图卷》和《机械制图卷》中对机械图样的图纸幅面、比例、字体、图线和尺寸标注等部分的基本规定。

1.1.1　**图纸幅面和格式**(GB/T 14689—2008、GB/T 10609.1—2008)

1)图纸幅面尺寸及其公差

　　图纸幅面是指图纸宽度与长度组成的图纸大小。为了方便图样的绘制、使用和管理,图样均应绘制在标准的图纸幅面上。

　　绘制技术图样时,应优先采用表 1.1 所规定的基本幅面,必要时也允许选用表 1.2 和表 1.3 所规定的加长幅面。这些幅面的尺寸是由基本幅面的短边成整数倍增加后得出的,如图 1.1 所示。图 1.1 中粗实线所示为基本幅面(第一选择),细实线所示为表 1.2 所规定的加长幅面(第二选择),虚线所示为表 1.3 所规定的加长幅面(第三选择)。

　　图纸幅面的尺寸公差请参照国家标准 GB/T 148—1997 中的有关规定。

表 1.1　基本幅面(第一选择)　　　单位:mm

幅面代号	尺寸 $B \times L$
A0	$841 \times 1\ 189$
A1	594×841
A2	420×594
A3	297×420
A4	210×297

表 1.2　加长幅面(第二选择)　　　单位:mm

幅面代号	尺寸 $B \times L$
A3×3	420×891
A3×4	$420 \times 1\ 189$
A4×3	297×630
A4×4	297×841
A4×5	$297 \times 1\ 051$

表 1.3　加长幅面(第三选择)　　　单位:mm

幅面代号	尺寸 $B \times L$
A0×2	$1\ 189 \times 1\ 682$
A0×3	$1\ 189 \times 2\ 523$
A1×3	$841 \times 1\ 783$
A1×4	$841 \times 2\ 378$
A2×3	$594 \times 1\ 261$
A2×4	$594 \times 1\ 682$
A2×5	$594 \times 2\ 102$
A3×5	$420 \times 1\ 486$
A3×6	$420 \times 1\ 783$
A3×7	$420 \times 2\ 080$
A4×6	$297 \times 1\ 261$
A4×7	$297 \times 1\ 471$
A4×8	$297 \times 1\ 682$
A4×9	$297 \times 1\ 892$

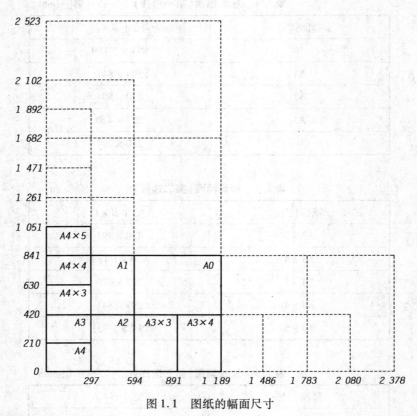

图 1.1　图纸的幅面尺寸

2）图框格式

图框是图纸上限定绘图范围的线框。图样均应绘制在用粗实线画出的图框内,其格式分为不留装订边和留有装订边两种,但同一产品的图样只能采用一种格式。

不留装订边的图纸,其图框格式如图 1.2、图 1.3 所示。留有装订边的图纸,其图框格式如图 1.4、图 1.5 所示。图框尺寸均按表 1.4 的规定。

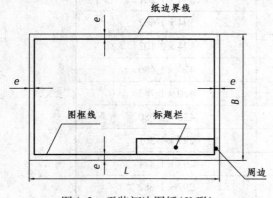

图 1.2　无装订边图纸（X 形）
的图框格式

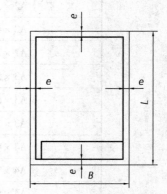

图 1.3　无装订边图纸（Y 形）
的图框格式

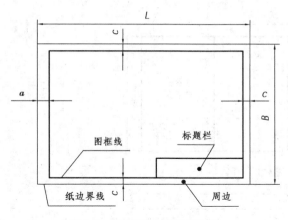

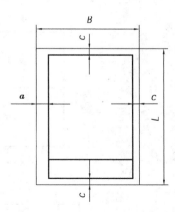

图 1.4　有装订边图纸(X 形)　　　　图 1.5　有装订边图纸(Y 形)
的图框格式　　　　　　　　　　　的图框格式

表 1.4　图框尺寸

单位:mm

幅面代号	A0	A1	A2	A3	A4
$B \times L$	841 × 1 189	594 × 840	420 × 594	297 × 420	210 × 297
e	20			10	
c	10			5	
a	25				

加长幅面的图框尺寸,按所选用的基本幅面大一号的图框尺寸确定。例如,A2 × 3 的图框尺寸,按 A1 的图框尺寸确定,即 e 为 20(或 c 为 10),而 A3 × 4 的图框尺寸,按 A2 的图框尺寸确定,即 e 为 10(或 c 为 10)。

3)标题栏

(1)基本要求

按照国家标准的有关规定,每张图纸上都必须画出标题栏。标题栏中的字体,签字除外应符合国家标准 GB/T 14691—1993 中的要求。标题栏的线型应按照国家标准 GB/T 17450—1998 中规定的粗实线和细实线的要求绘制。标题栏中的"年月日"应按照国家标准 GB/T 7408—2005 的规定格式填写。需缩微复制的图样,其标题栏应满足国家标准 GB/T 10609.4—2009 的要求。

(2)标题栏的组成

标题栏一般由更改区、签字区、其他区、名称及代号区组成,如图 1.6 和图 1.7 所示,也可按实际需要增加或减少。标题栏的分区主要内容如下:

①更改区:一般由更改标记、处数、分区、更改文件号、签名和年月日等组成。

②签字区:一般由设计、审核、工艺、标准化、批准、签名和年月日等组成。

③其他区:一般由材料标记、阶段标记、质量、比例和共　张第　张和投影符号等组成。

④名称及代号区:一般由单位名称、图样名称、图样代号和存储代号等组成。

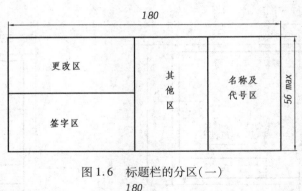

图 1.6　标题栏的分区(一)

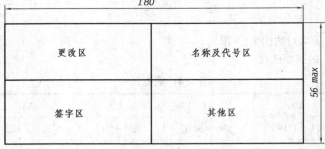

图 1.7　标题栏的分区(二)

(3)标题栏的尺寸与格式

标题栏中各区的布置可采用图 1.6 的形式,也可采用图 1.7 的形式。当采用图 1.6 的形式配置标题栏时,名称及代号区中的图样代号和投影符号应放在该区的最下方。标题栏各部分尺寸与格式,可参照图 1.8。

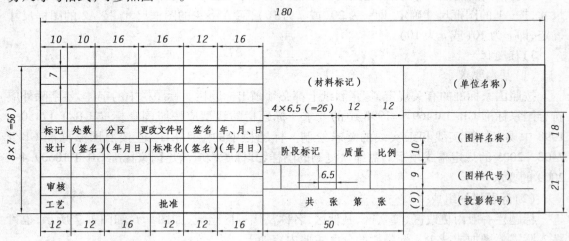

图 1.8　标题栏的尺寸与格式

(4)标题栏的填写

①更改区:更改区中的内容应按照由下而上的顺序填写,也可根据实际情况顺延,或放在图样中其他的地方,但应有表头。

a. 标记:按照有关规定或要求填写更改标记。

b. 处数:填写同一标记所表示的更改数量。

c.分区:必要时,按照有关规定填写。

d.更改文件号:填写更改所依据的文件号。

e.签名和年月日:填写更改人的姓名和更改的时间。

②签字区:一般按设计、审核、工艺、标准化、批准等有关规定签署姓名和年月日。

③其他区。

a.材料标记:对需要该项目的图样一般应按照相应标准或规定填写所使用的材料。

b.阶段标记:按有关规定由左向右填写图样的各生产阶段。

c.质量:填写所绘制图样相应产品的计算质量,以千克(kg)为计量单位时,允许不写出其计量单位。

d.比例:填写绘制图样时所采用的比例。

e.共　张第　张:填写同一图样代号中图样的总张数及该张所在的张次。

f.投影符号:第一角画法或第三角画法的投影识别符号(图 1.9)。如采用第一角画法时,可以省略标注。

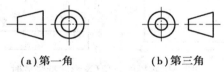

(a)第一角　　　　　(b)第三角

图 1.9　第一角画法和第三角画法的投影识别符号

④名称及代号区。

a.单位名称:填写绘制图样单位的名称或单位代号。必要时,也可不予填写。

b.图样名称:填写所绘制对象的名称。

c.图样代号:按有关标准或规定填写图样的代号。

(5)标题栏的方位

标题栏的位置应位于图纸的右下角,如图 1.2 至图 1.5 所示。

标题栏的长边置于水平方向并与图纸的长边平行时,则构成 X 形图纸,如图 1.2、图 1.4 所示。若标题栏的长边与图纸的长边垂直时,则构成 Y 形图纸,如图 1.3、图 1.5 所示。在此情况下,看图的方向与看标题栏的方向一致。

为了利用预先印制的图纸,允许将 X 形图纸的短边置于水平位置使用,如图 1.10 所示,或将 Y 形图纸的长边置于水平位置使用,如图 1.11 所示。

4)对中符号

为了使图样复制和缩微摄影时定位方便,对表 1.1 和表 1.2 所列的各号图纸,均应在图纸各边长的中点处分别画出对中符号。

对中符号用粗实线绘制,线宽不小于 0.5 mm,长度从纸边界开始至伸入图框内约 5 mm,如图 1.10、图 1.11 所示。

对中符号的位置误差应不大于 0.5 mm。

当对中符号处在标题栏范围内时,则伸入标题栏部分省略不画,如图 1.11 所示。

5)方向符号

如图 1.10、图 1.11 所示,对于按照规定使用预先印制的图纸时,为了明确绘图与看图时图纸的方向,应在图纸的下边对中符号处画出一个方向符号。

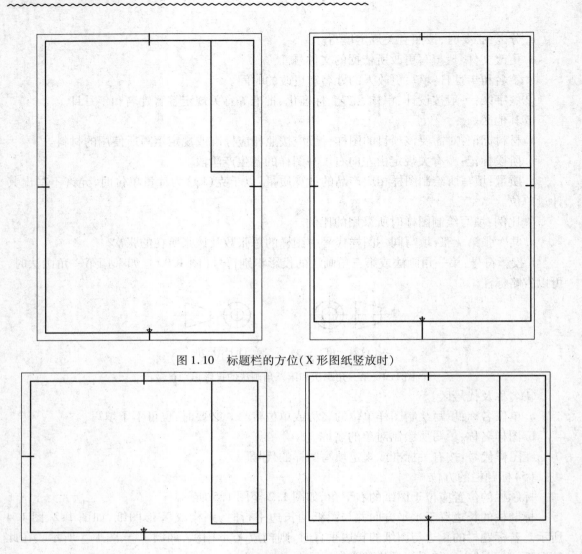

图 1.10　标题栏的方位(X 形图纸竖放时)

图 1.11　标题栏的方位(Y 形图纸横放时)

方向符号是用细实线绘制的等边三角形,其大小和所处的位置如图 1.12 所示。

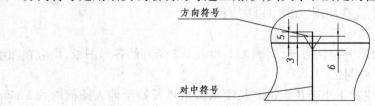

图 1.12　方向符号的尺寸和位置

6)剪切符号

为了使复制图样时便于自动切剪,可在图纸(如供复制用的底图)的 4 个角上分别绘出剪切符号。剪切符号可采用直角边边长为 10 mm 的黑色等腰三角形,如图 1.13(a)所示。

当使用这种符号对某些自动切纸机不适合时,也可将剪切符号画成两条粗线段,线段的线宽为 2 mm,线长为 10 mm,如图 1.13(b)所示。

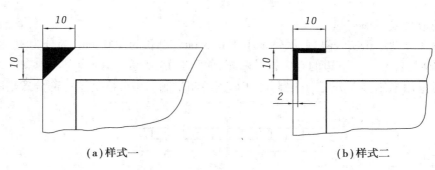

(a)样式一　　　　　　　　　　(b)样式二

图1.13　剪切符号

7)投影符号

第一角画法的投影识别符号,如图1.9(a)所示。第三角画法的投影识别符号,如图1.9(b)所示。

投影符号中的线型用粗实线和细点画线绘制,其中,粗实线的线宽不小于0.5 mm。投影符号一般放置在标题栏中名称及代号区的下方。

8)图幅分区

必要时,可用细实线在图纸周边内画出分区,如图1.14所示。图幅分区数目按图样的复杂程度确定,但必须取偶数。每一分区的长度应在25～75 mm选择。

分区的编号,沿上下方向(按看图方向确定图纸的上下和左右)用大写拉丁字母从上到下顺序编写,沿水平方向用阿拉伯数字从左到右顺序编写。当分区数超过拉丁字母的总数时,超过的各区可用双重字母依次编写,例如,AA,BB,CC等。拉丁字母和阿拉伯数字的位置应尽量靠近图框线。

在图样中标注分区代号时,分区代号由拉丁字母和阿拉伯数字组合而成,字母在前、数字在后并排书写,如B3,C5等。当分区代号与图形名称同时标注时,则分区代号写在图形名称的后边,中间空出一个字母的宽度,例如,A B3;E-E A7等。

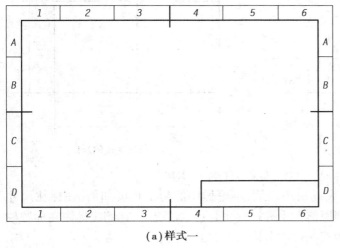
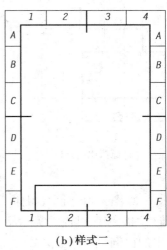

(a)样式一　　　　　　　　　　(b)样式二

图1.14　图幅分区

9)米制参考分度

对于用作缩微摄影的原件,可在图纸的下边设置不注尺寸数字的米制参考分度,用以识别缩微摄影的放大或缩小倍率。

米制参考分度用粗实线绘制,线宽不小于 0.5 mm,总长为 100 mm,等分为 10 格,格高为 5 mm,对称地配置在图纸下边的对中符号两侧,如图 1.15 所示。

当同时采用米制参考分度与图幅分区时,则绘制米制参考分度的这一部分省略图幅分区。

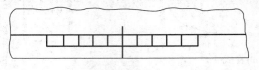

图 1.15　米制参考分度

10) 预先印制的图纸

图纸可以预先印制,预先印制的图纸一般应具有图框、标题栏和对中符号 3 项基本内容。而其他内容如剪切符号、图幅分区、米制参考分度等可根据图纸的用途和使用情况确定其取舍,也可根据具体需要临时绘制。

1.1.2　比例(GB/T 14690—1993)

图样的比例,是图中图形与其实物相应要素的线性尺寸之比。线性尺寸是指相关的点、线、面本身的尺寸或它们的相对距离,如直线的长度、圆的直径、两平行表面的距离等。

比例的符号为":",比例应以阿拉伯数字表示,如 1:1,1:100 等。如图 1.16 所示,比值为 1 的比例,叫作原值比例,即 1:1 的比例。比值大于 1 的比例,叫作放大比例,如 2:1 等。比值小于 1 的比例,叫作缩小比例,如 1:2 等。

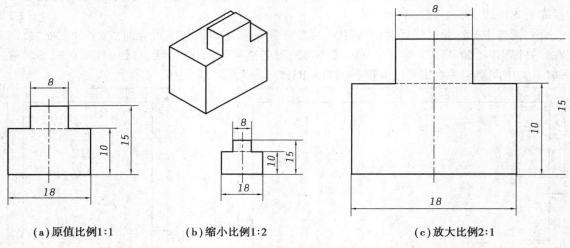

(a)原值比例1:1　　　(b)缩小比例1:2　　　(c)放大比例2:1

图 1.16　用不同的比例绘制同一机件的主视图

如图 1.16 所示,图样不论采用放大或缩小比例,不论做图的精确程度如何,在标注尺寸时,均应按照机件的实际尺寸和角度即原值大小进行标注。一般情况下,比例应标注在标题栏中的比例一栏内。必要时,比例也可注写在视图名称的下方或右侧。

绘图时所用的比例,应根据图样的用途与被绘图样的复杂程度,从表 1.5 和表 1.6 中选用(优先用表 1.5 中的适当比例,必要时,也允许选用表 1.6 中的比例)。

一般情况下,一个图样应选用一种比例进行绘图。但根据专业制图的需要,一个图样也可以选用两种比例,即某个视图或某一部分可选用不同的比例(如局部放大图)进行绘图,但必须另行标注。

表 1.5　常用比例

种类	比例
原值比例	1:1
放大比例	5:1　2:1　$5 \times 10^n:1$　$2 \times 10^n:1$　$1 \times 10^n:1$
缩小比例	1:2　1:5　1:10　$1:2 \times 10^n$　$1:5 \times 10^n$　$1:10 \times 10^n$

注:n 为正整数。

表 1.6　可用比例

种类	比例
放大比例	4:1　2.5:1　$4 \times 10^n:1$　$2.5 \times 10^n:1$
缩小比例	1:1.5　1:2.5　1:3　1:4　1:6　$1:1.5 \times 10^n$　$1:2.5 \times 10^n$　$1:3 \times 10^n$　$1:4 \times 10^n$　$1:6 \times 10^n$

注:n 为正整数。

1.1.3　字体(GB/T 14691—1993)

1)基本要求

字体是指图样中的汉字、字母、数字或符号的书写形式。书写字体必须做到字体工整、笔画清楚、间隔均匀、排列整齐。字体高度(用 h 表示)的公称尺寸系列为 1.8,2.5,3.5,5,7,10,14,20 mm。如需书写更大的字,其高度应按 $\sqrt{2}$ 的比值递增。字体高度代表字体的号数。

汉字应写成长仿宋体字,并应采用中华人民共和国国务院正式公布推行的《汉字简化方案》中规定的简化字。汉字的高度 h 不应小于 3.5 mm,其字宽一般为 $h\sqrt{2}$。

字母和数字分 A 型和 B 型。A 型字体的笔画宽度(d)为字高(h)的 1/14。B 型字体的笔画宽度(d)为字高(h)的 1/10。在同一图样上只允许选用一种形式的字体。

字母和数字可写成斜体和直体。斜体字字头向右倾斜,与水平基准线成75°。

汉字、拉丁字母、希腊字母、阿拉伯数字和罗马数字等组合书写时,其排列格式和间距应符合图 1.17 和表 1.7、表 1.8 的规定。

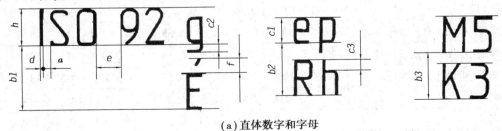

(a)直体数字和字母

(b)汉字、斜体数字和字母

图 1.17　汉字、字母和数字的组合书写规范

表 1.7　A 型字体　　　　　　　　　　　　　　　　　　　　单位:mm

书写格式		基本比例	尺寸							
大写字母高度	h	$(14/14)h$	1.8	2.5	3.5	5	7	10	14	20
小写字母高度	$c1$	$(10/14)h$	1.3	1.8	2.5	3.5	5	7	10	14
小写字母伸出尾部	$c2$	$(4/14)h$	0.5	0.72	1.0	1.43	2	2.8	4	5.7
小写字母出头部	$c3$	$(4/14)h$	0.5	0.72	1.0	1.43	2	2.8	4	5.7
发音符号范围	f	$(5/14)h$	0.64	0.89	1.25	1.78	2.5	3.6	5	7
字母间间距[1)]	a	$(2/14)h$	0.26	0.36	0.5	0.7	1	1.4	2	2.8
基准线最小间距(有发音符号)	$b1$	$(25/14)h$	3.2	4.46	6.25	8.9	12.5	17.8	25	35.7
基准线最小间距(无发音符号)	$b2$	$(21/14)h$	2.73	3.78	5.25	7.35	10.5	14.7	21	29.4
基准线最小间距(仅为大写字母)	$b3$	$(17/14)h$	2.21	3.06	4.25	5.95	8.5	11.9	17	23.8
词间距	e	$(6/14)h$	0.78	1.08	1.5	2.1	3	4.2	6	8.4
笔画宽度	d	$(1/14)h$	0.13	0.18	0.25	0.35	0.5	0.7	1	1.4

注:特殊的字符组合,如 LA,TV,Tr 等,字母间间距可为 $a=(1/14)h$。

表 1.8　B 型字体　　　　　　　　　　　　　　　　　　　　单位:mm

书写格式		基本比例	尺寸							
大写字母高度	h	$(10/10)h$	1.8	2.5	3.5	5	7	10	14	20
小写字母高度	$c1$	$(7/10)h$	1.26	1.75	2.5	3.5	5	7	10	14
小写字母伸出尾部	$c2$	$(3/10)h$	0.54	0.75	1.05	1.5	2.1	3	4.2	6
小写字母伸出头部	$c3$	$(3/10)h$	0.54	0.75	1.05	1.5	2.1	3	4.2	6
发音符号范围	f	$(4/10)h$	0.72	1.0	1.4	2.0	2.8	4	5.6	8
字母间间距[1)]	a	$(2/10)h$	0.36	0.5	0.7	1	1.4	2	2.8	4
基准线最小间距(有发音符号时)	$b1$	$(19/10)h$	3.42	4.75	6.65	9.5	13.3	19	26.6	38
基准线最小间距(无发音符号时)	$b2$	$(15/10)h$	2.7	3.75	5.25	7.5	10.5	15	21	30
基准线最小间距(仅为大写字母)	$b3$	$(13/10)h$	2.34	3.25	4.55	6.5	9.1	13	18.2	26
词间距	e	$(6/10)h$	1.08	1.5	2.1	3	4.2	6	8.4	12
笔画宽度	d	$(1/10)h$	0.18	0.25	0.25	0.35	0.5	0.7	1.4	2

注:特殊的字符组合,如 LA,TV,Tr 等,字母间间距可为 $a=(1/10)h$。

2）字体综合应用的规定

①如图 1.18 所示，用作指数、分数、极限偏差和注脚等的数字及字母，一般应采用小一号的字体。

$$10^3 \quad S^{-1} \quad D_1 \quad T_d$$

$$\Phi20^{+0.010}_{-0.023} \quad 7°^{+1°}_{-2°} \quad \frac{3}{5}$$

图 1.18　指数、分数、极限偏差和注脚的书写示例

②如图 1.19 所示，图样中的数学符号、物理量符号、计量单位符号以及其他符号，应分别符合国家的有关法令和标准的规定。

$$l/mm \quad m/kg \quad 460r/min$$

$$220V \quad 5M\Omega \quad 380kPa$$

图 1.19　数学符号、物理量符号和计量单位符号的书写示例

③其他应用示例如图 1.20 所示。

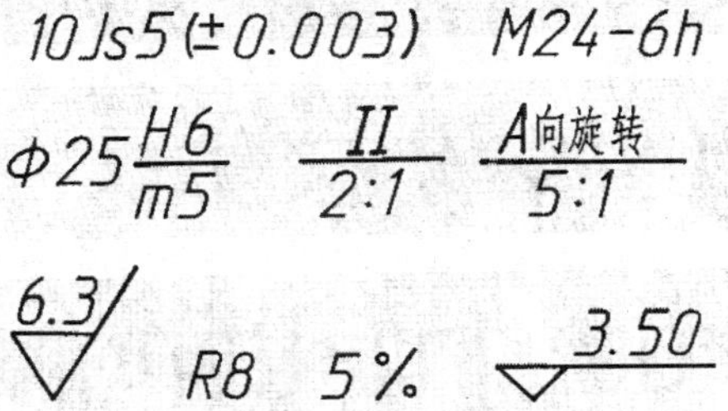

$$10Js5(\pm0.003) \quad M24-6h$$

$$\Phi25\frac{H6}{m5} \quad \frac{II}{2:1} \quad \frac{A向旋转}{5:1}$$

$$\overset{6.3}{\diagdown} \quad R8 \quad 5\% \quad \overset{3.50}{\diagdown}$$

图 1.20　其他应用示例

3）字体示例

（1）长仿宋体汉字示例

10 号字

字体工整 笔画清楚 间隔均匀 排列整齐

7 号字

横平竖直注意起落结构均匀填满方格

5 号字

技术制图机械电子汽车航空船舶土木建筑

3.5 号字

螺纹齿轮端子接线飞行指导驾驶舱位挖填施工

（2）A 型拉丁字母示例

①大写斜体和直体字体。

②小写斜体和直体字体。

（3）B 型拉丁字母示例

①大写斜体和直体字体。

②小写斜体和直体字体。

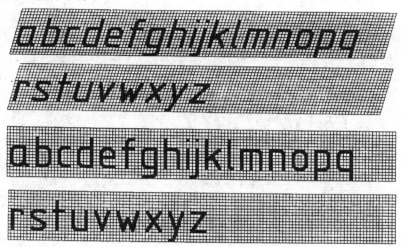

（4）A 型希腊字母示例

①大写斜体和直体字体。

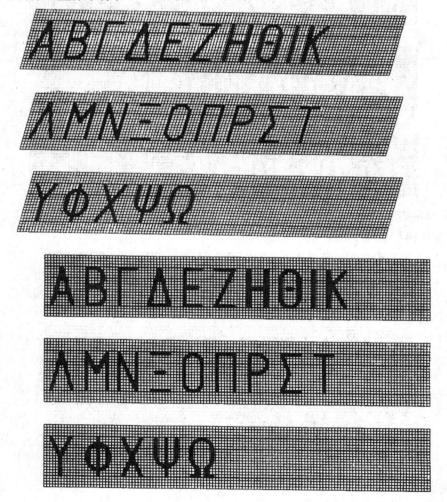

②小写斜体和直体字体。

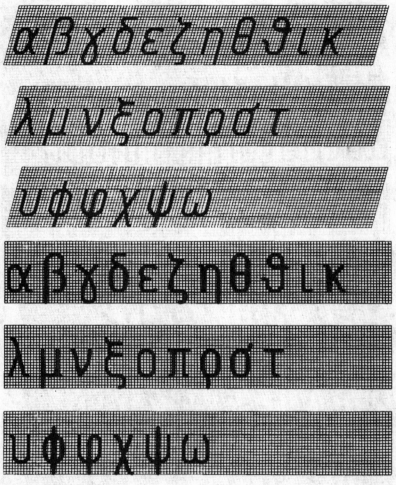

（5）B型希腊字母示例

①大写斜体和直体字体。

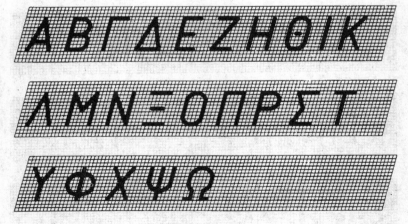

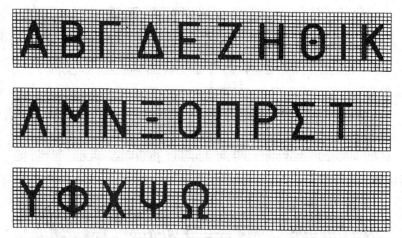

②小写斜体和直体字体。

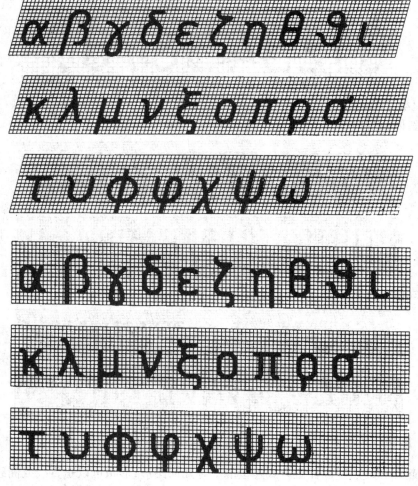

（6）阿拉伯数字示例

①A 型斜体和直体字体。

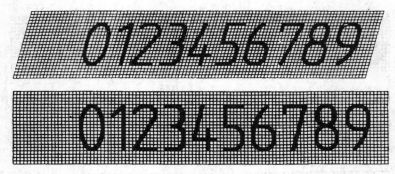

②B 型斜体和直体字体。

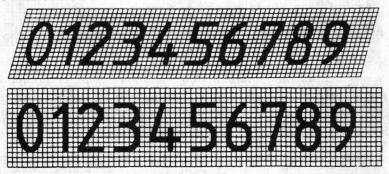

（7）罗马数字示例

①A 型斜体和直体字体。

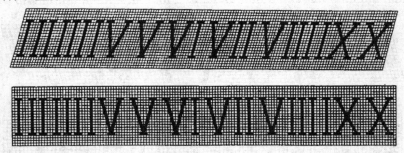

②B 型斜体和直体字体。

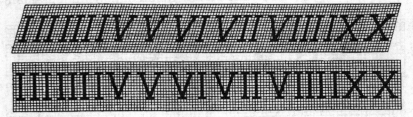

1.1.4　图线（GB/T 4457.4—2002、GB/T 17450—1998）

图线是起点和终点间以任意方式连接的一种几何图形,形状可以是直线或曲线、连续线或不连续线。图线的起点和终点可以重合,如一条图线形成圆的情况。图线长度小于或等于图线宽度的一半,称为点。

在国家标准 GB/T 4457.4—2002 和 GB/T 17450—1998 中,对图线的线型代码、线型名称、基本线型型式、图线宽度、一般应用和图线的画法都作了明确的规定。

1)线型及其应用

按照国家标准 GB/T 17450—1998 的规定,机械、电气、建筑和土木工程图样等各种技术图样的图线的基本线型共有 15 种形式。

根据国家标准 GB/T 4457.4—2002 的规定,机械制图常用的线型,只有 15 种线型中的一小部分,如细实线、粗实线、细虚线、粗虚线、细点画线、粗点画线、细双点画线、波浪线、双折线等。

机械图样中的各种线型及一般应用见表1.9。

表 1.9　线型及应用

代码 No.	线型	一般应用
01.1	细实线	1. 过渡线
		2. 尺寸线
		3. 尺寸界线
		4. 指引线和基准线
		5. 剖面线
		6. 重合断面的轮廓线
		7. 短中心线
		8. 螺纹牙底线
		9. 尺寸线的起止线
		10. 表示平面的对角线
		11. 零件成形前的弯折线
		12. 范围线及分界线
		13. 重复要素表示线,如齿轮的齿根线
		14. 锥形结构的基面位置线
		15. 叠片结构位置线,如变压器叠钢片
		16. 辅助线
		17. 不连续同一表面连线
		18. 成规律分布的相同要素连线
		19. 投影线
		20. 网格线
	波浪线	21. 断裂处边界线,视图与剖视图的分界线[a]
	双折线	22. 断裂处边界线,视图与剖视图的分界线[a]

续表

代码 No.	线型	一般应用
01.2	粗实线	1. 可见棱边线
		2. 可见轮廓线
		3. 相贯线
		4. 螺纹牙顶线
		5. 螺纹长度终止线
		6. 齿顶圆(线)
		7. 表格图、流程图中的主要表示线
		8. 系统结构线(金属结构工程)
		9. 模样分型线
		10. 剖切符号用线
02.1	细虚线	1. 不可见棱边线
		2. 不可见轮廓线
02.2	粗虚线	允许表面处理的表示线
04.1	细点画线	1. 轴线
		2. 对称中心线
		3. 分度圆(线)
		4. 孔系分布的中心线
		5. 剖切线
04.2	粗点画线	限定范围表示线
05.1	细双点画线	1. 相邻辅助零件的轮廓线
		2. 可动零件的极限位置的轮廓线
		3. 重心线
		4. 成形前轮廓线
		5. 剖切面前的结构轮廓线
		6. 轨迹线
		7. 毛坯图中制成品的轮廓线
		8. 特定区域线
		9. 延伸公差带表示线
		10. 工艺结构的轮廓线
		11. 中断线

注:a 在一张图样上一般采用一种线型,即采用波浪线或双折线。

2)图线宽度和图线组别

图线宽度和图线组别见表1.10。在机械图样中采用粗细两种线宽,它们之间的比例为2:1。

表1.10 图线宽度和图线组别

线型组别	与线型代码对应的线型宽度/mm	
	01.2;02.2;04.2	01.1;02.1;04.1;05.1
0.25	0.25	0.13
0.35	0.35	0.18
0.5[a]	0.5	0.25
0.7[a]	0.7	0.35
1	1	0.5
1.4	1.4	0.7
2	2	1

[a]优先采用的图线组别。

注:图线宽度和图线组别的选择应根据图样的类型、尺寸、比例和缩微复制的要求确定。

3)图线的画法规定

①除非另有规定,两条平行线之间的最小间隙不得小于0.7 mm。

②如图1.21所示,基本线型应恰当地相交于画线处。

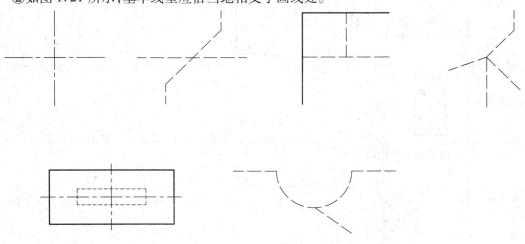

图1.21 基本线型相交处的画法

4)线型的应用示例

表1.11给出了各种线型在机械图样中的应用示例。

表 1.11 线型的应用示例

01.1	细实线
01.1.1	1. 过渡线
01.1.2	2. 尺寸线
01.1.3	3. 尺寸界线
01.1.4	4. 指引线和基准线
01.1.5	5. 剖面线
01.1.6	6. 重合断面的轮廓线
01.1.7	7. 短中心线

续表

01.1	细实线
01.1.8	8. 螺纹牙底线 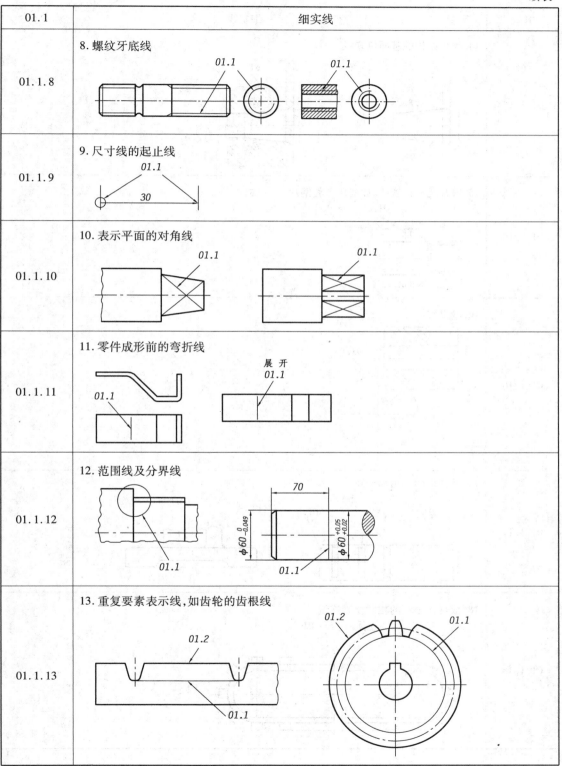
01.1.9	9. 尺寸线的起止线
01.1.10	10. 表示平面的对角线
01.1.11	11. 零件成形前的弯折线
01.1.12	12. 范围线及分界线
01.1.13	13. 重复要素表示线,如齿轮的齿根线

续表

01.1	细实线
01.1.14	14.锥形结构的基面位置线
01.1.15	15.叠片结构位置线,如变压器叠钢片
01.1.16	16.辅助线
01.1.17	17.不连续同一表面连线
01.1.18	18.成规律分布的相同要素连线

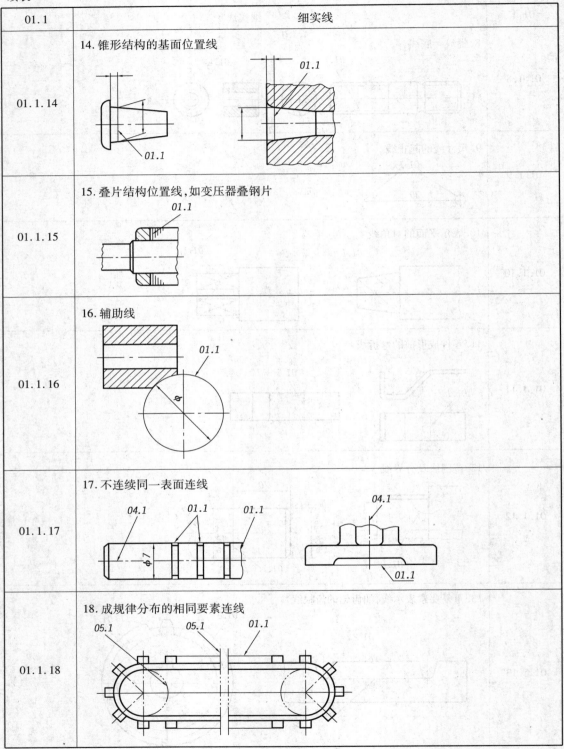

续表

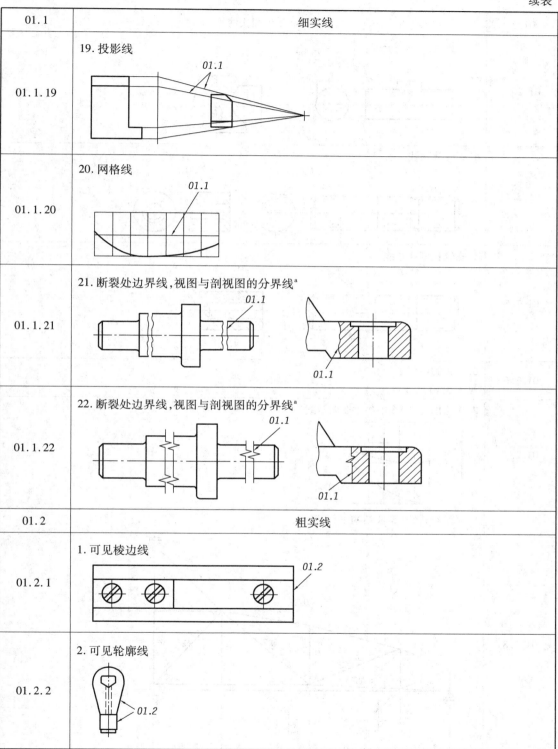

01.1	细实线
01.1.19	19. 投影线
01.1.20	20. 网格线
01.1.21	21. 断裂处边界线, 视图与剖视图的分界线[a]
01.1.22	22. 断裂处边界线, 视图与剖视图的分界线[a]
01.2	粗实线
01.2.1	1. 可见棱边线
01.2.2	2. 可见轮廓线

续表

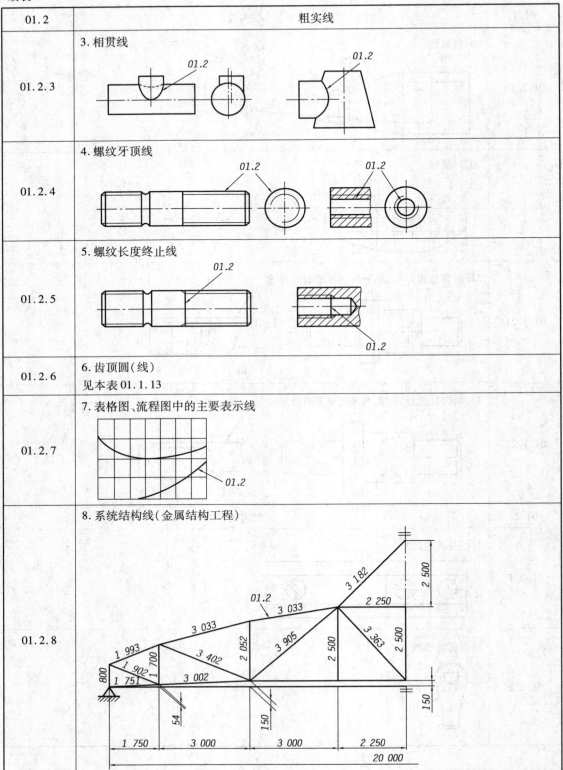

01.2	粗实线
01.2.3	3. 相贯线
01.2.4	4. 螺纹牙顶线
01.2.5	5. 螺纹长度终止线
01.2.6	6. 齿顶圆(线) 见本表 01.1.13
01.2.7	7. 表格图、流程图中的主要表示线
01.2.8	8. 系统结构线(金属结构工程)

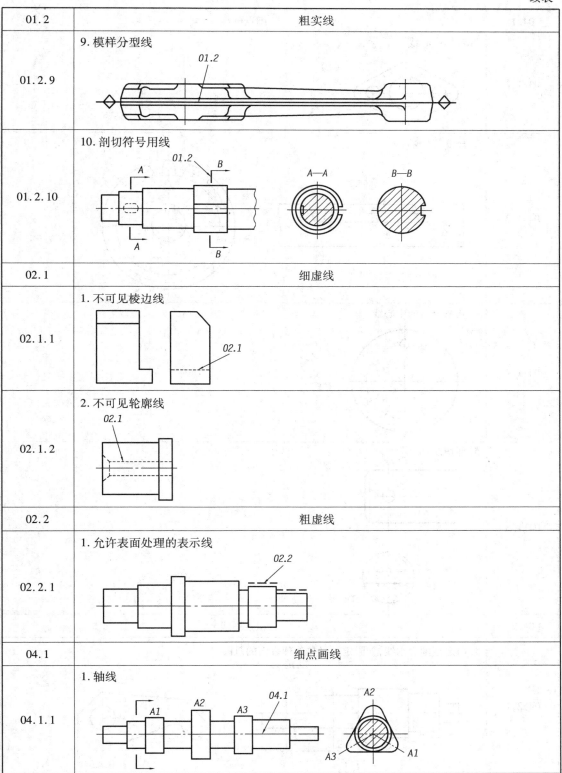

01.2	粗实线
01.2.9	9. 模样分型线
01.2.10	10. 剖切符号用线
02.1	细虚线
02.1.1	1. 不可见棱边线
02.1.2	2. 不可见轮廓线
02.2	粗虚线
02.2.1	1. 允许表面处理的表示线
04.1	细点画线
04.1.1	1. 轴线

续表

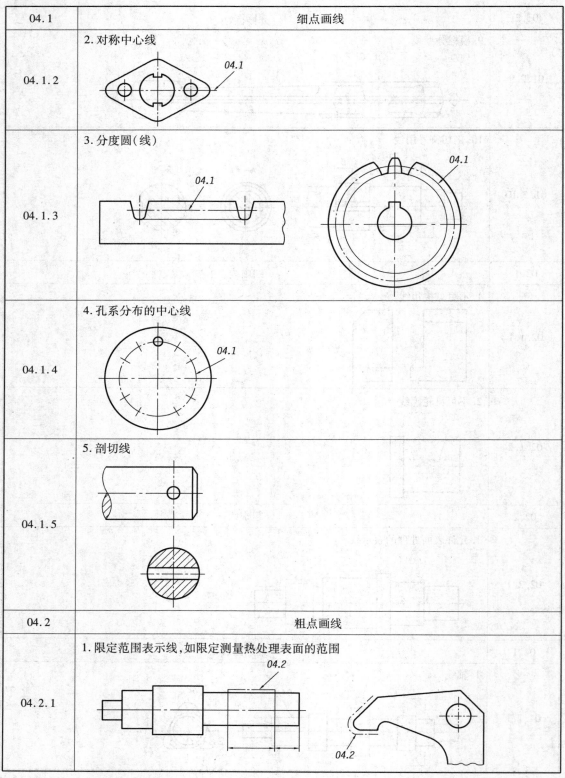

04.1	细点画线
04.1.2	2. 对称中心线
04.1.3	3. 分度圆(线)
04.1.4	4. 孔系分布的中心线
04.1.5	5. 剖切线
04.2	粗点画线
04.2.1	1. 限定范围表示线,如限定测量热处理表面的范围

续表

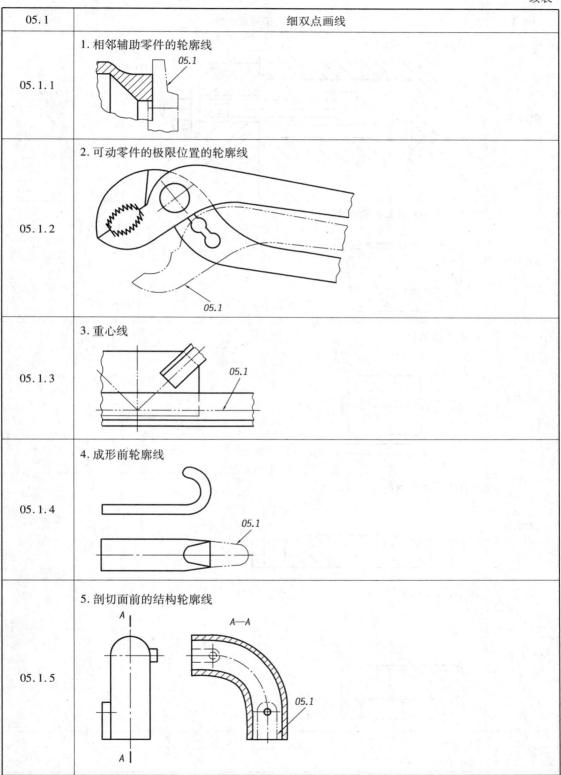

05.1	细双点画线
05.1.1	1. 相邻辅助零件的轮廓线
05.1.2	2. 可动零件的极限位置的轮廓线
05.1.3	3. 重心线
05.1.4	4. 成形前轮廓线
05.1.5	5. 剖切面前的结构轮廓线

续表

05.1	细双点画线
05.1.6	6. 轨迹线 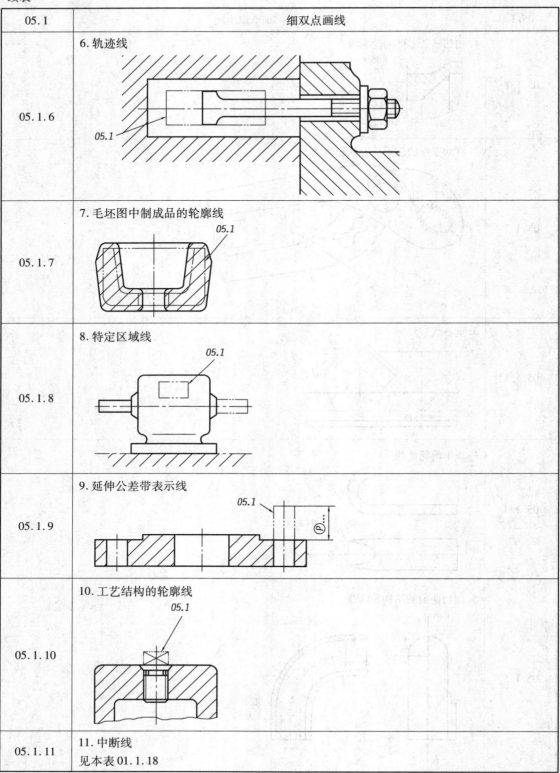
05.1.7	7. 毛坯图中制成品的轮廓线
05.1.8	8. 特定区域线
05.1.9	9. 延伸公差带表示线
05.1.10	10. 工艺结构的轮廓线
05.1.11	11. 中断线 见本表 01.1.18

1.2　尺寸标注

在机械图样中,图形只能表达机件的结构形状,只有标注尺寸后,才能确定零件的大小,因此,尺寸标注是机械图样的重要组成部分。尺寸标注是一项十分重要的工作,它的正确、合理与否,将直接影响工程图样的质量。标注尺寸必须认真仔细,准确无误,如果尺寸有遗漏或错误,都会给机械加工带来困难和损失。

1.2.1　尺寸的组成及基本规则(GB/T 4458.4—2003)

一个完整的尺寸标注,是由尺寸界线、尺寸线、尺寸数字组成的,如图 1.22 所示。

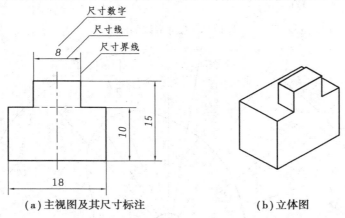

（a）主视图及其尺寸标注　　　　（b）立体图

图 1.22　尺寸标注的组成

根据国家标准 GB/T 4458.4—2003 的有关规定,尺寸标注的基本规则如下:

①机件的真实大小应以图样上所注的尺寸数值为依据,与图形的大小及绘图的准确度无关。

②图样中(包括技术要求和其他说明)的尺寸,以毫米为单位时,不需标注单位符号(或名称),如采用其他单位,则应注明相应的单位符号。

③图样中所标注的尺寸,为该图样所示机件的最后完工尺寸,否则,应另加说明。

④机件的每一尺寸,一般只标注一次,并标注在反映该结构最清晰的图形上。

1.2.2　尺寸界限、尺寸线和尺寸数字(GB/T 4458.4—2003)

1)尺寸界线

①尺寸界限表示所注尺寸的范围。如图 1.23 所示,尺寸界线用细实线绘制,并应由图形的轮廓线、轴线或对称中心线处引出,也可利用轮廓线、轴线或对称中心线作尺寸界线。

②当表示曲线轮廓上各点的坐标时,可将尺寸线或其延长线作为尺寸界线,如图 1.24 所示。

③尺寸界线一般应与尺寸线垂直,必要时才允许倾斜,如图 1.25 所示。

④如图 1.25 所示,在光滑过渡处标注尺寸时,应用细实线将轮廓线延长,从它们的交点处

33

引出尺寸界线。

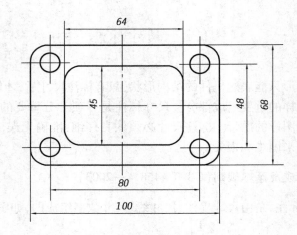

图 1.23　尺寸界线的画法

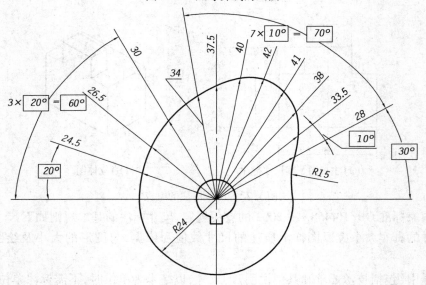

图 1.24　曲线轮廓的尺寸注法

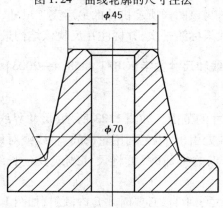

图 1.25　尺寸界线与尺寸线斜交的注法

⑤标注角度的尺寸界线应沿径向引出,如图1.26(a)所示;标注弦长的尺寸界线应平行于该弦的垂直平分线,如图1.26(b)所示;标注弧长的尺寸界线应平行于该弧所对圆心角的角平分线,如图1.26(c)所示;但当弧度较大时,可沿径向引出,如图1.26(d)所示。

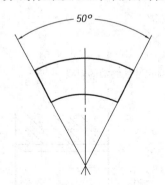

（a）标注角度的尺寸界线画法

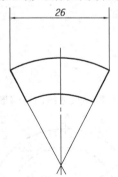

（b）标注弦长的尺寸界线画法

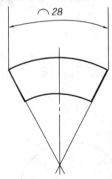

（c）标注弧长的尺寸界线画法

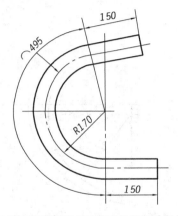

（d）标注弧度较大时的弧长的尺寸界线画法

图1.26　标注角度、弦长和弧长的尺寸界线画法

2）尺寸线

①尺寸线表示度量尺寸的方向。尺寸线用细实线绘制,其终端可以有下列两种形式:

a.箭头:箭头的形式如图1.27(a)所示,适用于各种类型的图样。机械图样中一般采用箭头作为尺寸线的终端。

b.斜线:斜线用细实线绘制,其方向和画法如图1.27(b)所示。当尺寸线的终端采用斜线形式时,尺寸线与尺寸界线应相互垂直。

当尺寸线与尺寸界线相互垂直时,同一张图样中只能采用一种尺寸线终端的形式。

②标注线性尺寸时,尺寸线应与所标注的线段平行。尺寸线不能用其他图线代替,一般也不得与其他图线重合或画在其延长线上。

③标注直径和半径尺寸时,大于半圆的圆弧或圆标注直径,小于和等于半圆的圆弧标注半径。直径和半径的尺寸线的终端应画成箭头,并按如图1.28所示的方法标注。当圆弧的半径过大或在图纸范围内无法标出其圆心位置时,可按图1.29(a)的形式标注。若不需要标出其圆心位置时,可按图1.29(b)的形式标注。

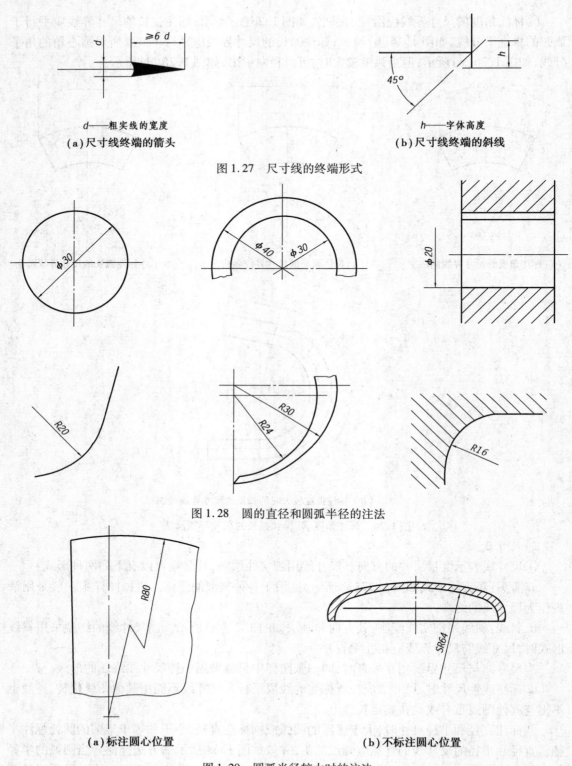

d——粗实线的宽度

(a)尺寸线终端的箭头

h——字体高度

(b)尺寸线终端的斜线

图 1.27　尺寸线的终端形式

图 1.28　圆的直径和圆弧半径的注法

(a)标注圆心位置　　　　　　　　(b)不标注圆心位置

图 1.29　圆弧半径较大时的注法

④标注角度时,尺寸线应画成圆弧,其圆心是该角的顶点,如图 1.30 所示。

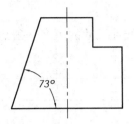

图1.30 角度的注法

⑤当对称机件的图形只画出一半或略大于一半时,尺寸线应略超过对称中心线或断裂处的边界,此时仅在尺寸线的一端画出箭头,如图1.31所示。

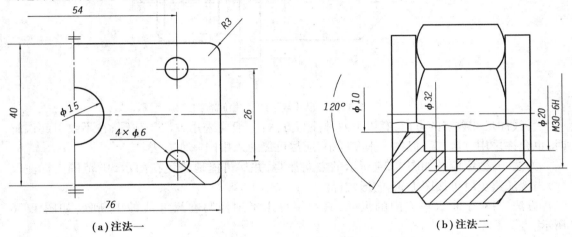

(a)注法一   (b)注法二

图1.31 对称机件的尺寸线只画一个箭头的注法

⑥在没有足够的位置画箭头或注写数字时,可按图1.32的形式标注,此时,允许用圆点或斜线代替箭头。

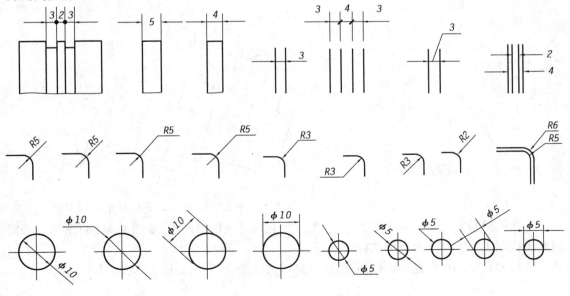

图1.32 小尺寸的注法

3)尺寸数字

①尺寸数字表示尺寸的大小。线性尺寸的数字一般应注写在尺寸线的上方,也允许注写在尺寸线的中断处,如图1.33所示。

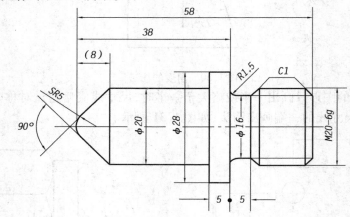

图1.33 尺寸数字的注写位置

②线性尺寸数字的方向,有以下两种注写方法:一般应采用方法一注写;在不致引起误解时,也允许采用方法二。但在一张图样中,应尽可能地采用同一种方法。

方法一:数字应按如图1.34所示的方向注写,并尽可能地避免在图示30°范围内标注尺寸,当无法避免时可按图1.35的形式标注。

方法二:对于非水平方向的尺寸,其数字可水平地注写在尺寸线的中断处,如图1.36所示。

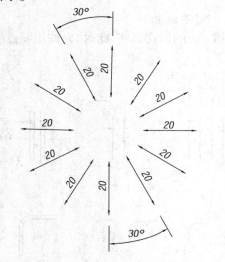

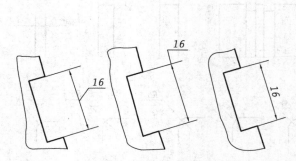

图1.34 尺寸数字的注写方向　　　图1.35 向左倾斜30°范围内的尺寸数字的注写

③角度的数字一律写成水平方向,一般注写在尺寸线的中断处,如图1.37(a)所示。必要时也可按图1.37(b)所示的形式标注。

④尺寸数字不可被任何图线所通过,否则应将该图线断开,如图1.38所示。

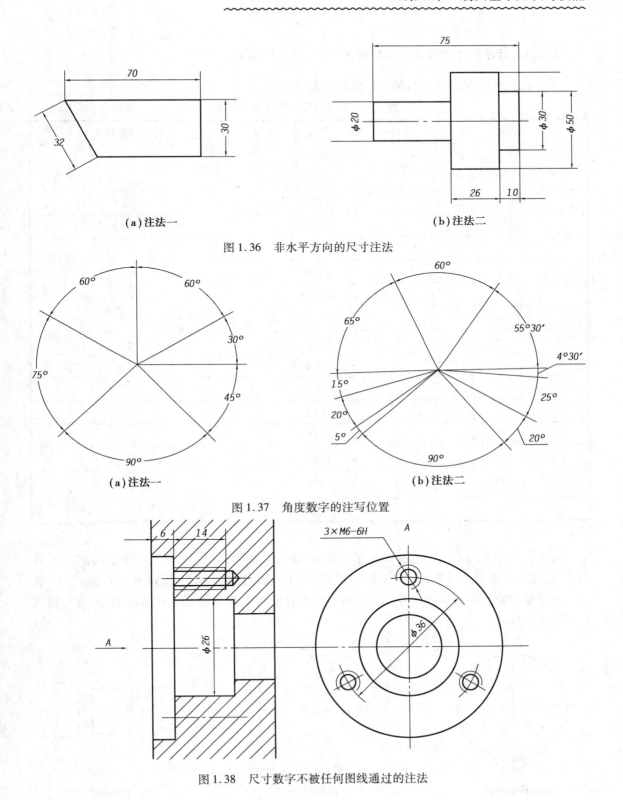

（a）注法一　　　　　　　　　　　（b）注法二

图 1.36　非水平方向的尺寸注法

（a）注法一　　　　　　　　　　　（b）注法二

图 1.37　角度数字的注写位置

图 1.38　尺寸数字不被任何图线通过的注法

1.2.3　标注尺寸的符号及缩写词(GB/T 4458.4—2003)

①标注尺寸的符号及缩写词应符合表1.12的规定。

表1.12　标注尺寸的符号及缩写词

序号	含义	符号及缩写词
1	直径	ϕ
2	半径	R
3	球直径	$S\phi$
4	球半径	SR
5	厚度	t
6	均布	EQS
7	45°倒角	C
8	正方形	□
9	深度	▽
10	沉孔或锪平	⊔
11	埋头孔	∨
12	弧长	⌒
13	斜度	∠
14	锥度	◁
15	展开长	◯→
16	型材截面形状	(按GB/T 4656.1—2000)

②标注直径时,应在尺寸数字前加注符号"ϕ";标注半径时,应在尺寸数字前加注符号"R";标注球面的直径或半径时,应在符号"ϕ"或"R"前再加注符号"S",如图1.39(a)、(b)所示。对于轴、螺杆、铆钉以及手柄等的端部,在不会引起误解的情况下可省略符号"S",如图1.39(c)所示。

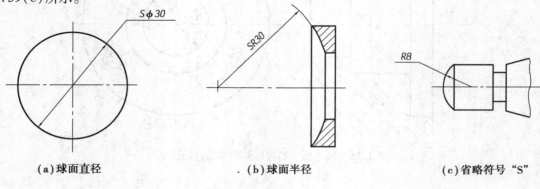

(a)球面直径　　　　　. (b)球面半径　　　　　(c)省略符号"S"

图1.39　球面尺寸的注法

③标注弧长时,应在尺寸数字左侧加注弧长符号"⌒",如图 1.26(c)所示。

④标注参考尺寸时,应将尺寸数字加上圆括弧,如图 1.40 所示。

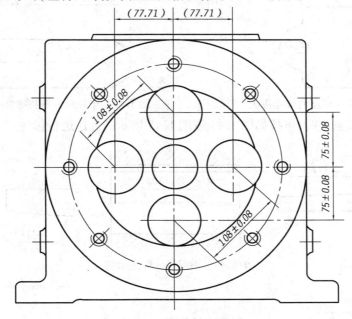

图 1.40　参考尺寸的注法

⑤标注剖面为正方形结构的尺寸时,可在正方形边长尺寸数字前加注符号"□",如图 1.41(a)、(c)所示。或按照如图 1.41(b)、(d)所示,用"$B×B$"标注,其中,B 为正方形的对边距离。

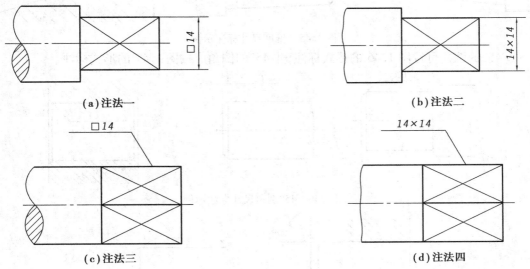

(a)注法一　　　　　　　　　　　　　　　　(b)注法二

(c)注法三　　　　　　　　　　　　　　　　(d)注法四

图 1.41　正方形结构的尺寸注法

⑥标注板状零件的厚度时,可在尺寸数字前加注符号"t",如图 1.42 所示。

⑦当需要指明半径尺寸是由其他尺寸所确定的时,应用尺寸线和符号"R"标出,但不需要注写尺寸数字,如图 1.43 所示。

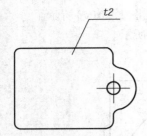

图 1.42　板状零件厚度的尺寸注法

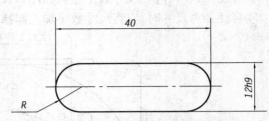

图 1.43　半径尺寸有特殊要求时的注法

⑧标注斜度或锥度时,可按如图 1.44 或图 1.45 所示的方法进行标注。

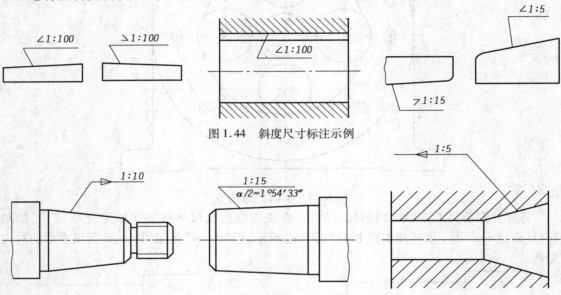

图 1.44　斜度尺寸标注示例

图 1.45　锥度尺寸标注示例

⑨45°的倒角可按图 1.46 的形式标注,非 45°的倒角应按图 1.47 的形式标注。

图 1.46　45°倒角尺寸标注示例

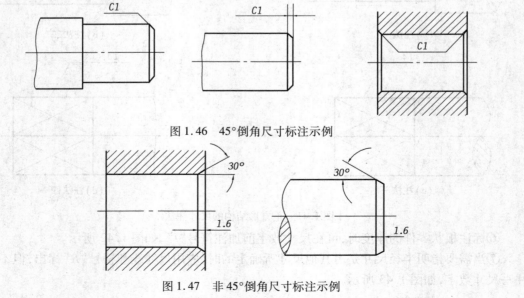

图 1.47　非 45°倒角尺寸标注示例

⑩根据国家标准 GB/T 4458.4—2003 和 GB/T 15754—1995 中的有关规定,标注尺寸的常用符号的比例画法如图 1.48 和国家标准 GB/T 18594—2001 中的有关规定,其中,符号的线宽为 $h/10$(h 为字体高度)。

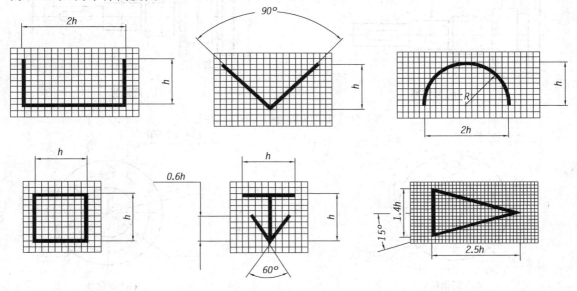

图 1.48 标注尺寸常用符号的比例画法

1.2.4 简化表示法(GB/T 16675.2—2012)

1)尺寸标注的简化原则

①简化必须保证不致引起误解和不会产生理解的多义性。在此前提下,应力求制图简便。

②便于识读和绘制,注重简化的综合效果。

③在考虑便于手工制图和计算机制图的同时,还要考虑缩微制图的要求。

2)尺寸标注简化表示法的基本要求

①若图样中的尺寸和公差全部相同或某个尺寸和公差占多数时,可在图样空白处作总的说明,如"全部倒角 C1.6""其余圆角 R4"等。

②对于尺寸相同的重复要素,可仅在一个要素上注出其数量和尺寸,如图 1.49 所示。

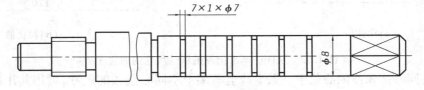

图 1.49 尺寸相同的重复要素的简化注法

③标注尺寸时,应尽可能地使用符号和缩写词。常用的符号和缩写词见表 1.12。

3)常用的尺寸标注简化表示法

①标注尺寸时,可采用带箭头的指引线,如图 1.50 所示。

②标注尺寸时,也可采用不带箭头的指引线,如图 1.51 所示。

③从同一基准出发的尺寸可按如图 1.52 或图 1.53 所示的简化形式进行标注。

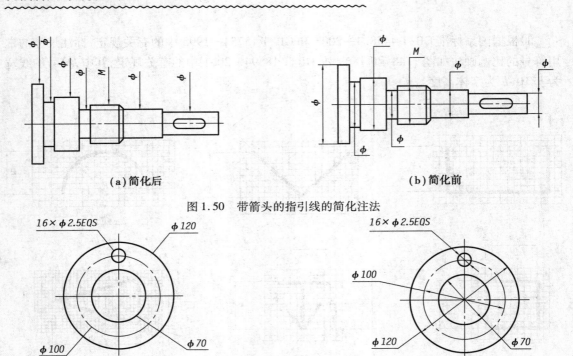

(a)简化后　　　　　　　　　　　　　　　　　　**(b)简化前**

图 1.50　带箭头的指引线的简化注法

(a)简化后　　　　　　　　　　　　　　　　　　**(b)简化前**

图 1.51　省略箭头的简化注法

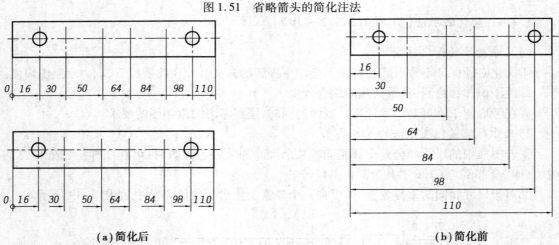

(a)简化后　　　　　　　　　　　　　　　　　　**(b)简化前**

图 1.52　从同一基准出发的线性尺寸的简化注法

④一组同心圆弧或因心位于一条直线上的多个不同心圆弧的尺寸,可用共用的尺寸线和箭头依次表示,如图 1.54 所示。

⑤一组同心圆或尺寸较多的台阶孔的尺寸,可用共用的尺寸线和箭头依次表示,如图 1.55 所示。

⑥在同一图形中,对于尺寸相同的孔、槽等成组要素,可仅在一个要素上注出其尺寸和数量,如图 1.56 所示。

⑦在同一图形中,如有几种尺寸数值相近而又重复的要素(如孔等)时,可采用标记(如涂色等)或用标注字母的方法来区分,如图 1.57 所示。

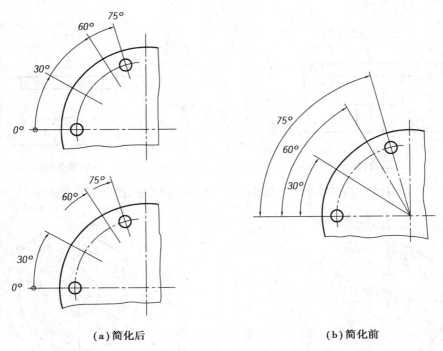

（a）简化后　　　　　　　　　　　　　（b）简化前

图 1.53　从同一基准出发的角度尺寸的简化注法

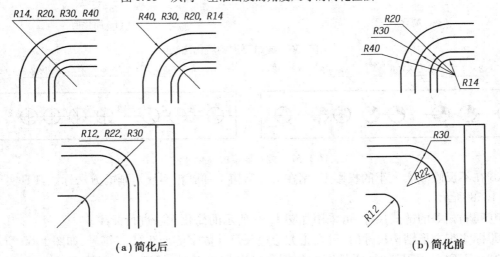

（a）简化后　　　　　　　　　　　　　（b）简化前

图 1.54　用共用的尺寸线和箭头标注圆弧半径的简化注法

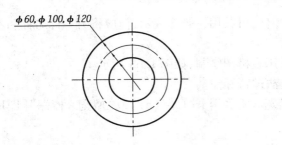

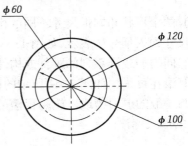

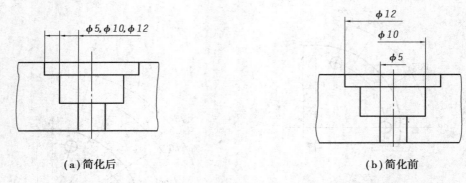

（a）简化后 　　　　　　　　　　　（b）简化前

图 1.55　用共用的尺寸线和箭头标注同心圆直径和线性尺寸的简化注法

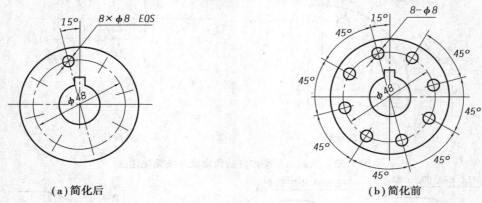

（a）简化后 　　　　　　　　　　　（b）简化前

图 1.56　成组要素的简化注法

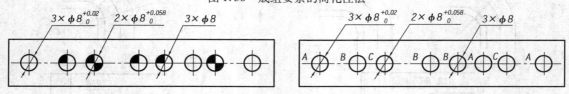

图 1.57　重复要素的简化注法

⑧在不反映真实大小的投影上，用在尺寸数值下加画粗实线短画的方法标注其真实尺寸，如图 1.58 所示。

⑨间隔相等的链式尺寸，可采用如图 1.59 所示的简化注法进行标注。

⑩标注正方形结构尺寸时，可在正方形边长尺寸数字前加注"□"符号，如图 1.60 所示。

⑪在不致引起误解时，零件图中的倒角可以省略不画，其尺寸也可简化标注，如图 1.61 所示。

⑫两个形状相同但尺寸不同的构件或零件，可共用一张图表示，但应将另一件名称和不相同的尺寸列入括号中表示，如图 1.62 所示。

⑬同类型或同系列的零件或构件，可采用表格图绘制，如图 1.63 所示。

⑭滚花可采用如图 1.64 所示的简化方法进行标注。

⑮一般的退刀槽或砂轮越程槽可按"槽宽×直径"[图 1.65（a）]或"槽宽×槽深"[图1.65（b）]的形式标注。

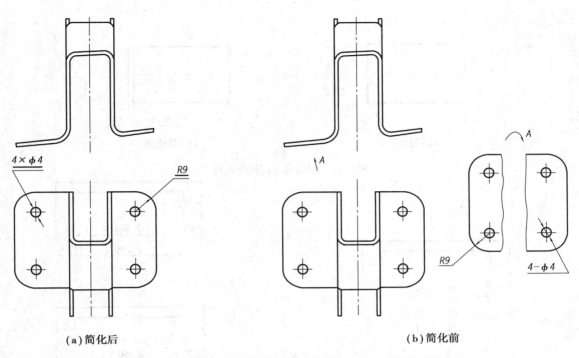

图 1.58　在倾斜面投影图上标注真实大小尺寸的简化注法

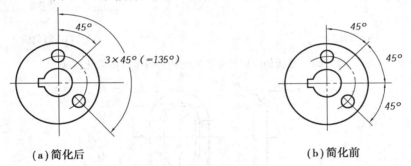

图 1.59　间隔相等的链式尺寸的简化注法

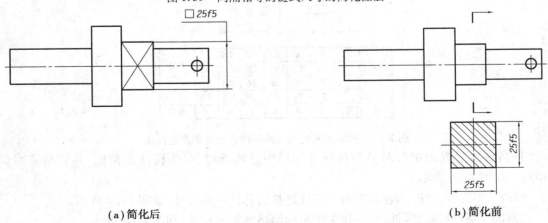

图 1.60　正方形结构尺寸的简化注法

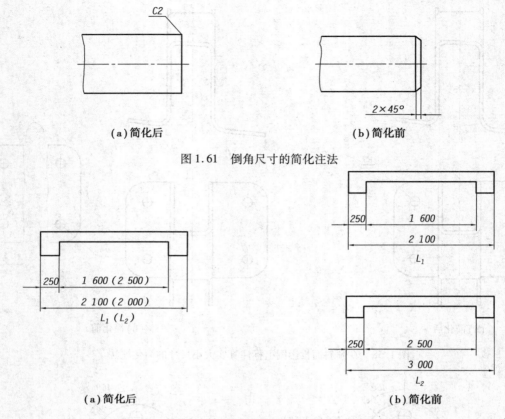

（a）简化后　　　　　　　　　　　　（b）简化前

图 1.61　倒角尺寸的简化注法

（a）简化后　　　　　　　　　　　　（b）简化前

图 1.62　形状相同但尺寸不同的构件或零件的简化注法

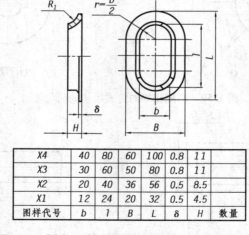

图样代号	b	l	B	L	δ	H	数量
X1	12	24	20	32	0.5	4.5	
X2	20	40	36	56	0.5	8.5	
X3	30	60	50	80	0.8	11	
X4	40	80	60	100	0.8	11	

图 1.63　同类型或同系列的零件或构件的简化注法

⑯当成组要素的定位和分布情况在图形中已明确时,可不标注其角度,并省略缩写词"EQS",如图 1.66 所示。

⑰对于不连续的同一表面,可用细实线连接后标注一次尺寸,如图 1.67 所示。

⑱对于印制板类的零件,可直接采用坐标网格法表示尺寸,如图 1.68 所示。

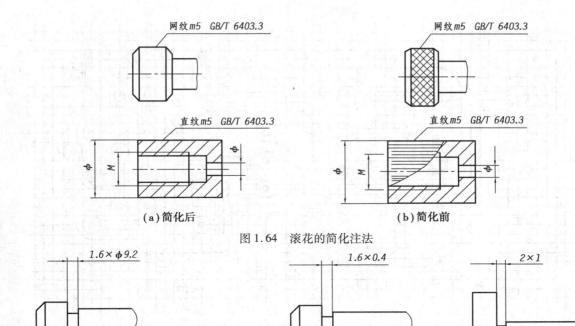

图 1.64　滚花的简化注法

图 1.65　退刀槽或砂轮越程槽的简化注法

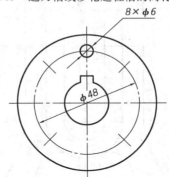

图 1.66　成组要素省略角度和缩写词的简化注法

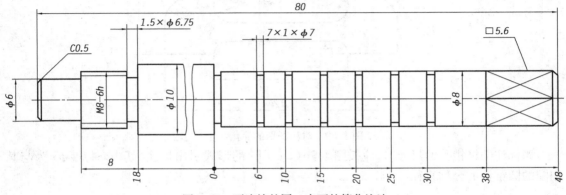

图 1.67　不连续的同一表面的简化注法

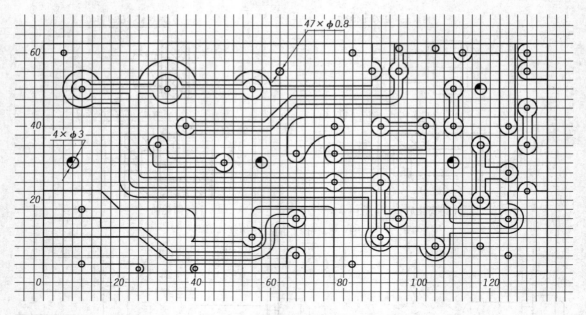

图 1.68　印制板类零件的简化注法

⑲当图形具有对称中心线时,分布在对称中心线两边的相同结构,可仅标注其中一边的结构尺寸,如图 1.69 所示的 $R64,12,R9,R5$ 等。

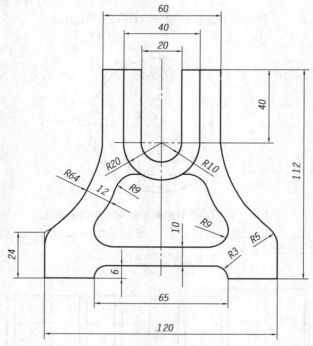

图 1.69　对称图形的简化注法

⑳标注圆锥销孔的尺寸时,应按图 1.70(a)、(b)的形式引出标注,其中 $\phi4$ 和 $\phi3$ 为与其相配的圆锥销的公称直径。

50

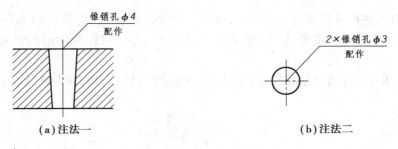

（a）注法一　　　　　　　　　　　　　　（b）注法二

图1.70　圆锥销孔的简化注法

㉑对于凸轮的曲面（或曲线）和处在曲面上的某些结构，其尺寸可标注在展开图上，如图1.71所示。

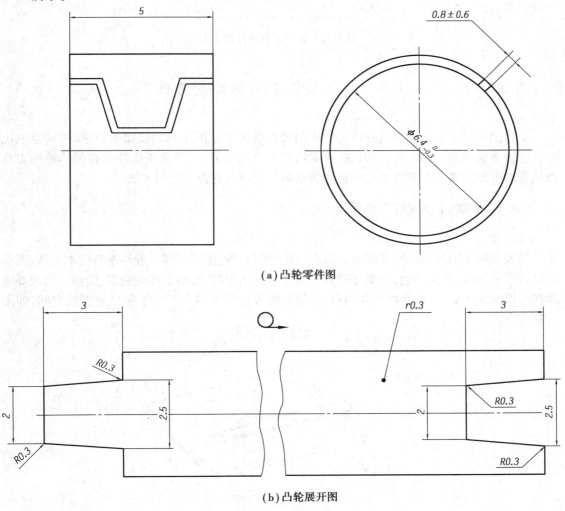

（a）凸轮零件图

（b）凸轮展开图

图1.71　凸轮结构的简化注法

㉒对于镀涂表面的尺寸，按以下规定标注。

图样中镀涂零件的尺寸应为镀涂后尺寸，即计入了镀涂层厚度，如为镀涂前尺寸，应在尺寸数字的右边加注"镀（涂）前"字样。

对于装饰性、防腐性的自由表面尺寸,可视作镀涂前尺寸,省略"镀(涂)前"字样。

对于配合尺寸,只有当镀涂层厚度不影响配合时,方可视作镀涂前的尺寸,并省略"镀(涂)前"字样。

必要时可同时标注镀涂前和镀涂后的尺寸,并注写"镀(涂)前"和"镀(涂)后"字样,如图1.72 所示。

$\phi 10^{-0.095}_{-0.135}$ 镀前
$\phi 10^{-0.035}_{-0.085}$ 镀后

图 1.72　镀涂表面的简化注法

1.3　尺规绘图工具的使用方法

工程图样手工绘制的质量好坏与速度的快慢取决于绘图工具和仪器的质量,同时也取决于其能否正确使用,因此,要能够正确挑选绘图工具和仪器,并养成正确使用和保养绘图工具和仪器的良好习惯。下面介绍几种常用的绘图工具以及它们的使用方法。

1.3.1　图板、丁字尺和三角板

1)图板

图板是用来铺放和固定图纸的。板面要求平整光滑,图板四周一般都镶有硬木边框,图板的左边是工作边,称为导边,需要保持其平直光滑。使用时,要防止图板受潮、受热。图纸要铺放在图板的左下部,用胶带纸粘住四角,并使图纸下方至少留有一个丁字尺宽度的空间,如图1.73 所示。

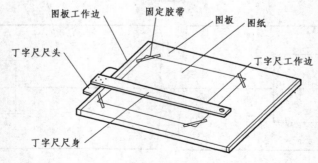

图 1.73　图板与丁字尺

2)丁字尺

丁字尺主要用于画水平线,由互相垂直并连接牢固的尺头和尺身两部分组成,尺身沿长度方向带有刻度的侧边为工作边。绘图时,要使尺头紧靠图板左边,并沿其上下滑动到需要画线的位置,同时使笔尖紧靠尺身,笔杆略向右倾斜,即可从左向右匀速地画出水平线。绘图时应

注意尺头不能紧靠图板的其他边缘滑动而画线。丁字尺不用时应悬挂起来,以免尺身翘起变形,如图 1.74 所示。

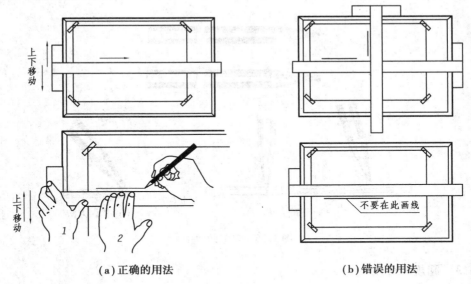

(a) 正确的用法　　　　　　　　　　　　(b) 错误的用法

图 1.74　丁字尺的使用方法

3) 三角板

三角板由 45°和 30°(60°)各一块组成一副,其作用是配合丁字尺画竖线和斜线。画线时,使丁字尺尺头与图板工作边靠紧,三角板与丁字尺靠紧,左手按住三角板和丁字尺,右手画竖线和斜线,如图 1.75 所示。

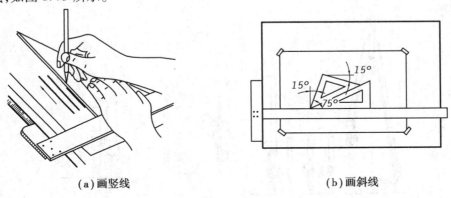

(a) 画竖线　　　　　　　　　　　　(b) 画斜线

图 1.75　三角板与丁字尺的配合使用方法

1.3.2　铅笔

铅笔是用来画图线或写字的。铅笔的铅芯有软硬之分,铅笔上标注的"H"表示铅芯的硬度,"B"表示铅芯的软度,"HB"表示软硬适中,"B""H"前的数字越大表示铅笔越软或越硬,6H 和 6B 分别为最硬和最软。

画工程图时,应使用较硬的铅笔打底稿,如 3H,2H 等,用 HB 铅笔写字,用 B 或 2B 铅笔加深图线。

铅笔通常削成锥形或铲形,笔芯露出 6~8 mm。画图时应使铅笔略向运动方向倾斜,并使之与水平线大致成75°,如图1.76所示,且用力要得当。用锥形铅笔画直线时,要适当转动笔杆,这样可使整条线粗细均匀。用铲形铅笔加深图线时,可削成与线宽一致,以使所画线条粗细一致。

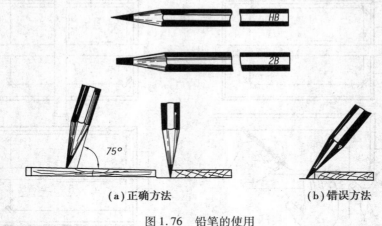

(a)正确方法　　　　　　　　(b)错误方法

图1.76　铅笔的使用

1.3.3　圆规和分规

1)圆规

如图1.77所示的圆规是画圆及圆弧的工具。画圆时,先调整好钢针和铅芯,使钢针和铅芯并拢时钢针略长于铅芯。再取好半径,右手食指和拇指捏好圆规旋柄,左手协助将针尖对准圆心,顺时针旋转。转动时圆规可稍向画线方向倾斜。画较大圆时,应加延伸杆,使圆规两端都与纸面垂直。

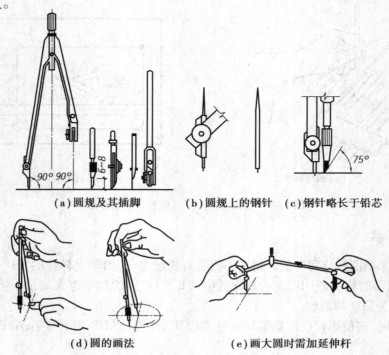

(a)圆规及其插脚　　　(b)圆规上的钢针　(c)钢针略长于铅芯

(d)圆的画法　　　　　　(e)画大圆时需加延伸杆

图1.77　圆规的用法

2）分规

如图 1.78 所示的分规形状与圆规相似,只是两腿均装有尖锥形钢针,既可用它量取线段的长度,也可用它等分直线段或圆弧。

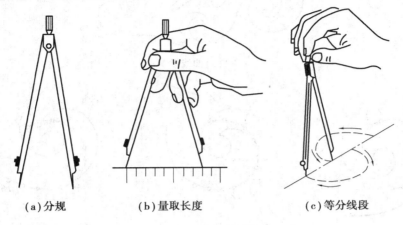

（a）分规　　　　　　（b）量取长度　　　　　　（c）等分线段

图 1.78　分规的用法

1.3.4　比例尺

为了方便绘制不同比例的图样,可使用比例尺来绘图。常用的比例尺是三棱比例尺,有 6 种刻度,如图 1.79 所示。画图时可按所需比例,用尺上标注的刻度直接量取,不需要换算。但所画图样若正好是比例尺上刻度的 10 倍或 1/10,则可换算使用比例尺。

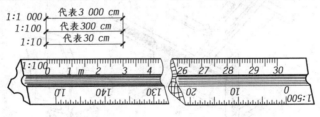

图 1.79　比例尺

1.3.5　曲线板

曲线板是用来画非圆曲线的工具。曲线板的使用方法是先求得曲线上若干点,再徒手用铅笔过各点轻勾画出曲线,然后将曲线板靠上,在曲线板的边缘上选择一段至少能经过曲线上的 3~4 个点,沿曲线板边缘画出此段曲线,再移动曲线板,自前段接画曲线,如此延续下去,即可画完整段曲线,如图 1.80 所示。

1.3.6　绘图机

绘图机是将绘图用的图板、图架、丁字尺及量角器等工具组合在一起的装置。其构造形式有多种,如图 1.81 所示为导轨式绘图机。

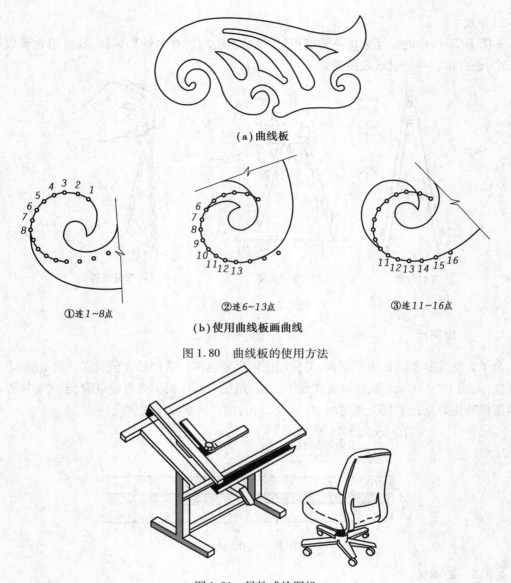

（a）曲线板

①连1~8点　　②连6~13点　　③连11~16点

（b）使用曲线板画曲线

图1.80　曲线板的使用方法

图1.81　导轨式绘图机

1.3.7　其他制图用品

1）绘图纸

绘图时要选用专用的绘图纸。专用绘图纸的纸质应坚实、纸面洁白,且符合国家标准规定的幅面尺寸。图纸有正反面之分,绘图前可用橡皮擦拭来检验其正反面,擦拭起毛严重的一面为反面。

2）擦图片

擦图片是用来擦除图线的。擦图片用薄塑料片或金属片制成,上面刻有各种形式的镂孔,如图1.82所示。使用时,可选择擦图片上适宜的镂孔,盖在图线上,使要擦去的部分从镂孔中露出,再用橡皮擦拭,以免擦坏其他部分的图线,并保持图面清洁。

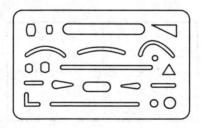

图 1.82　擦图片

绘图用品除上述用品外,绘图时还需用小刀、橡皮、胶带纸、砂纸板及毛刷等。

1.4　平面几何图形的绘制

平面几何作图在机械制图中应用很广,设计人员学会几何作图,可以提高制图的准确性和速度,从而保证制图的质量。

1.4.1　常见平面几何图形的作图方法

1)等分任意线段

如图 1.83 所示,要五等分线段 AB,首先过点 A 任作一直线 AC,自 A 点起以任意长度 A1′ 为单位,量取 A1′ = 1′2′ = 2′3′ = 3′4′ = 4′5′,得 1′,2′,3′,4′,5′各等分点。连 5′B,并过其他各等分点分别作直线平行于 5′B,交 AB 于 1,2,3,4 各点,即完成作图。

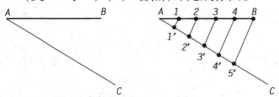

图 1.83　等分任意线段

2)等分两平行线间的距离

如图 1.84 所示要五等分平行线 AB 和 CD 之间的距离,可将直尺放在直线 AB 和 CD 之间摆动,使刻度 0 与 5 分别落在 AB 与 CD 上,在图中记下 1,2,3,4 各分点的位置,过各分点作 AB (或 CD)的平行线,即完成作图。

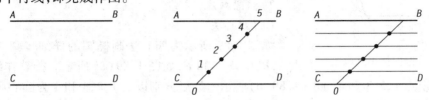

图 1.84　等分两平行线之间的距离

3)等分图纸的幅面

如图 1.85 所示,如果要四等分图纸幅面 ADBC,可先连接 AB,CD 交于 E 点,然后过点 E 作直线 12 和 34,即可完成作图。

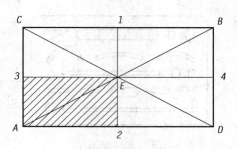

图 1.85　四等分图纸幅面

4）圆内接等边三角形

如图 1.86 所示,要绘制圆内接等边三角形 123,首先需要过点 0 作圆弧(半径 = R),圆弧与圆交于点 1 和点 2。然后连接点 1、点 2 和点 3 即可完成作图。

5）圆内接正六边形

如图 1.87 所示,要绘制圆内接正六边形,首先需要过点 0 和点 3 作圆弧(半径 = R),圆弧与圆交于点 1、点 2、点 4 和点 5。然后依次连接点 3、点 5、点 1、点 0、点 2 和点 4 即可完成作图。

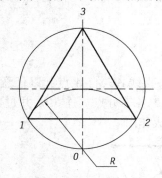

图 1.86　圆内接等边三角形

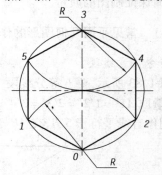

图 1.87　圆内接正六边形

6）圆内接正五边形

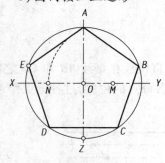

图 1.88　圆内接正五边形

如图 1.88 所示为圆内接正五边形的作图方法。首先以点 O 为圆心画一个圆,接着作圆的两条互相垂直的直径 AZ 和 XY,并作 OY 的中点 M。以点 M 为圆心,MA 为半径作圆,交 OX 于点 N。以点 A 为圆心,AN 为半径,在圆上连续截取等弧,使弦 $AB = BC = CD = DE = AN$,则五边形 $ABCDE$ 即为正五边形。

7）椭圆画法

(1)四心法

如图 1.89 所示为四心法画椭圆的详细步骤。首先确定点 A,B,C,D,E 和 F,如图 1.89(a)所示。接着作线段 AF 的中垂线,确定点 1,2,3 和 4,如图 1.89(b)所示。最后分别以点 1,2,3 和 4 为圆心画圆弧即可完成作图,如图 1.89(c)所示。

(2)同心圆法

如图 1.90 所示为同心圆法画椭圆的详细步骤。首先以椭圆的长半轴和短半轴为半径画圆,如图 1.90(a)所示。接着将圆等分为 12 等分,并作出椭圆上的点 1 到点 12,如图 1.90(b)、(c)所示。最后光滑连接点 1 到点 12 即可完成作图。

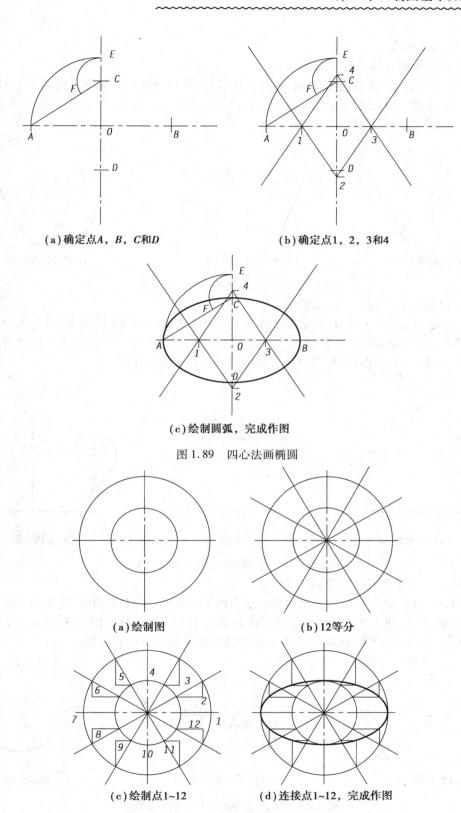

(a) 确定点 A，B，C 和 D

(b) 确定点 1，2，3 和 4

(c) 绘制圆弧，完成作图

图 1.89　四心法画椭圆

(a) 绘制图

(b) 12 等分

(c) 绘制点 1~12

(d) 连接点 1~12，完成作图

图 1.90　同心圆法画椭圆

8)圆弧连接画法

(1)用已知圆弧连接两已知直线

如图 1.91 所示,用半径为 R 的圆弧连接两已知直线 $L1$ 和 $L2$,首先需要按如图 1.91(a)所示绘制连接弧的圆心 O,接着按图 1.91(b)所示绘制圆弧切点 M 和 N,最后以点 O 为圆心,R 为半径画圆弧即可完成作图。

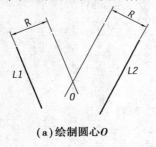 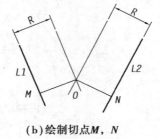 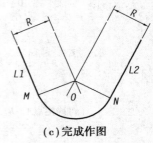

(a)绘制圆心O　　　　　　(b)绘制切点M,N　　　　　　(c)完成作图

图 1.91　用已知圆弧连接两已知直线

(2)用已知圆弧内连接直线和圆弧

如图 1.92 所示用半径为 R 的圆弧内连接直线 MN 和半径为 $R1$ 的圆弧,首先需要绘制连接圆弧的圆心点 O,如图 1.92(a)所示。然后按如图 1.92(b)所示绘制出切点。最后按如图 1.92(c)所示,以点 O 为圆心,R 为半径绘制连接圆弧即可完成作图。

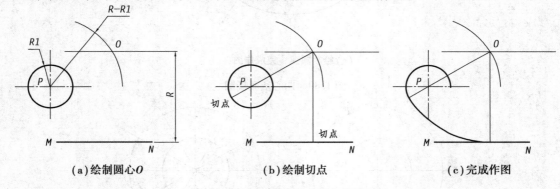

(a)绘制圆心O　　　　　　(b)绘制切点　　　　　　(c)完成作图

图 1.92　用已知圆弧内连接直线和圆弧

(3)用已知圆弧外连接直线和圆弧

如图 1.93 所示用半径为 R 的圆弧内连接直线 L 和半径为 $R1$ 的圆弧,首先需要绘制连接圆弧的圆心点 O,如图 1.93(a)所示。然后按如图 1.93(b)所示绘制出切点 M 和 N。最后按如图 1.93(c)所示,以点 O 为圆心,R 为半径绘制连接圆弧即可完成作图。

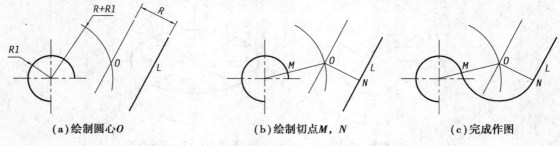

(a)绘制圆心O　　　　　　(b)绘制切点M,N　　　　　　(c)完成作图

图 1.93　用已知圆弧外连接直线和圆弧

（4）用已知圆弧外接两已知圆弧

如图 1.94 所示用半径为 R 的圆弧外连接半径为 $R1$ 的圆弧和半径为 $R2$ 的圆弧，首先要绘制连接圆弧的圆心点 O，如图 1.94（a）所示。然后按如图 1.94（b）所示绘制出切点 M 和点 N。最后按如图 1.94（c）所示，以点 O 为圆心，R 为半径绘制连接圆弧即可完成作图。

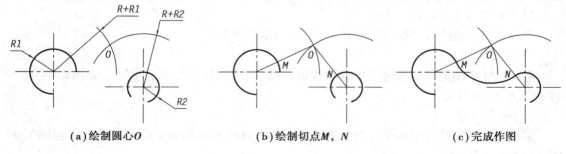

（a）绘制圆心O　　　　　（b）绘制切点M，N　　　　　（c）完成作图

图 1.94　用已知圆弧外连接两已知圆弧

（5）用已知圆弧内接两已知圆弧

如图 1.95 所示用半径为 R 的圆弧内连接半径为 $R1$ 的圆弧和半径为 $R2$ 的圆弧，首先要绘制连接圆弧的圆心点 O，如图 1.95（a）所示。然后按如图 1.95（b）所示绘制出切点 M 和点 N。最后按如图 1.95（c）所示，以点 O 为圆心，R 为半径绘制连接圆弧即可完成作图。

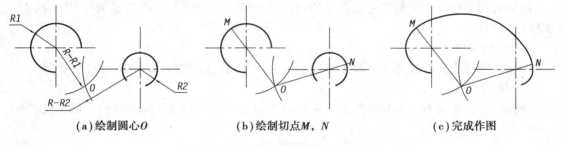

（a）绘制圆心O　　　　　（b）绘制切点M，N　　　　　（c）完成作图

图 1.95　用已知圆弧内连接两已知圆弧

（6）用已知圆弧内外连接两已知圆弧

如图 1.96 所示用半径为 R 的圆弧内外连接半径为 $R1$ 的圆弧和半径为 $R2$ 的圆弧，首先要绘制连接圆弧的圆心点 O，如图 1.96（a）所示。然后按如图 1.96（b）所示绘制出切点 M 和点 N。最后按如图 1.96（c）所示，以点 O 为圆心，R 为半径绘制连接圆弧即可完成作图。

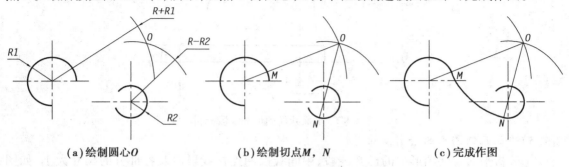

（a）绘制圆心O　　　　　（b）绘制切点M，N　　　　　（c）完成作图

图 1.96　用已知圆弧内外连接两已知圆弧

1.4.2　尺规绘制平面几何图形的方法和步骤

尺规绘制平面几何图形,要对平面图形进行尺寸分析和线段分析,从而知道哪些线段可以直接画出,哪些线段需要根据几何条件作图,这样便能正确确定画图步骤。

1)平面几何图形的尺寸分析

平面几何图形的尺寸按其作用分为定形尺寸和定位尺寸。

(1)定形尺寸

定形尺寸指确定平面几何图形的线段的长度、圆的直径和角度等尺寸。如图 1.97 所示的 $\phi 32$,$R18$,70 等尺寸。

(2)定位尺寸

定位尺寸是指确定平面几何图形上的各线段或封闭图形间相对位置的尺寸。如图 1.97 所示的 60,12 等尺寸。

2)平面几何图形的线段分析

在平面几何图形中,线段按所注尺寸和线段间的连接关系分为已知线段、中间线段和连接线段 3 种。

(1)已知线段

已知线段是指具有定形尺寸和齐全的定位尺寸的线段,如图 1.97 所示的尺寸 $R18$,$\phi 32$,70 和 8。

(2)中间线段

中间线段是指具有定形尺寸和不齐全的定位尺寸的线段,如图 1.97 所示的尺寸 $R56$。

(3)连接线段

连接线段是指只有定形尺寸而没有定位尺寸的线段,如图 1.97 所示的尺寸 $R35$ 和 $R36$。

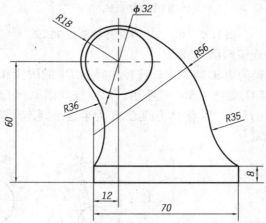

图 1.97　平面几何图形的线段分析

3)平面几何图形的绘图步骤

①分析平面几何图形中的已知线段、中间线段和连接线段以及各部分的尺寸大小,如图 1.97 所示。

②选定图幅和绘图比例,布置幅面,使图形在图纸上的位置适中。

③用 2H 或 H 铅笔绘制已知线段、中间线段和连接线段,如图 1.98 所示。

④检查无误后,擦除多余作图线,加深图线并标注尺寸,如图 1.97 所示。

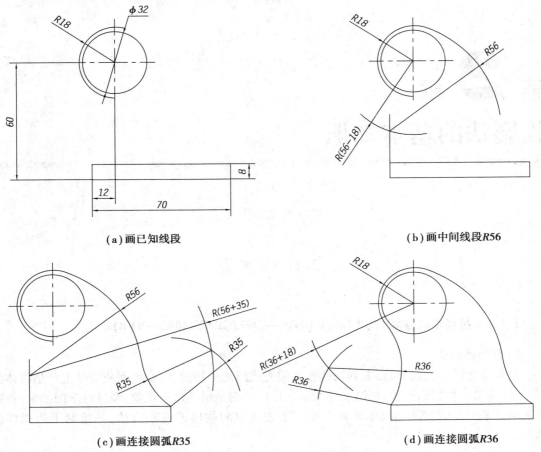

（a）画已知线段　　　　　　　　　　　　　　　　　（b）画中间线段 *R56*

（c）画连接圆弧 *R*35　　　　　　　　　　　　　　　（d）画连接圆弧 *R*36

图 1.98　平面几何图形的绘图步骤

第 **2** 章
投影法的基本知识

2.1 投影法

2.1.1 投影法的基本知识(GB/T 16948—1997、GB/T 14692—2008)

1)投影的形成

在日常生活中,人们可以看到物体在太阳光或灯光的照射下,在地面或墙壁上产生物体的影子,这就是一种投影现象,如图 2.1 所示。投影法就是根据这一现象,经过科学的抽象,将物体表示在平面上的方法。投影法是在平面上表达空间物体的基本方法,是绘制工程图样的基础。

图 2.1　投影现象

根据《投影法术语》(GB/T 16948—1997)的有关规定,投影法(projection method)是投射线通过物体,向选定的面投射,并在该面上得到图形的方法,如图 2.2 所示。所有投射线的起源点,称为投射中心(projection center)。根据投影法所得的图形称为投影或投影图(projection)。发自投射中心且通过被表示物体上各点的直线称为投射线(projection line)。得到投影的面称为投影面(projection plane)。

如图 2.2 所示,假定空间点 S 为投射中心,将空间中的 △ABC 上的顶点和边线的影子投射到平面 P 上,在该平面上得到 △abc 的方法就是投影法。需要注意的是,生活中的影子和工程制图中的投影是有区别的,投影必须将物体的各个组成部分的轮廓全部表示出来。而影子只能表达物体的整体轮廓,并且内部为一个整体,如图 2.1 所示。

2)投影的分类

根据《技术制图　投影法》(GB/T 14692—2008)的
有关规定,可将投影法分为中心投影法和平行投影法两
大类。

(1)中心投影法

根据《投影法术语》(GB/T 16948—1997)的有关规
定,投射线汇交一点的投影法(投射中心位于有限远
处)称为中心投影法。如图 2.2 所示为中心投影法,其
中△ABC 在投影面 P 上的中心投影为△abc。用中心投
影法得到的物体投影大小与物体的位置有关。在投影

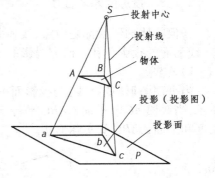

图 2.2　投影的形成过程

中心与投影面不变的情况下,当△ABC 靠近或远离投影面时,它的投影△abc 就会变大或变
小,所以投影一般不能反映△ABC 的实际大小。这种投影法主要用于绘制建筑物的透视图。
因此,在一般的工程图样中,不宜采用中心投影法。

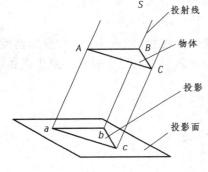

图 2.3　平行投影法

(2)平行投影法

根据《投影法术语》(GB/T 16948—1997)的有关规
定,投射线相互平行的投影法(投射中心位于无限远
处)称为平行投影法。如图 2.3 所示,设 S 为投影中心,
△ABC 在投影面 P 上的平行投影为△abc。在平行投影
法中,当平行移动物体时,它投影的形状和大小都不会
改变。平行投影法主要用于绘制工程图样。

平行投影法按投影方向与投影面是否垂直,可分为
斜投影法和正投影法,如图 2.4 所示。其中,投射线与
投影面相倾斜的平行投影法称为斜投影,而投射线与投
影面相垂直的平行投影法称为正投影。根据正投影法所得的图形称为正投影或正投影图。根
据斜投影法所得的图形称为斜投影或斜投影图。

正投影法能在投影面上较“真实”地表达空间物体的大小和形状,且作图简便,度量性好,
在机械工程中得到广泛的采用。

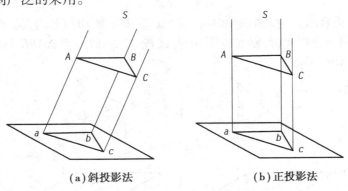

(a)斜投影法　　　　　　　　　(b)正投影法

图 2.4　斜投影法和正投影法

2.1.2 投影的基本性质

任何物体的形状都是由点、线和面等几何元素构成的。因此,物体的投影就是组成物体的点、线和面的投影总和。研究投影的基本性质,主要是研究线和面的投影特性。

1)真实性

当平面图形(或直线)与投影面平行时,其投影反映实形(或实长)的投影性质。如图 2.5 所示,当线段 AC 和平面 △ABC 平行于投影面时,其投影 ac 和 △abc 分别反映线段 AC 的实际长度和平面 △ABC 的实际形状。

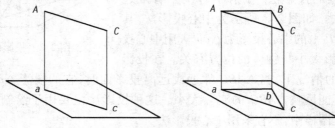

图 2.5　真实性

2)积聚性

当平面图形(或直线)与投影面垂直时,其投影积聚成一条直线(或一个点)的投影性质。如图 2.6 所示,当线段 AC 垂直于投影面时,其投影 a(c) 积聚为一点。当 △ABC 垂直于投影面时,其投影 abc 积聚成一条线段。

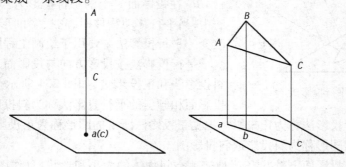

图 2.6　积聚性

3)类似性

当平面图形(或直线)与投影面倾斜时,其投影为原形的相似形的投影性质。如图 2.7 所示,当线段 AC 倾斜于投影面时,则其投影 ac 与线段 AC 相似。当 △ABC 倾斜于投影面时,则其投影 △abc 与 △ABC 类似。

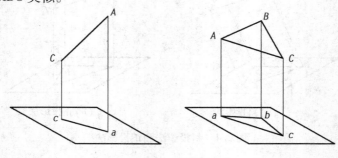

图 2.7　类似性

2.2 工程图中常用的投影图

2.2.1 透视投影图

在《技术制图 投影法》(GB/T 14692—2008)和《技术产品文件 词汇 投影法术语》(GB/T 16948—1997)中明确规定,用中心投影法将物体投射在单一投影面上所得的具有立体感的图形称为透视投影或透视图,如图2.8所示。因为透视图与人的视觉习惯相符,能体现近大远小的效果,所以形象逼真,具有丰富的立体感,但作图较麻烦,且度量性差,常用于绘制建筑效果图。

(a)花园景观透视图　　　　　　　(b)客厅透视图

图2.8　透视图

2.2.2 轴测投影图

在《技术制图 投影法》(GB/T 14692—2008)和《技术产品文件 词汇 投影法术语》(GB/T 16948—1997)中明确规定,将物体连同其参考直角坐标系,沿不平行于任一坐标面的方向,用平行投影法将其投射在单一投影面上所得的具有立体感的图形称为轴测投影或轴测图。如图2.9所示为减速器箱体的轴测图。物体上互相平行且长度相等的线段,在轴测图上仍互相平行且长度相等。轴测图虽不符合近大远小的视觉习惯,但仍具有很强的直观性,所以在机械工程上得到广泛应用。

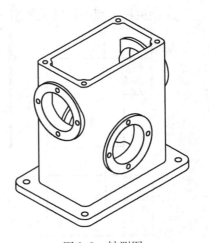

图2.9　轴测图

2.2.3 标高投影图

在《技术制图 投影法》(GB/T 14692—2008)和《技术产品文件 词汇 投影法术语》(GB/T 16948—1997)中明确规定,在物体的水平投影上,加注某些特征面、线以及控制点的高程数值和比例的单面正投影,称为标高投影,如图2.10(a)所示。标高投影中应标注比例和高程。比例可采用比例尺(附有其长度单位)的形式,也可采标注比例的形式(如1:1 000 等)。常用的高程单位为米。在标高投影图中,应设某一水平面作为基准面,其高程为零,基准面以上的高程为正,基准面以下的高程为负。用标高投影绘制的地形图主要是用等高线表示,如图2.10(b)所示。

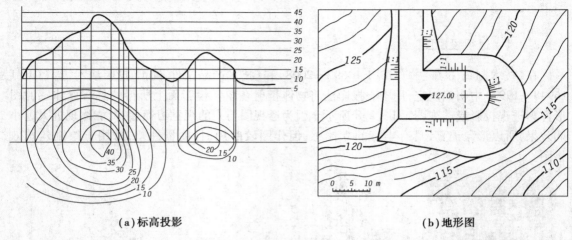

(a)标高投影 　　　　　　　　　　　　　(b)地形图

图2.10　标高投影图

2.2.4　多面正投影图

在《技术产品文件 词汇 投影法术语》(GB/T 16948—1997)中明确规定,将物体在互相垂直的两个或多个投影面上所得的正投影,随投影面旋转展开到同一图面上,使该物体的各视图(正投影图)有规则地配置,并相互之间形成对应关系,称为多面正投影或多面正投影图。如图2.11(a)所示为多面正投影图。

正投影图直观性不强,但能正确反映物体的形状和大小,且作图方便,度量性好,所以工程上应用最广。

绘制机械工程图样时主要用正投影,今后不作特别说明,"投影"即指"正投影"。

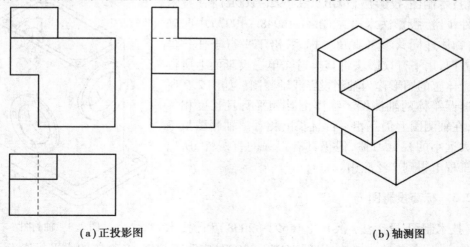

(a)正投影图 　　　　　　　　　　　　　(b)轴测图

图2.11　多面正投影图

2.3　三视图的形成及其投影规律

2.3.1　三视图的形成

1)三视图引入的原因

物体是有长、宽、高 3 个尺度的立体。我们要认识它,就应从上、下、左、右、前、后各个方面去观察它,才能对其有一个完整的了解。如果一个物体向一个投影面进行投影,它所得到的一个视图就只能反映该物体一个面的形状和大小。如图 2.12 所示,空间中不同形状的两个物体,它们向同一投影面投射,其视图是相同的,但是该视图不能反映两个不同物体的形状和大小。

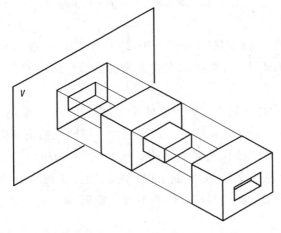

图 2.12　物体的一个视图不能确定其空间形状

如果一个物体只向两个投影面投射,它所得的两个视图就只能反映该物体两个面的形状和大小,也不能完整地表示它的形状和大小。如图 2.13 所示,空间中 3 个不同形状的物体,他们向同样的两个投影面进行投影,其两个视图都是相同的,但是也不能反映 3 个不同物体的形状和大小。

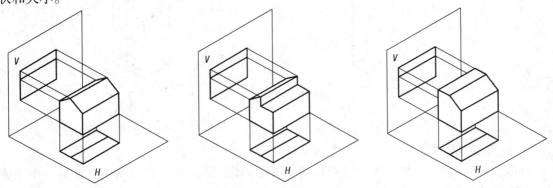

图 2.13　物体的两个视图不能确定其空间形状

如果把物体放在 3 个相互垂直的投影面之间,分别向 3 个投影面进行投影,由此可得物体的 3 个不同方向的视图,如图 2.14 所示,这样就能确定物体的形状了。

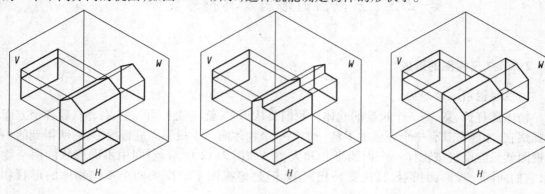

图 2.14　物体的 3 个不同方向的视图

2)三视图的形成

根据《技术制图 投影法》(GB/T 14692—2008)的有关规定,在多面正投影中,相互垂直的 3 个投影面,分别用 V,H,W 表示,相互垂直的 3 根投影轴分别用 OX,OY,OZ 表示,如图 2.15 所示为三面投影体系。

如图 2.16 所示,将形体放置在三面投影体系中,即放置在 H 面的上方,V 面的前面,W 面的左方,并尽量让形体的表面和投影面平行或垂直。三视图包括主视图、俯视图和左视图。从前往后对 V 面进行投射,在 V 面上得到主视图。从上往下对 H 面进行投射,在 H 面上得到俯视图。从左往右对 W 面进行投射,在 W 面上得到左视图。在视图中,应用粗实线画出物体的可见轮廓。必要时,还可用细虚线画出物体的不可见轮廓。

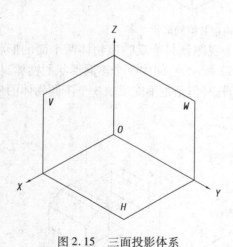

图 2.15　三面投影体系

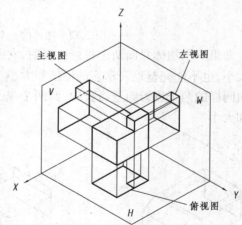

图 2.16　三面投影体系中的三视图

3)三视图的展开

如图 2.17(a)所示,由于 3 个投影面是相互垂直的,因此 3 个投影图就不在同一个平面上,这样不便于查看投影图形。为了把 3 个投影图画在同一个平面上,就必须将 3 个互相垂直的投影面按照一定的规则展开。如图 2.17(b)所示,规定 V 面保持不动,将 H 面绕 OX 轴向下旋转 90°,W 面绕 OZ 轴向右旋转 90°,使它们和 V 面处在同一平面上。这时 OY 轴分为两条:一条 OY_H 轴,一条 OY_W 轴。

将 3 个投影图展开到一个平面上后,这时它们的位置关系为:主视图在上方,俯视图在主视图的正下方,左视图在主视图的正右方,如图 2.17(c)所示。用三面投影体系表达三视图时,可不画出投影面的外框线和坐标轴,如图 2.17(d)所示。

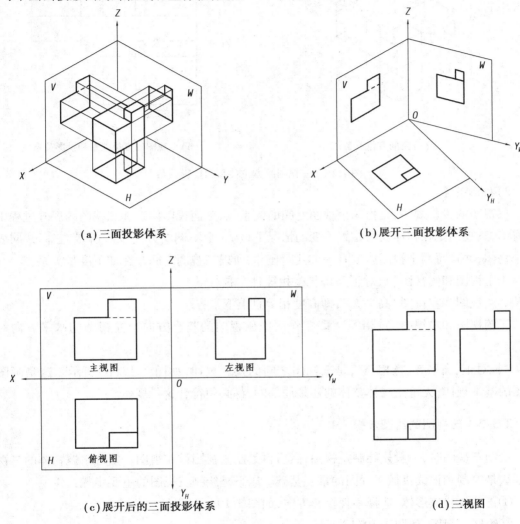

(a)三面投影体系　　　　　　　　　　(b)展开三面投影体系

(c)展开后的三面投影体系　　　　　　　(d)三视图

图 2.17　三视图的展开

2.3.2　三视图的基本规律(GB/T 16948—1997、GB/T 14692—2008)

1)方位关系

如图 2.18(a)所示,任何一个物体的空间位置可包括上下、左右和前后的方位关系,物体的尺寸包括长、宽和高。如图 2.18(b)所示,主视图反映物体的长、高尺寸和上下、左右位置关系;俯视图反映物体的长、宽尺寸和左右、前后位置关系;左视图反映物体的高、宽尺寸和前后、上下位置关系。

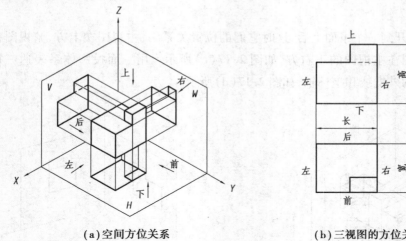

(a)空间方位关系　　　　(b)三视图的方位关系和投影关系

图2.18　三视图的方位关系和投影关系

2)投影关系

三视图的投影规律,是指3个视图之间的关系,从三面投影体系和三视图的展开过程中可以看出,三视图是在物体安放位置不变的情况下,从3个不同的方向投影所得,它们共同表达一个物体,并且每两个视图中就有一个共同尺寸,所以三视图之间存在如下度量关系:

①主视图和俯视图"长对正",即长度相等且左右对正。

②主视图和左视图"高平齐",即高度相等且上下平齐。

③俯视图和左视图"宽相等",即在作图中俯视图的竖直方向与左视图的水平方向对应相等。

"长对正、高平齐、宽相等",是三视图之间的投影规律,如图2.18(b)所示。这是画图和读图的基本规律,无论是物体整体的还是局部的,都必须符合这一规律。

2.3.3　三视图的绘图步骤

绘制三视图时,一般先绘制主视图,然后再绘制俯视图或左视图。熟练掌握物体的三视图的画法是绘制和识读机械工程图的重要基础。以下是绘制三视图的主要步骤:

①正确放置该形体,选择主视投影方向,如图2.19(a)所示。

②绘制主视图,如图2.19(b)所示。

③根据"长对正"的投影规律绘制俯视图,如图2.19(c)所示。

④根据"高平齐、宽相等"的投影规律绘制左视图,如图2.19(d)所示。

⑤检查和加深三视图,擦去作图辅助线,即可完成作图,如图2.19(e)所示。

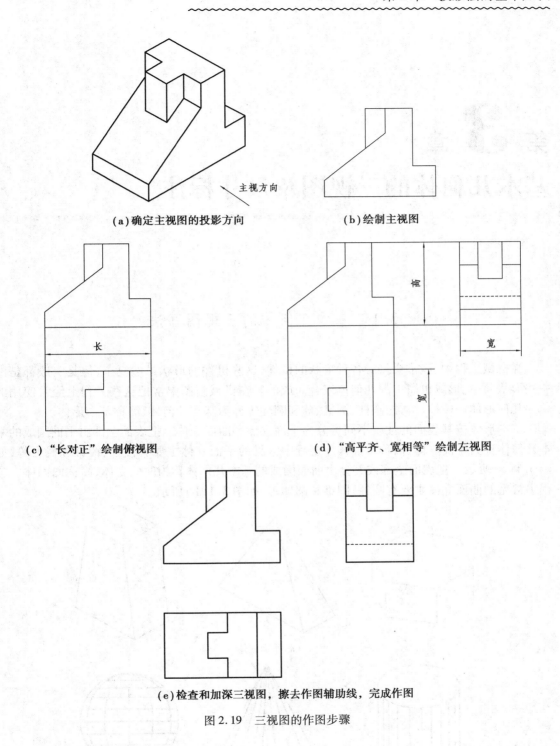

(a) 确定主视图的投影方向　　　　　　(b) 绘制主视图

(c) "长对正"绘制俯视图　　　　　(d) "高平齐、宽相等"绘制左视图

(e) 检查和加深三视图，擦去作图辅助线，完成作图

图 2.19　三视图的作图步骤

第3章
基本几何体的三视图及尺寸标注

3.1 基本几何体的三视图画法

在机械工程中,经常会接触各种形状的机件,这些机件的形状虽然复杂,但是一般都是由一些形状简单、形成也简单的几何体组合而成的。在机械制图中常把这些工程上经常使用的单一几何形体如棱柱、棱锥、圆柱、圆锥、球和圆环等称为基本几何体,简称基本形体。

基本形体按其表面的性质不同可分为平面立体和曲面立体。把表面全部由平面围成的基本几何体称为平面立体,简称平面体。工程中常见的平面立体主要有棱柱、棱锥和棱台等,如图 3.1(a)所示。把表面全部或部分由曲面围成的基本几何体称为曲面立体,简称曲面体。工程中常见的曲面立体主要有圆柱、圆锥和圆球等,如图 3.1(b)所示。

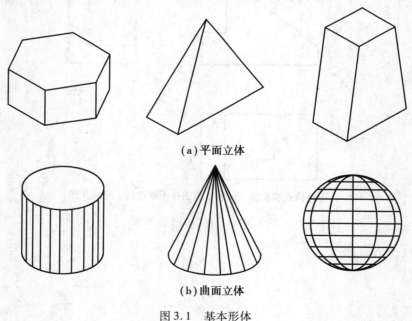

(a) 平面立体

(b) 曲面立体

图 3.1 基本形体

　　如图 3.2 所示是一个机件模型,它可以被分解为一个三棱柱和一个五棱柱。因此,理解并掌握基本形体的投影规律,对认识和理解机件的投影规律,更好地掌握识图与制图技能有很大的帮助。

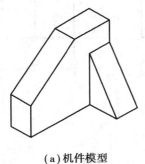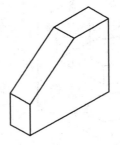

（a）机件模型　　　　　　　　　　　　　　（b）机件模型分解过程

图 3.2　建筑形体的分解

3.1.1　平面立体三视图的画法

　　如图 3.1(a)所示,平面立体的各表面均为多边形,称为棱面。各棱面的交线称为棱线。棱线与棱线的交点称为顶点。求作平面立体的投影,就是作出组成平面立体的各表面、各棱线和各顶点的投影,由于点、线和面是构成平面立体表面的几何元素,因此,绘制平面立体的投影,归根结底是绘制直线和平面的投影。其中可见的棱线投影画成粗实线,不可见的棱线投影画成细虚线,以区分可见表面和不可见表面。当粗实线和虚线重合时,可只画粗实线。

1)棱柱

　　棱柱由两个相互平行的底面和若干个侧棱面围成,相邻两侧棱面的交线称为侧棱线,简称棱线。棱柱的棱线相互平行。如图 3.3 所示,工程中常见的棱柱有三棱柱、四棱柱、五棱柱和六棱柱等。

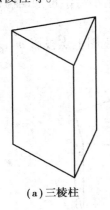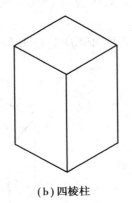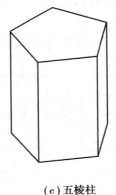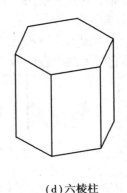

（a）三棱柱　　　　　　（b）四棱柱　　　　　　（c）五棱柱　　　　　　（d）六棱柱

图 3.3　工程中常见的棱柱

（1）棱柱的三视图

　　以正六棱柱为例,如图 3.4(a)所示是正六棱柱的立体图,它是由上下两个正六边形底面和 6 个四边形的棱面构成。选择六棱柱的主视方向时,需要考虑两个因素:一是要使得六棱柱处于稳定状态;二是要考虑六棱柱的工作状态。为了作图方便,应尽量使六棱柱的表面平行或垂直投影面。

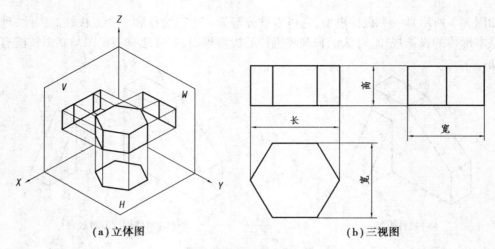

(a)立体图　　　　　　　　　　(b)三视图

图 3.4　正六棱柱的三视图

如图 3.4(b)所示,从正六棱柱的三视图可以看到其俯视图是一个正六边形,它是正六棱柱上下底面的投影,正六边形的 6 条边分别是 6 个棱面的积聚性投影,正六边形的 6 个顶点分别是正六棱柱的 6 条棱线的水平面投影,它反映了投影的积聚性。主视图中 3 个并立的矩形是正六棱柱左、中和右 3 个棱面的投影,主视图的外形轮廓分别是正六棱柱上、下底面和左、右棱线的投影。左视图的两个并列的矩形是正六棱柱左、右 4 个棱面的重叠投影,上下两条水平线是正六棱柱上下底面的积聚性投影,前后两条投影垂直线分别是正六棱柱前后棱面的积聚性投影,中间的垂直投影线则是正六棱柱左右两条棱线的重叠投影。

(2)棱柱表面上求点

棱柱表面上求点可以利用柱体表面的积聚性投影来作图。立体表面上的点一般用大写字母表示,如 M。主视图上立体表面上的点一般用小写字母加一撇表示,如 m'。俯视图上立体表面上的点一般用小写字母表示,如 m。左视图上立体表面上的点一般用小写字母加两撇表示,如 m''。

如图 3.5 所示,已知正五棱柱的三视图及其表面 $ABCD$ 上点 M 的主视图上点投影 m',求作它的另两个投影 m 和 m''。

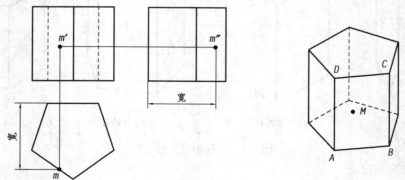

图 3.5　正五棱柱表面上求点

根据已知条件,同时依据点 M 的主视图投影点 m' 的可见性条件,推断出 M 点必在五棱柱前面的棱面上。利用棱柱各棱面的俯视图具有积聚性特点,可向下作辅助线直接找到点 M 的

俯视图投影点 m ,最后可按"高平齐、宽相等"的投影规律求出点的左视图投影点 m'' 。

2）棱锥

棱锥由一个底面和若干个三角形侧棱面围成,且所有棱面相交于一点,称为锥顶,常记为 S 。棱锥相邻两棱面的交线称为棱线,所有的棱线都交于锥顶 S 。工程中常用的棱锥包括三棱锥、四棱锥和五棱锥等。

（1）棱锥的三视图

从如图 3.6 所示的正三棱锥的三视图中可以看出,其俯视图是由 3 个全等的三角形组成的,它们分别是 3 个棱面的水平投影,形状为等边三角形的外形轮廓则是三棱锥底面的投影,它反映了底面的实际形状。主视图由两个三角形组成,它们是三棱锥左右三棱面的投影,而外形轮廓的等腰三角形则是后棱面的投影,其底边为三棱锥底面的投影。左视图是一个三角形,它是左右两个棱面的重叠投影,靠里侧的斜边是侧垂位置的后棱面的投影,底边仍为三棱锥底面的投影。

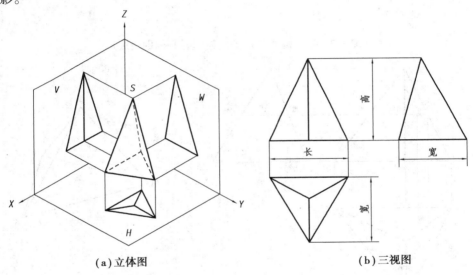

（a）立体图　　　　　　　　　　　　（b）三视图

图 3.6　正三棱锥的三视图

（2）棱锥表面上求点

棱锥表面上求点可以在锥体表面上过点任意作一条直线作为解题的辅助线,为了作图方便,一般这条辅助线可以绘制成过锥顶的直线或过点作平行与锥底的直线。

如图 3.7 所示为过锥顶作辅助线法求作三棱锥表面上的点。已知三棱锥表面上的点 K 在主视图上的投影 k' ,求作点 K 的俯视图的投影点 k 和左视图的投影点 k'' 。首先在主视图上过锥顶作辅助线 $s'd'$,其次利用"长对正"的投影规律求出点 d 和点 k ,最后利用"高平齐,宽相等"的投影规律求出点 d'' 和点 k'' 。

如图 3.8 所示为过点作平行锥底辅助线法求作三棱锥表面上的点。已知点 K 在主视图上的投影点 k' ,求作俯视图投影点 k 和左视图投影点 k'' 。首先在主视图上作辅助线 $m'n'\,/\!/\,a'c'$,接着利用"长对正"的投影规律求作点 m ,然后在俯视图上作 $mn\,/\!/\,ac$ 以求作点 n 和点 k ,最后利用"高平齐,宽相等"的投影规律求作左视图上的点 m'' 、点 n'' 和点 k'' 。

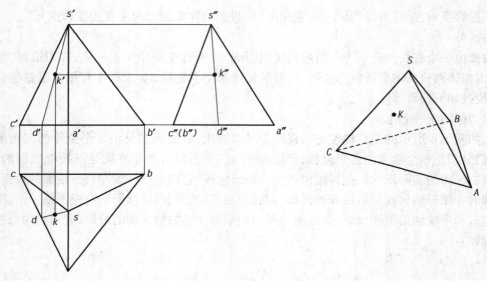

图 3.7　正三棱锥表面上求点(过锥顶辅助线法)

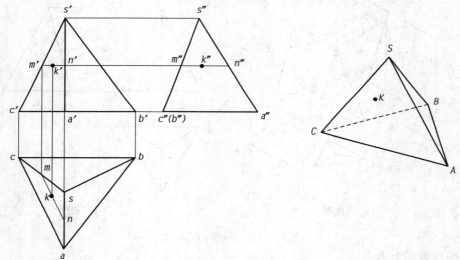

图 3.8　正三棱锥表面上求点(平行锥底辅助线法)

3.1.2　曲面立体三视图的画法

机械工程中有很多种曲面,从几何形成来分,曲面可分为规则曲面和不规则曲面。机械工程中常用的曲面一般是规则曲面。

由曲面围成或由曲面和平面围成的立体称为曲面立体,如圆柱体由圆形平面和柱面构成,圆环体由圆环面构成,圆锥体由圆锥面和锥底平面构成。只要作出围成曲面立体表面的所有曲面和平面的投影,便可得到曲面立体的视图。

机械工程中常见的曲面立体包括圆柱、圆锥和圆球等。

1)圆柱

如图 3.9(a)所示,圆柱面是由两条相互平行的直线,其中一条直线(称为母线)绕另一条直线(称为轴线)旋转一周而成的。圆柱体(简称圆柱)由两个相互平行的底平面(圆)和圆柱面围成。圆柱面上的与轴线平行的直线,称为圆柱面上的素线,素线相互平行。

　　圆柱面上有 4 条特殊的素线,它们分别位于圆柱面的最左、最右、最前和最后处,如图 3.9 (b)所示。

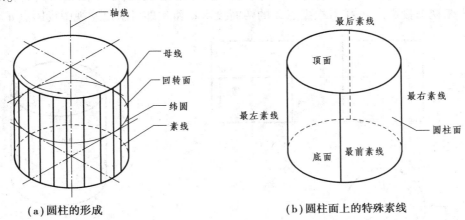

(a)圆柱的形成　　　　　　　　(b)圆柱面上的特殊素线

图 3.9　圆柱的形成

(1)圆柱的三视图

　　如图 3.10(a)所示,当圆柱的轴线为铅垂线时,圆柱面上所有素线都是铅垂线,圆柱面的俯视图投影积聚成一个圆,圆柱面上的点和线的俯视图投影都积聚在这个圆上。圆柱的顶面和底面是水平面,它们的水平面投影反映实形。在水平投影圆上用点画线画出对称中心线,对称中心线的交点是圆柱轴线的水平面投影。

　　圆柱的顶面和底面的主视图投影和左视图投影都积聚成直线。圆柱的轴线和素线的主视图投影和左视图投影仍是铅垂线,用点画线画出轴线的主视图投影和左视图投影。

　　圆柱的主视图的左右两侧的投影线分别是圆柱面上最左、最右素线的主视图投影。圆柱的左视图的前后两侧的投影线分别是圆柱面上最前、最后素线的左视图投影。

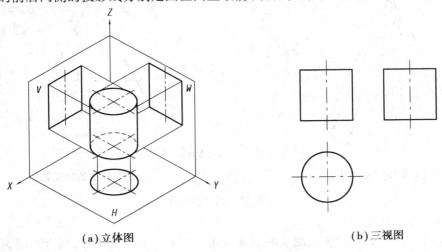

(a)立体图　　　　　　　　　　　(b)三视图

图 3.10　圆柱的投影

(2)圆柱表面上求点

　　圆柱面上点的投影可利用投影的积聚性求出。

如图 3.11 所示,若已知圆柱面上点 A 在主视图上的投影 a',求出它的俯视图投影 a 和左视图投影 a''。

根据已知条件 a',可知点 A 在前半个圆柱面上。利用圆柱的水平面投影具有积聚性,可直接求出俯视图投影点 a,接着根据点 A 的两面投影 a 和 a' 即可求出左视图投影点 a''。

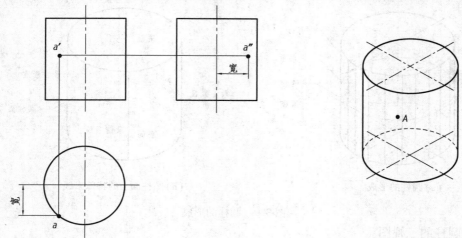

图 3.11　圆柱表面上求点

2)圆锥

如图 3.12 所示,圆锥面是由两条相交的直线,其中一条直线(简称母线)绕另一条直线(称为轴线)旋转一周而成的,交点称为锥顶。圆锥体(简称圆锥)由圆锥面和一个底平面(圆)围成。圆锥面上交于锥顶的直线,称为锥面上的素线。

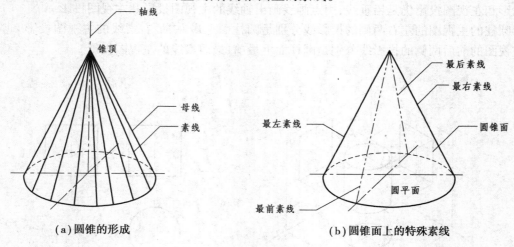

(a)圆锥的形成　　　　　　　　　　　(b)圆锥面上的特殊素线

图 3.12　圆锥的形成

(1)圆锥的三视图

如图 3.13 所示,圆锥的俯视图反映圆锥底面的实形。在俯视图中,用点画线画出对称中心线,对称中心线的交点,既是轴线的水平投影,又是锥顶的水平投影。

与圆柱的投影相似,圆锥的主视图中,等腰三角形的两腰是圆锥面上最左、最右两条素线的投影,它们是圆锥面的主视图投影轮廓线。最左、最右两条素线的左视图投影与轴线的左视图投影重合,不必画出。

　　圆锥的左视图中,等腰三角形的两腰是圆锥面上最前、最后两条素线的投影,它们是圆锥面的左视图投影轮廓线。最前、最后两条素线的主视图投影与轴线的主视图投影重合,不必画出。

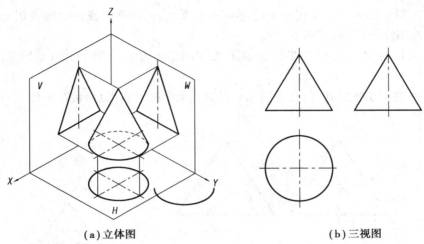

（a）立体图　　　　　　　（b）三视图

图 3.13　圆锥的投影

（2）圆锥表面上求点

　　在圆锥面上求作已知点的其余两面投影,作图方法有素线法和纬圆法两种。

　　如图 3.14 所示为素线法求作圆锥表面上的点。若已知圆锥面上点 M 在主视图上的投影 m',求作它的俯视图投影 m 和左视图投影 m''。根据已知条件 m' 可见,故点 M 位于前半个圆锥面上,m 必在俯视图投影中前半个圆内,且投影为可见。m''在左视图投影中靠近三角形外侧,投影亦为可见。作图步骤如下:

　　①连 $s'm'$ 并延长,使其与底圆的主视图投影相交于点 a'。利用"长对正"的投影基本规律求出 sa 和点 m。

　　②根据点 m' 和点 m,应用"宽相等,高平齐"的投影规律求作点 m''。

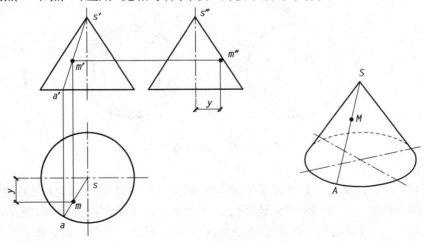

图 3.14　圆锥表面上求点（素线法）

如图 3.15 所示为纬圆法求作圆锥表面上的点。若已知圆锥面上点 M 在主视图上的投影 m'，求作它的俯视图投影 m 和左视图投影 m''。根据已知条件 m' 可见，故点 M 位于前半个圆锥面上，m 必在俯视图投影中前半个圆内，且投影为可见。m'' 在左视图投影中靠三角形外侧，投影亦为可见。作图步骤如下：

①作过点 M 的纬圆。在主视图中过点 m' 作水平线，与主视图投影轮廓线相交（该直线段即纬圆的主视图投影）于点 $1'$ 和点 $2'$。

②取线段 $1'2'$ 的一半长度为半径，在俯视图中画底面轮廓圆的同心圆（该圆是纬圆的俯视图投影）。

③过点 m' 向下引投影连线，在纬圆水平投影的前半圆上求出点 m，并根据点 m' 和点 m 即可求出点 m''。

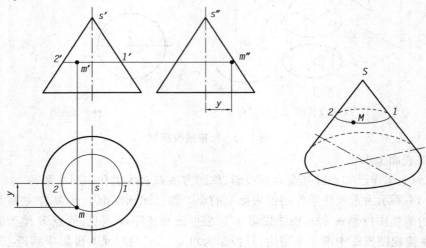

图 3.15　圆锥表面上求点（纬圆法）

3）圆球

如图 3.16 所示，圆球面是由圆（母线）绕它的直径（轴线）旋转一周而成的。圆球体（简称圆球）由圆球面围成。

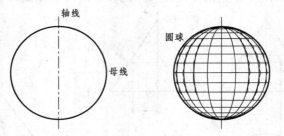

图 3.16　圆球的形成

（1）圆球的三视图

如图 3.17 所示，圆球的三视图都是直径与圆球直径相等的圆，它们分别是这个球面的 3 个投影的转向轮廓线。主视图的转向轮廓线是球面上平行于正面的大圆（前后半球面的分界线）的主视图投影。俯视图的转向轮廓线是球面上平行于水平面的大圆（上下半球面的分界线）的俯视图投影。左视图的转向轮廓线是球面上平行于左侧面的大圆（左右半球面的分界线)的左视图投影。在圆球的三视图中,应分别用点画线画出对称中心线,对称中心线的交点是球心的投影。

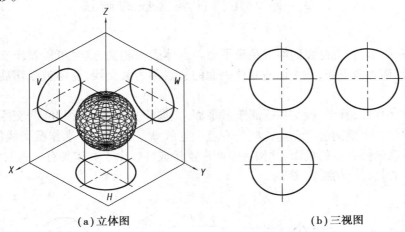

(a)立体图　　　　　　　　　　　　　　　**(b)三视图**

图 3.17　圆球的三视图

(2)圆球表面上求点

圆球表面上求点只有一种方法,即纬圆法。如图 3.18 所示,已知圆球面上点 A 的主视图投影 a'。求作它的另两面投影。

根据题意可知,点 a' 为可见,因此点 A 位于前半球,而且还在上半球,故其俯视图投影应为可见。又由于 a' 还在左半球上,其左视图投影也必为可见。作图步骤如下:

①过点 a' 作水平辅助纬圆,该圆的主视图投影为过点 a' 且垂直于铅垂轴线的水平线,其两端与正面转向轮廓圆交于 $1'$,$2'$ 两点。

②以 $1'2'$ 线段的一半长度为半径,以水平面投影轮廓圆的中心为圆心画圆,此即为辅助纬圆的水平面投影。

③由 a' 向下引投影连线与辅助圆的前半圆相交得点 a,然后根据 a' 及 a 即可按照投影的"三等关系"求作左视图投影 a''。

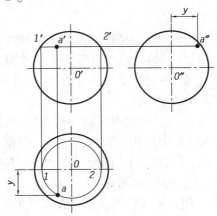

图 3.18　圆球表面上求点(纬圆法)

3.2 基本几何体截交线的画法

如图 3.19 所示,在机件表面经常见到平面与立体表面相交,这时可以看作立体被平面截切,此平面通常称为截平面,截平面与立体表面的交线称为截交线,立体被截切后的断面称为截断面。

从图 3.19 中可以看出,截交线既属于截平面,又属于立体表面,因此,截交线上的每个点都是截平面和立体表面的公有点。这些公有点的连线就是截交线。求作截交线的投影,就是求截交线上一系列公有点的投影,并按一定顺序连接成线。由于立体具有一定的大小和范围,所以截交线一般是封闭的平面图形。

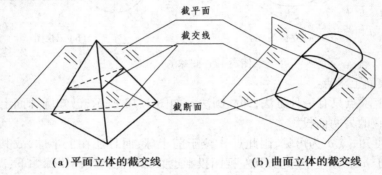

（a）平面立体的截交线　　　　　　　　（b）曲面立体的截交线

图 3.19 截交线

3.2.1 平面立体截交线的画法

如图 3.19(a)所示,平面立体的表面是平面图形,因此,平面立体的截交线为封闭的平面多边形。多边形的各个顶点是截平面与立体的棱线或底边的交点,多边形的各条边是截平面与平面立体表面的交线。

1)棱柱的截交线画法

求作棱柱的截交线,就是求出截平面与棱柱表面的一系列共有点,然后依次连接即可。

如图 3.20(a)所示,已知斜截正四棱柱的主视图和俯视图,求作左视图。通过分析已知的主、俯视图可知,截平面为一正垂面,截交线是一个五边形,五边形上的 5 个顶点是截平面与棱柱棱线及上表面的交线,如图 3.20(b)所示。

截交线的主视图投影积聚成一条。根据投影的类似性原理,截交线的俯视图投影是一个五边形。同理,截交线的左视图投影为与其类似的五边形。根据截交线各顶点的主视图及俯视图,并按照投影的"长对正、高平齐、宽相等"的投影规律,即可求得截交线顶点的左视图,依次连接各点即可绘制出截交线的左视图,如图 3.20(c)所示。

因为棱柱的左、上部被切去,所以截交线的左视图投影可见。四棱柱右棱线的上半部分在左视图投影不可见,故画成细虚线,如图 3.20(c)所示。

如图 3.21(a)—(d)所示为棱柱的截交线画法范例。

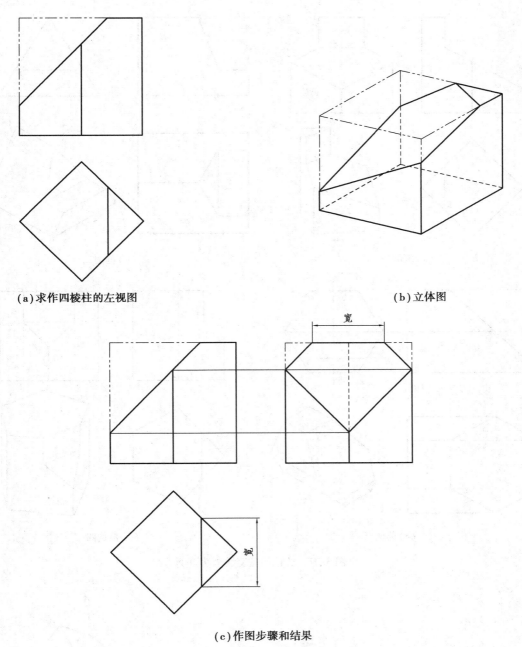

(a)求作四棱柱的左视图　　　　　　　　(b)立体图

(c)作图步骤和结果

图 3.20　棱柱的截交线画法

2)棱锥的截交线画法

棱锥的截交线同棱柱一样也是平面多边形。当特殊位置平面与棱锥相交时,由于棱锥的三视图都没有积聚性,此时截交线与截平面有积聚性的投影重合,可直接得出,其余两个投影则需先在棱锥表面上定点,然后用作辅助线的方法求出。

如图 3.22(a)所示,已知斜截正四棱锥的主视图和左视图,求作俯视图。通过分析已知的主视图和左视图可知,截平面为一正垂面,截交线是一个四边形,四边形上的 4 个顶点是截平面与棱锥棱线的交线,如图 3.22(b)所示。

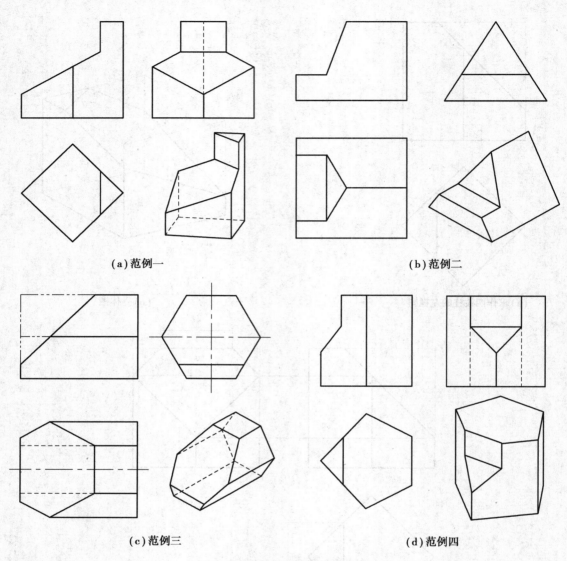

(a)范例一 (b)范例二

(c)范例三 (d)范例四

图 3.21 棱柱的截交线画法范例

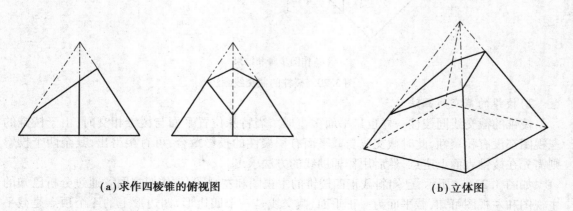

(a)求作四棱锥的俯视图 (b)立体图

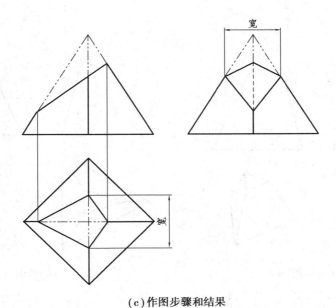

（c）作图步骤和结果

图 3.22　棱锥的截交线画法

截交线的主视图投影积聚成一条直线，左视图投影反映其类似形状。根据投影的类似性原理，截交线的俯视图投影也应是一个四边形。根据截交线各顶点的主视图投影及左视图投影，并按照投影的"长对正、高平齐、宽相等"的投影规律，可求得截交线顶点的俯视图投影，依次连接各点即可绘制出截交线的俯视图，如图 3.22（c）所示。因为棱锥的左、上部被切去，所以截交线的俯视图投影可见。

如图 3.23（a）—（d）所示为棱锥的截交线画法范例。

3.2.2　曲面立体截交线的画法

如图 3.19（b）所示，平面与曲面立体相交产生的截交线一般是封闭的平面曲线，也可能是由曲线与直线围成的平面图形，其形状取决于截平面与曲面立体的相对位置。

曲面立体的截交线，就是求截平面与曲面立体表面的共有点的投影，然后将各点的投影依次光滑地连接起来。当截平面或曲面立体的表面垂直于某一投影面时，则截交线在该投影面上的投影具有积聚性，可直接利用面上取点的方法作图。

1）圆柱的截交线画法

如图 3.24 所示，平面截切圆柱时，根据截平面与圆柱轴线的相对位置不同，其截交线有 3 种不同的形状。

如图 3.24（a）所示，当截平面垂直于圆柱轴线时，截交线为圆，其俯视图投影与圆柱面的俯视图投影重合，主视图投影和左视图投影分别积聚成直线段。

如图 3.24（b）所示，当截平面平行于圆柱轴线时，截平面与圆柱面的交线为平行于圆柱轴线的两条平行线，与圆柱的截交线为矩形。由于截平面平行于主视图投影面，所以截交线的主视图投影反映实形，俯视图投影和左视图投影分别积聚成直线段。

如图 3.24（c）所示，当截平面倾斜于圆柱轴线时，截交线为椭圆，其主视图投影积聚为直线段，俯视图投影面与圆柱面的俯视图投影重合，左视图投影仍为椭圆。

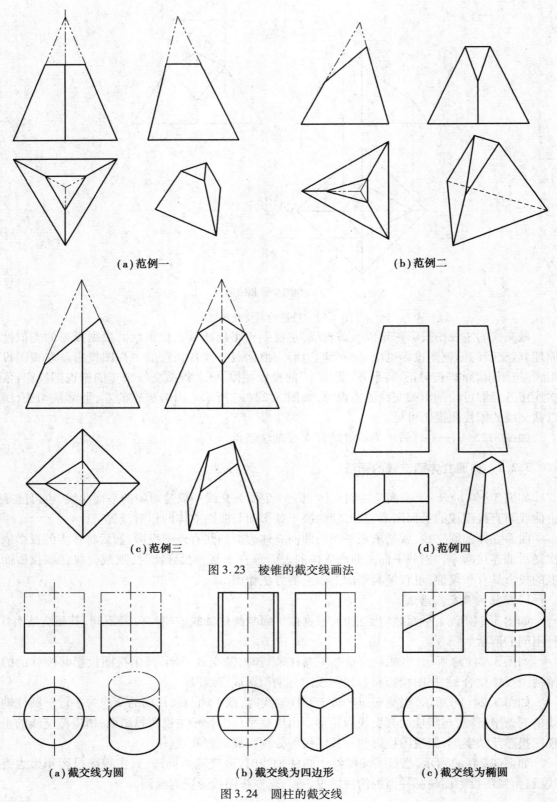

(a) 范例一　　　　　　　　　　　　　　　(b) 范例二

(c) 范例三　　　　　　　　　　　　　　　(d) 范例四

图 3.23　棱锥的截交线画法

(a) 截交线为圆　　　　　　(b) 截交线为四边形　　　　　　(c) 截交线为椭圆

图 3.24　圆柱的截交线

如图 3.25(a)所示,补画开槽圆柱的左视图。

如图 3.25(b)所示,圆柱的开槽部分是由两个平行于轴线的侧平面和一个垂直于轴线的水平面截切而成的。侧平面与圆柱的截交线是直线,其截平面都是矩形。水平面与圆柱面的截交线分别是槽底平面的前后两段圆弧。

因为矩形截断面是侧平面,其主视图投影有积聚性,投影为直线段。圆柱开槽的底面是一个水平面,其主视图投影有积聚性,投影也为直线段。

根据以上分析结果,先按照如图 3.25(c)所示,画出完整圆柱的左视图。接着根据槽的主视图投影和俯视图投影求作截交线的左视图投影即可完成作图,如图 3.25(d)所示。

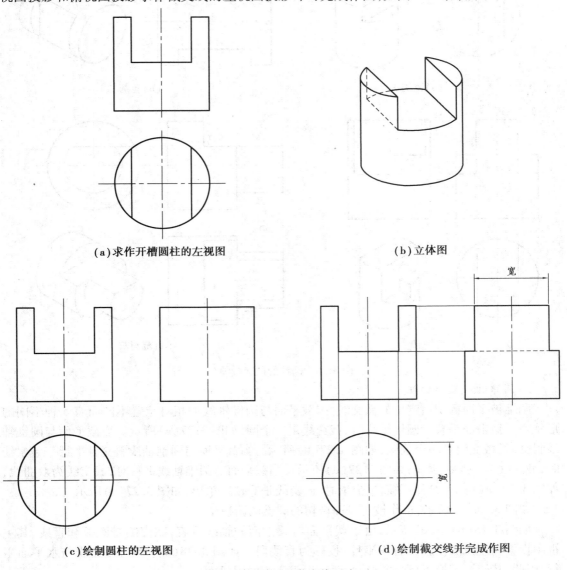

(a)求作开槽圆柱的左视图　　　　　　　　(b)立体图

(c)绘制圆柱的左视图　　　　　　　　(d)绘制截交线并完成作图

图 3.25　圆柱的截交线画法

如图 3.26(a)—(d)所示为圆柱的截交线画法范例。

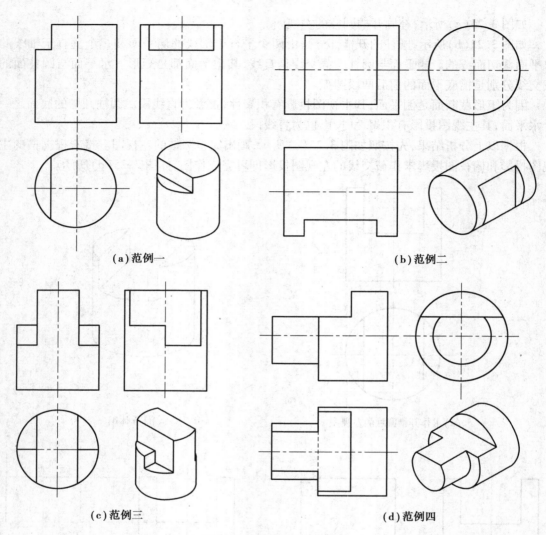

(a) 范例一　　　　　　　　　　　　　　(b) 范例二

(c) 范例三　　　　　　　　　　　　　　(d) 范例四

图 3.26　圆柱的截交线画法

2) 圆锥的截交线画法

圆锥被平面截切后产生的截交线,因截平面与圆锥轴线的相对位置不同而有 5 种不同的形状。当截平面垂直于圆锥轴线时,截交线是一个圆,如图 3.27(a)所示。当截平面与圆锥轴线斜交时,截交线是一个椭圆,如图 3.27(b)所示。当截平面与圆锥轴线斜交且平行一条素线时,截交线为一条抛物线,如图 3.27(c)所示。当截平面与圆锥轴线平行时,截交线为双曲线,如图 3.27(d)所示。当截平面过锥顶时,截交线是等腰三角形,如图 3.27(e)所示。

如图 3.28(a)所示,求作被正平面截切的圆锥的俯视图。

如图 3.28(b)—(c)所示,由于截平面与圆锥面的轴线垂直,截交线是圆弧和直线,其主视图投影和左视图投影具有积聚性,投影为直线段。如图 3.28(d)所示,截交线与水平面平行,因此,其俯视图投影反映实形,为两个大小不等的圆弧面。

根据以上分析结果,先按照如图 3.28(c)所示画出完整圆锥的俯视图。接着根据截交线的主视图投影和左视图投影求作截交线的俯视图投影即可完成作图,如图 3.28(d)所示。

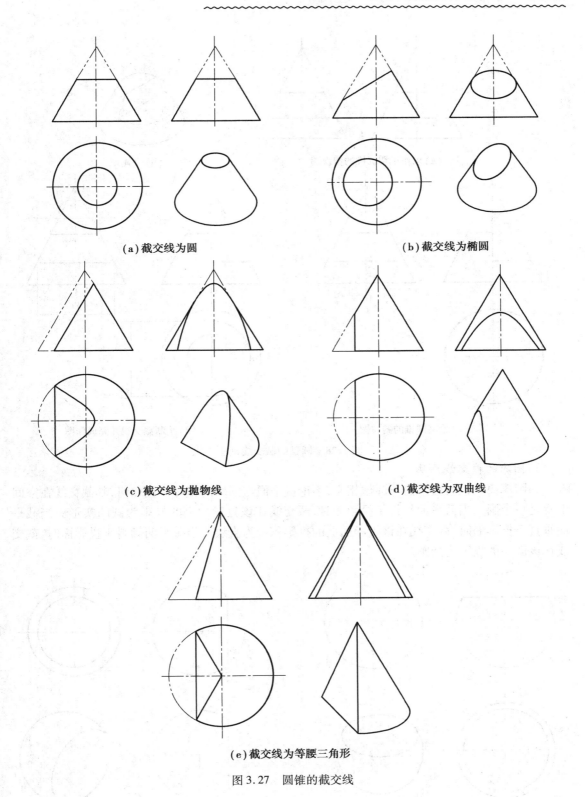

(a) 截交线为圆　　　　　　　　　　　　(b) 截交线为椭圆

(c) 截交线为抛物线　　　　　　　　　　(d) 截交线为双曲线

(e) 截交线为等腰三角形

图 3.27　圆锥的截交线

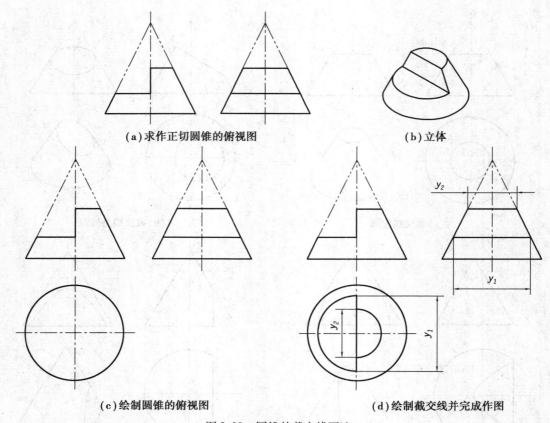

（a）求作正切圆锥的俯视图　　　　　　　　　（b）立体

（c）绘制圆锥的俯视图　　　　　　　　（d）绘制截交线并完成作图

图 3.28　圆锥的截交线画法

3）圆球的截交线画法

如图 3.29 所示，截平面与圆球相交，不论截平面与圆球的相对位置如何，其截交线在空间上都是一个圆。当截平面平行于投影面时，截交线在该投影面上的投影为圆的实形。当截平面垂直于投影面时，截交线在该投影面上的投影积聚为直线。当截平面倾斜于投影面时，截交线在该面上的投影为椭圆。

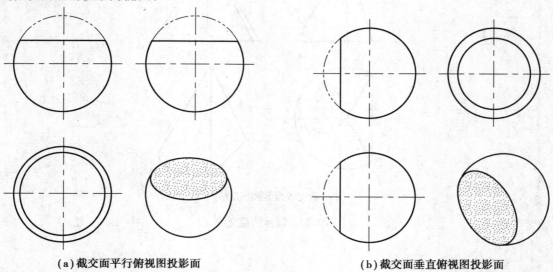

（a）截交面平行俯视图投影面　　　　　　　　　（b）截交面垂直俯视图投影面

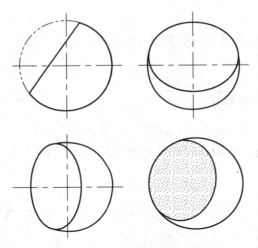

(c)截交面倾斜俯视图投影面

图 3.29   圆球的截交线

如图 3.30(a)所示,求作圆球截切后的俯视图。

如图 3.30(b)所示,圆球被侧垂面和水平面截切,其截平面分别是水平圆弧面和垂直圆弧面,它们的俯视图投影分别是圆和直线段。

根据以上分析结果,先按照如图 3.30(c)所示画出完整圆球的俯视图。接着根据截交线的主视图投影和左视图投影求作截交线的俯视图投影即可完成作图,如图 3.28(d)所示。

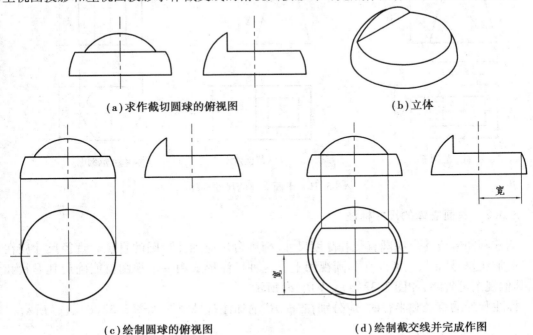

(a)求作截切圆球的俯视图   **(b)立体**

(c)绘制圆球的俯视图   **(d)绘制截交线并完成作图**

图 3.30   圆球的截交线画法

3.3 基本几何体的尺寸标注

3.3.1 平面立体的尺寸标注

平面立体一般标注长、宽、高3个方向的尺寸,如图3.31所示。其中正方形的尺寸可采用如图3.31(f)所示的形式注出,即在边长尺寸数字前加注"□"符号。如图3.31(d)、(g)所示加"()"的尺寸称为参考尺寸。

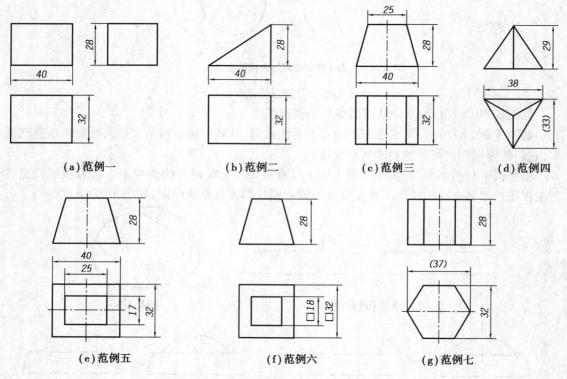

(a)范例一   (b)范例二   (c)范例三   (d)范例四

(e)范例五   (f)范例六   (g)范例七

图3.31 平面立体的尺寸标注

3.3.2 曲面立体的尺寸标注

圆柱和圆锥应注出底圆直径和高度尺寸,圆锥台还应加注顶圆的直径。直径尺寸应在其数字前加注符号"ϕ",一般注在非圆视图上。这种标注形式用一个视图就能确定其形状和大小,其他视图可省略,如图3.32(a)、(b)、(c)所示。

标注圆球的直径和半径时,应分别在"ϕ、R"前加注符号"S",如图3.32(d)、(e)所示。

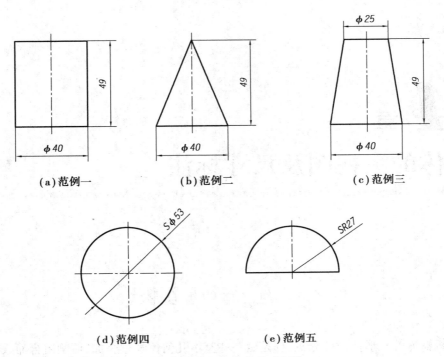

(a)范例一　　　　　(b)范例二　　　　　(c)范例三

(d)范例四　　　　　(e)范例五

图 3.32　曲面立体的尺寸标注

第4章
组合体的三视图及尺寸标注

4.1 组合体的组合形式

任何机器零件从形体角度分析,都是由一些基本几何体经过叠加、切割组合而成的。这种由两个或两个以上的基本形体组合构成的形体称为组合体。掌握组合体画图和读图的基本方法十分重要,将为识读和绘制零件图打下基础。

组合体有 3 种组合形式:叠加型组合体、切割型组合体及综合型组合体。

4.1.1 叠加型组合体

如图 4.1 所示,叠加型组合体可看成由若干基本体叠加而成的形体。如图 4.1(a)所示的组合体是由两个四棱柱叠加而成的。如图 4.1(b)所示的组合体是由两个四棱柱和一个半圆柱叠加而成的。

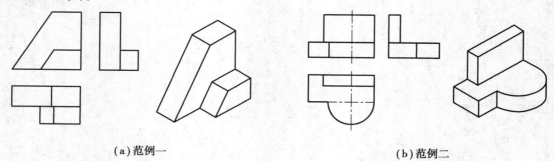

(a)范例一   (b)范例二

图 4.1 叠加型组合体

4.1.2 切割型组合体

如图 4.2 所示,切割型组合体可看成由一个完整的基本体经过切割或挖空形成的形体。如图 4.2(a)所示的组合体是将一个四棱柱经过两次切割而成的。如图 4.2(b)所示的组合体是将一个圆柱经过挖空和切割而成的。

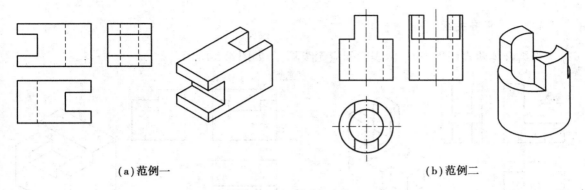

（a）范例一　　　　　　　　　　　　　　（b）范例二

图 4.2　切割型组合体

4.1.3　综合型组合体

多数机器零件属于综合型组合体。如图 4.3 所示，综合型组合体是既有叠加又有切割的组合体。

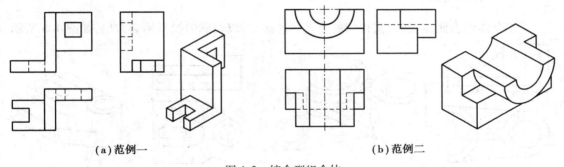

（a）范例一　　　　　　　　　　　　　　（b）范例二

图 4.3　综合型组合体

4.2　组合体各形体间的表面连接关系

组合体各形体间的表面连接关系有不平齐关系、平齐关系、相切关系和相交关系四种。

4.2.1　不平齐关系

当组合体两表面不平齐时，两表面间应有线隔开，如图 4.4 所示。

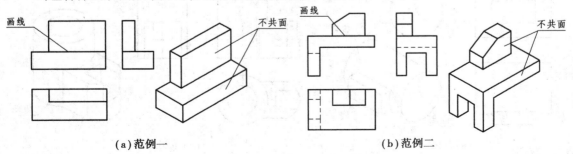

（a）范例一　　　　　　　　　　　　　　（b）范例二

图 4.4　组合体两表面不平齐

4.2.2　平齐关系

当组合体两表面平齐时,两表面间应无线隔开,如图4.5所示。

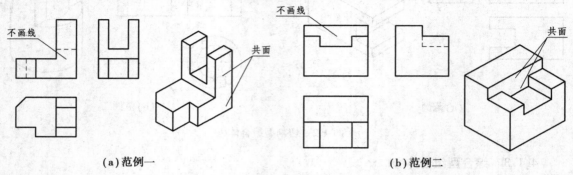

(a)范例一　　　　　　　　　　　　(b)范例二

图4.5　组合体两表面平齐

4.2.3　相切关系

当组合体两表面相切时,其相切处是光滑过渡,所以切线的投影不必画出,如图4.6所示。

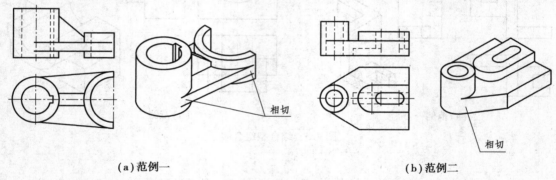

(a)范例一　　　　　　　　　　　　(b)范例二

图4.6　组合体两表面相切

4.2.4　相交关系

当组合体两表面相交时,其相邻表面必产生交线,在相交处应画出交线的投影,如图4.7所示。

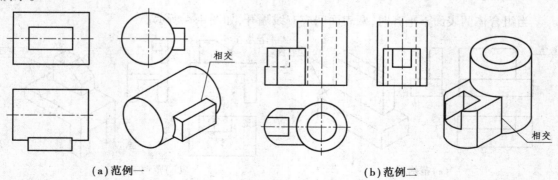

(a)范例一　　　　　　　　　　　　(b)范例二

图4.7　组合体两表面相交

4.3　组合体三视图的画法

假想将一个复杂的组合体分解成若干个基本形体,分析这些基本形体的形状、组合形式以及它们的相对位置关系,以便于进行画图、看图和标注尺寸,这种分析组合体的方法称为形体分析法。组合体三视图的画图过程一般都会用到形体分析法。

4.3.1　叠加型组合体三视图的画法

下面以如图4.8(a)所示的组合体为例,来说明叠加型组合体三视图的画图步骤。

1)形体分析

画组合体三视图前,应对组合体进行形体分析,了解组成组合体的各基本形体的形状、组合形式、相对位置及其在某方向上是否对称,以便对组合体的整体形状有一个总的概念,为画三视图作好准备。如图4.8(b)所示,可以看出该组合体是由两个四棱柱(底板和侧板)和两个三棱柱(前肋板和后肋板)叠加组合而成的。

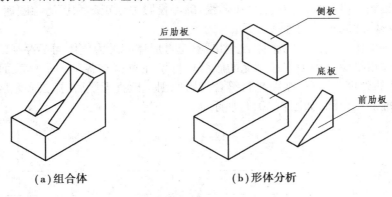

（a）组合体　　　　　　（b）形体分析

图4.8　叠加型组合体的形体分析

2)视图选择

在形体分析的基础上,确定主视图的投射方向和物体的摆放位置。在组合体三视图中,主视图是最主要的视图。一般需要选择反映其形状特征最明显、反映形体间相互位置关系最多的投射方向作为主视图的投射方向。主视图的摆放位置应反映位置特征,并使其表面相对于投影面尽可能多地处于平行或垂直位置,也可选择其自然位置。在此前提下,还应考虑使俯视图和左视图上的虚线尽可能的少。一旦主视图确定,俯视图和左视图也就随之而定。

如图4.9所示,若该叠加型组合体以图示的投射方向作为主视图,并将其按自然位置安放,则底板的形状特征需用俯视图来反映,侧板的形状特征需用左视图来表达。因此,该组合体需要用3个视图才能完整、清晰地表达其形状和结构特点。

3)画三视图

视图选好后,接着要根据组合体的大小和图幅,选定画图比例。同时还要考虑标注尺寸所需的位置,力求匀称地布置视图。图4.8的叠加型组合体的画图步骤如图4.10所示。

①画三视图的作图基准线,如图4.10(a)所示。通常选组合体中投影有积聚性的对称面、底面(上或下)、端面(左、右、前、后)或回转轴线、对称中心线作为三视图的画图基准线。

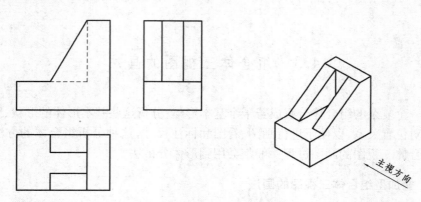

图4.9 叠加型组合体的视图选择

②按组合体形体分析的结果,用细实线绘制各个基本形体的三视图的底稿,如图4.10(b)—(e)所示。为了快速而准确地画出组合体的三视图,画底稿时还应注意以下事项:

a. 按该组合体的形体分析结果,可先下后上、再前后逐一画出每个基本形体的三视图,这样有利于保持投影关系,提高作图的准确性和作图效率,如属左、中、右结构,作图方法类同。

b. 每个形体应先从具有积聚性或反映实形的视图开始绘制,然后画其他视图且3个视图最好同时进行绘制,这样可以避免漏线和多线,确保投影关系正确和提高绘图速度。

c. 注意各形体之间表面的连接关系。

d. 要注意各形体间内部融为整体,绘图时不应将形体间融为整体而不存在的轮廓线画出。

③检查和加粗描深。用细实线画完的底稿要特别注意检查各基本形体表面间的连接、相交、相切等关系的处理,检查三视图是否符合投影原则。检查无误后,擦去多余底稿线,按机械制图的线型标准加粗描深,如图4.10(f)所示。

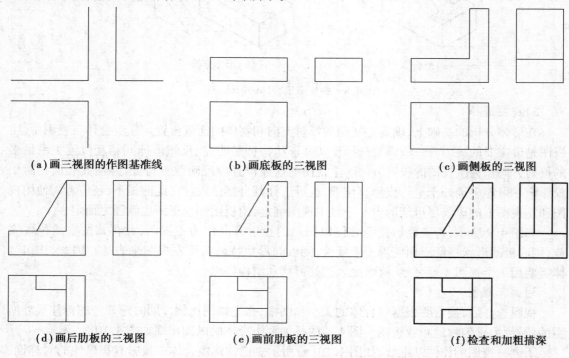

(a)画三视图的作图基准线　　(b)画底板的三视图　　(c)画侧板的三视图

(d)画后肋板的三视图　　(e)画前肋板的三视图　　(f)检查和加粗描深

图4.10 叠加型组合体三视图的画图步骤

4.3.2　切割型组合体三视图的画法

　　画切割型组合体的三视图,一般按照先整体后切割的原则进行绘图。先画出完整基本体的三视图,再依次补画被切割部分的三视图。作图时,应注意线型的变化,并从具有积聚性或反映形状特征最明显的视图画起。下面以如图 4.11 所示的组合体为例,来说明切割型组合体三视图的画图步骤。

　　1)形体分析

　　如图 4.11(a)所示,该组合体可看成由四棱柱被切去 A,B 两部分而成。

　　2)确定主视图

　　如图 4.11(b)所示的箭头方向,能基本反映该组合体的形体特征,故选此方向作为主视图的投影方向。

　　3)绘制组合体的三视图

　　按照如图 4.12(a)—(e)所示的步骤,绘制该组合体的三视图。

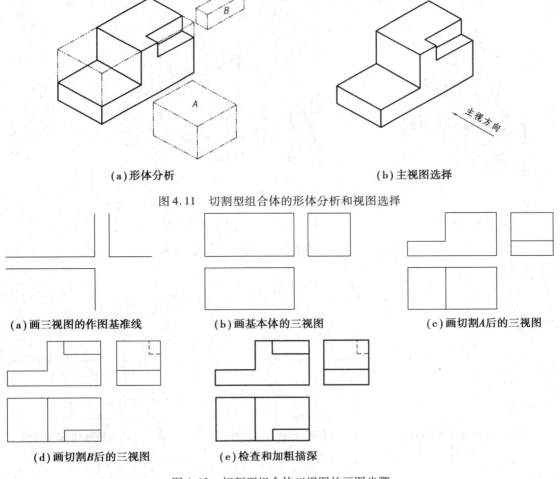

(a)形体分析　　　　　　　　　　　　(b)主视图选择

图 4.11　切割型组合体的形体分析和视图选择

(a)画三视图的作图基准线　　(b)画基本体的三视图　　　(c)画切割 A 后的三视图

(d)画切割 B 后的三视图　　　(e)检查和加粗描深

图 4.12　切割型组合体三视图的画图步骤

4.3.3 综合型组合体三视图的画法

对于既有叠加又有切割的综合型组合体,同样需要进行形体分析和选择主视图的投影方向,然后遵循先实(实形体)后虚(挖空部分)、先大(大形体)后小(小形体)、先轮廓后细节、三个视图联系起来画的绘图在原则上应逐个绘制出各单元的三视图。

下面以如图 4.13 所示的组合体为例,来说明综合型组合体三视图的画图步骤。

1)形体分析

如图 4.13 所示,该组合体可看成由一个四棱柱经过切割 A,B,C 3 个四棱柱,然后叠加三棱柱 D 而成。

2)确定主视图

如图 4.13(a)所示的箭头方向,能基本反映该组合体的形体特征,故选此方向作为主视图的投影方向。

3)绘制组合体的三视图

按照如图 4.14(a)—(g)所示的步骤,绘制该组合体的三视图。

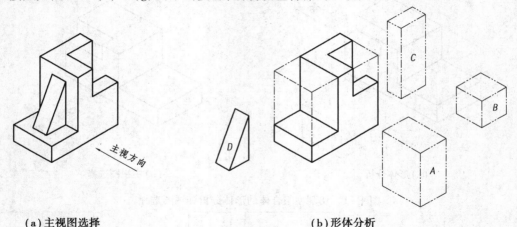

（a）主视图选择　　　　　　　　　　　　　　　（b）形体分析

图 4.13　综合型组合体的形体分析和视图选择

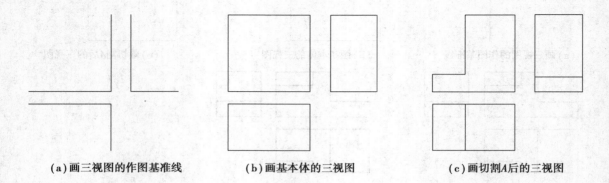

（a）画三视图的作图基准线　　　　（b）画基本体的三视图　　　　（c）画切割A后的三视图

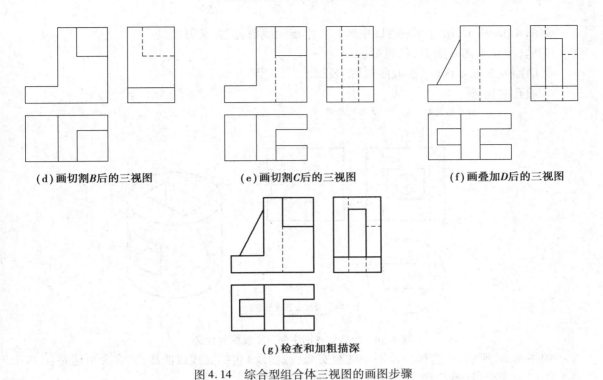

(d) 画切割B后的三视图　　　(e) 画切割C后的三视图　　　(f) 画叠加D后的三视图

(g) 检查和加粗描深

图4.14　综合型组合体三视图的画图步骤

4.4　组合体三视图的读图方法

4.4.1　组合体三视图读图的基本步骤和要领

组合体三视图读图是画图的逆过程,它既能提高空间想象力,又能提高投影的分析能力。组合体三视图读图的基本步骤是根据已知的视图,运用投影原理和三视图投影规律,正确分析视图中的每条图线、每个线框所表示的投影含义,综合想象出组合体的空间形状。

如图4.15所示,组合体的视图由线和线框组成,要读懂组合体视图,必须了解视图中每条线、线框的含义。

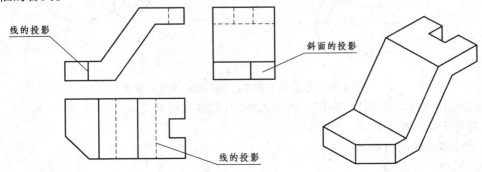

图4.15　组合体视图中的每条线、线框的含义

如图 4.16 所示,组合体三视图中的每一个封闭线框,其含义可能是:

①单一面(平面或曲面)的投影。

②曲面及其相切面(平面或曲面)的投影。

③通孔的投影。

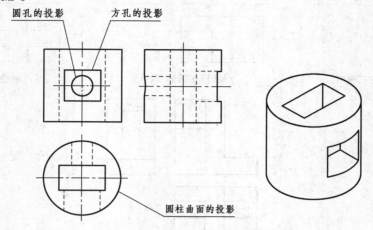

图 4.16　组合体视图中的封闭线框的含义

如图 4.17 所示,组合体三视图中的粗实线(或虚线)包括直线或曲线,其含义可能是:

①两表面交线(两平面、两曲面、平面与曲面)的投影。

②曲面转向轮廓线的投影。

③具有积聚性面(平面或柱面)的投影。

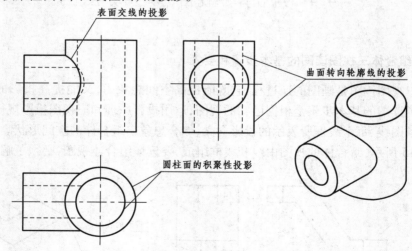

图 4.17　组合体视图中的粗实线或虚线的含义

如图 4.18 所示,组合体三视图中的细点画线,其含义可能是:

①对称平面迹线的投影。

②回转体轴线的投影。

③圆的对称中心线。

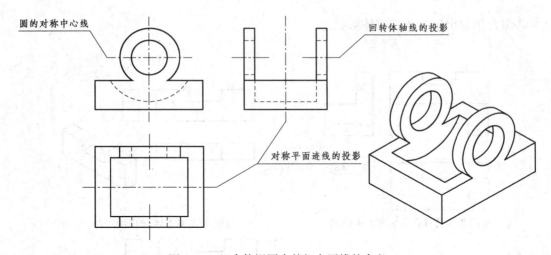

图 4.18　组合体视图中的细点画线的含义

组合体三视图读图的基本要领如下：

①要几个视图联系起来看。如图 4.19 所示的组合体，要 3 个视图联系起来进行读图，才能读懂该组合体的结构形状。

②要从反映形体特征最明显的视图看起。如图 4.19 所示的组合体，特征最明显的视图是主视图。

③要认真分析视图中相邻线框的位置关系。如图 4.19 所示的三角形肋板结构，读图时应认真分析它在 3 个视图中的位置关系。

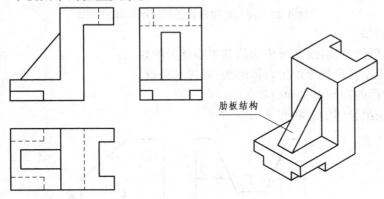

图 4.19　组合体三视图读图的基本要领

4.4.2　组合体三视图读图的基本方法

组合体的读图基本方法包括形体分析法和线面分析法。其中，形体分析法适合于识读叠加型组合体三视图，线面分析法适合于识读切割型组合体三视图。对于复杂的组合体三视图，一般需要综合运用以上两种方式进行读图。

1）形体分析法

如图 4.20 所示，可将形体分析法的基本步骤归纳如下：

①根据"长对正、高对齐、宽相等"的投影规律把组合体拆分成若干基本几何体。

②确定基本几何体的组合形式及相对位置。

③综合想象出组合体的整体形状。

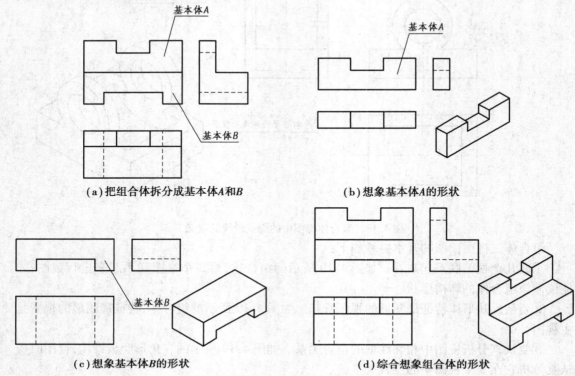

（a）把组合体拆分成基本体A和B （b）想象基本体A的形状

（c）想象基本体B的形状 （d）综合想象组合体的形状

图4.20 使用形体分析法识读组合体三视图

2）线面分析法

如图4.21所示，可将线面分析法的基本步骤归纳如下：

①运用三视图投影规律对组合体的线、面进行分析。

②判断线、面的空间形状和位置。

③综合想象组合体的形状和结构。

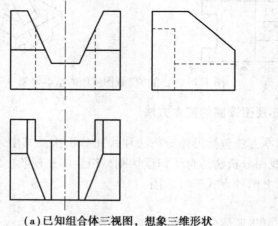

（a）已知组合体三视图，想象三维形状

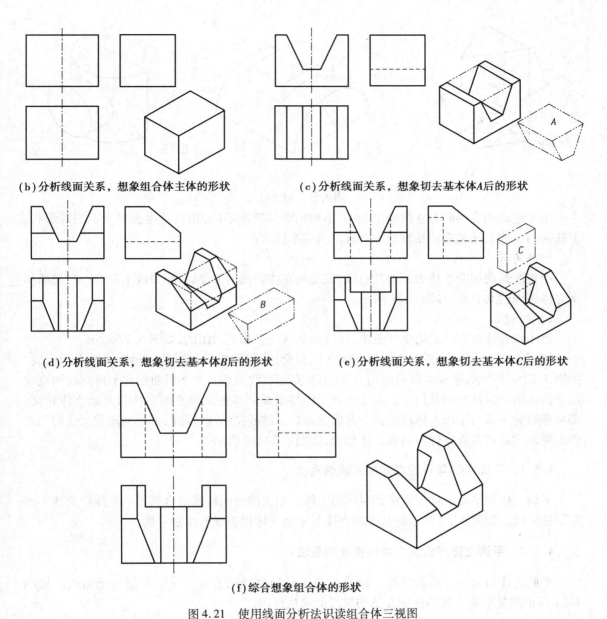

(b) 分析线面关系，想象组合体主体的形状　　　(c) 分析线面关系，想象切去基本体A后的形状

(d) 分析线面关系，想象切去基本体B后的形状　　　(e) 分析线面关系，想象切去基本体C后的形状

(f) 综合想象组合体的形状

图 4.21　使用线面分析法识读组合体三视图

4.5　组合体相贯线的画法

如图 4.22 所示,两立体相交称为相贯。两立体相交,表面形成的交线称为相贯线。相贯线是两立体表面的共有线。相贯的立体称为相贯体。在画该类零件的三视图时,必然涉及绘制相贯线的投影问题。工程图上画出两立体相贯线的意义,在于用它来清晰地表达出零件各部分的形状和相对位置,为准确地制造该零件提供条件。

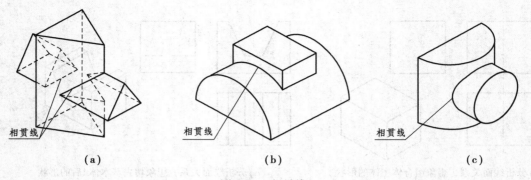

图 4.22　相贯线

由于组成相贯体的各立体的形状、大小和相对位置的不同,相贯线也表现为不同的形状,但任何两立体表面相交的相贯线都具有下列基本性质:

1)共有性

相贯线是两相交立体表面的共有线,也是两立体表面的分界线,相贯线上的点一定是两相交立体表面的共有点,如图 4.22 所示。

2)封闭性

由于组合体具有一定的空间范围,所以相贯线一般都是封闭的,如图 4.22 所示。

如图 4.22(a)所示,平面立体与平面立体相交,其相贯线为封闭的空间折线或平面折线。如图 4.22(b)所示,平面立体与曲面立体相交,其相贯线为由若干平面曲线或平面曲线和直线结合而成的封闭的空间几何形。由于平面立体与平面立体相交或平面立体与曲面立体相交,都可理解为平面与平面立体或平面与曲面立体相交的截交情况,因此,工程上通常所说的相贯的主要形式是指曲面立体与曲面立体相交,如图 4.22(c)所示。

4.5.1　平面立体与平面立体相贯线的画法

平面立体与平面立体相贯线是封闭的折线。相贯部分的棱线融合到另一立体中后就不再是单独的线。如图 4.23 所示的是平面立体与平面立体相贯线的画法示例。

4.5.2　平面立体与曲面立体相贯线的画法

平面立体与曲面立体相贯线一般是由若干平面曲线或直线组成的空间封闭曲线。如图 4.24 所示的是平面立体与曲面立体相贯线的画法示例。

4.5.3　曲面立体与曲面立体相贯线的画法

工程中最常见的曲面立体是回转体。当两回转体相贯时,其相贯线一般是封闭的空间曲线,如图 4.22(c)所示。特殊情况下是平面曲线或由直线和平面曲线组成的。

求画两回转体的相贯线,就是要求出相贯线上一系列的共有点。求相贯线共有点的方法有面上取点法、辅助平面法和辅助同心球面法 3 种。具体作图步骤如下:

①求作一系列的特殊点(特殊点包括极限位置点、转向点、可见性分界点)。

②求作一般点。

③判断点的可见性。

④顺次连接各点的同面投影。

⑤整理相贯线的投影轮廓线。

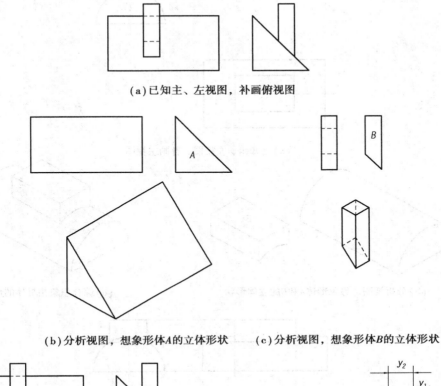

(a)已知主、左视图，补画俯视图

(b)分析视图，想象形体A的立体形状　　(c)分析视图，想象形体B的立体形状

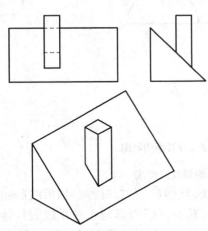

(d)综合想象相贯体的形状

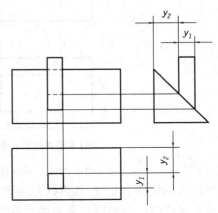

(e)根据视图和立体图，分析相贯线并补画俯视图

图4.23　平面立体与平面立体相贯线的画法

1)面上取点法

当相交的两回转体中有一个(或两个)圆柱且其轴线垂直于投影面时,则圆柱面在该投影面上的投影具有积聚性且为一个圆,相贯线上的点在该投影面上的投影也一定积聚在该圆上,而其他投影可根据表面上取点方法作出。

如图4.25所示,用面上取点法求作轴线正交的两圆柱的三视图。

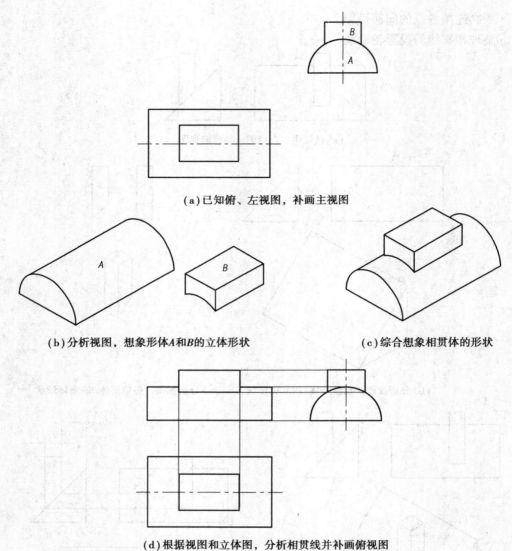

(a)已知俯、左视图,补画主视图

(b)分析视图,想象形体A和B的立体形状

(c)综合想象相贯体的形状

(d)根据视图和立体图,分析相贯线并补画俯视图

图4.24 平面立体与曲面立体相贯线的画法

两圆柱的轴线垂直相交,相贯线是封闭的空间曲线,且前后、左右对称。相贯线的俯视图投影与垂直竖放圆柱体的圆柱面俯视图投影的圆重合,其左视图投影与水平横放圆柱体相贯的柱面左视图投影的一段圆弧重合。因此,需要求作的是相贯线的主视图,故可用面上取点法作图。作图步骤如图4.25所示。

轴线正交的两圆柱外表面相交有3种基本形式,如图4.26所示。如图4.27所示的是轴线正交的圆柱外表面与圆孔相交的情形,以及轴线正交的两圆孔相交的情形。这些相贯线的作图方法与图4.25的作图方法一样。

2)辅助平面法

假设作一辅助平面,使与相贯线的两回转体相交,先求出辅助平面与两回转体的截交线,则两回转体上截交线的交点必为相贯线上的点。如图4.28所示,若作一系列的辅助平面,便可得到相贯线上的若干点,然后判断可见性,依次光滑连接各点,即为所求的相贯线。

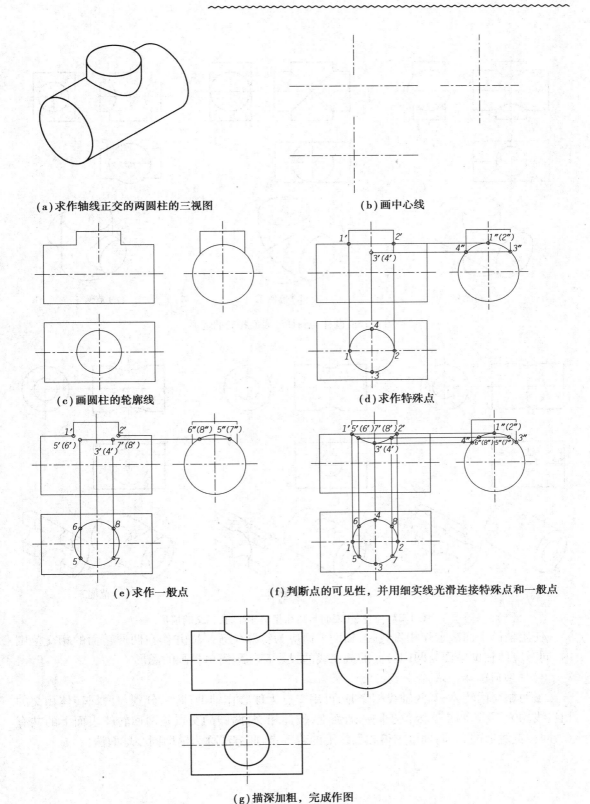

(a)求作轴线正交的两圆柱的三视图

(b)画中心线

(c)画圆柱的轮廓线

(d)求作特殊点

(e)求作一般点

(f)判断点的可见性，并用细实线光滑连接特殊点和一般点

(g)描深加粗，完成作图

图4.25　圆柱与圆柱轴线正交的相贯线画法

111

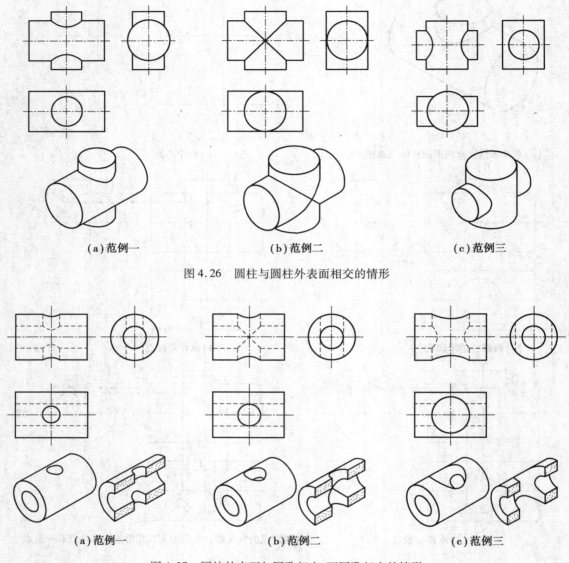

（a）范例一　　　　　　　（b）范例二　　　　　　　（c）范例三

图 4.26　圆柱与圆柱外表面相交的情形

（a）范例一　　　　　　　（b）范例二　　　　　　　（c）范例三

图 4.27　圆柱外表面与圆孔相交、两圆孔相交的情形

使用辅助平面法求作相贯线时，辅助平面应为特殊位置平面并作在两回转面的相交范围内，同时应使辅助平面与两回转面的截交线的投影都是最简单易画的图形。

3）辅助同心球面法

当两相交回转体，其两轴线相交时，可用交点为球心作辅助球面，分别与两回转体相交的相贯线均为圆，这两个圆因位于同一球面上，彼此相交，两圆的交点是两回转体表面上的共有点，即相贯线上的点，同理可求得相贯线上的若干点，此方法称为辅助同心球面法。

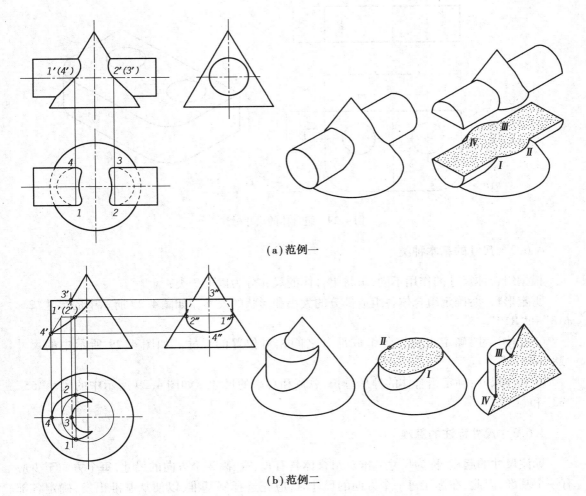

(a) 范例一

(b) 范例二

图 4.28　辅助平面法求作相贯线

4.6　组合体的尺寸标注

4.6.1　尺寸标注的基本要求

组合体的形状由它的视图来表达,组合体的大小则由所标注的尺寸来确定。如图 4.29 所示,标注组合体尺寸的基本要求是:

①正确:所注的尺寸要正确无误,注法要符合国家标准中的有关规定。

②完整:所注的尺寸必须能完全确定组合体的大小、形状及相互位置,不遗漏、不重复。

③清晰:尺寸的布置要整齐清晰,便于看图。

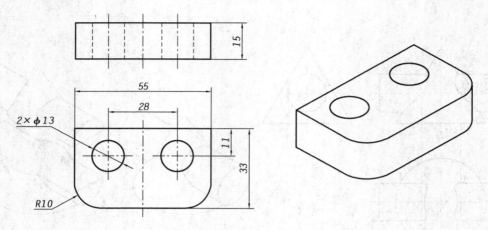

图4.29　组合体的尺寸标注

4.6.2　尺寸的基本种类

根据组合体尺寸的作用不同,可将组合体的尺寸分为以下3类:

①定形尺寸:确定组合体各组成部分的大小和形状的尺寸。如图4.29所示中的尺寸"2×ϕ13"和"R10"。

②定位尺寸:确定组合体各组成部分之间相对位置的尺寸。如图4.29所示中的尺寸"28"和"11"。

③总体尺寸:确定组合体的外形总长、总宽和总高的尺寸。如图4.29所示中的尺寸"55""33"和"15"。

4.6.3　尺寸标注的基准

标注尺寸的起点,称为尺寸基准。组合体具有长、宽、高3个方向的尺寸,每个方向至少应有一个基准,因此,在标注每一个方向的尺寸时,应先选择好基准,以便从基准出发,确定各部分形体之间的位置。

组合体上的点、线、平面都可选作尺寸基准,曲面一般不能作尺寸基准。通常选用组合体中较大的平面(对称面、底面、端面)、直线(回转轴线、转向轮廓线)、点(球心)等作为尺寸基准。如图4.30所示的组合体,长度方向的尺寸基准是左右对称面,宽度方向的尺寸基准是前端面,高度方向的尺寸基准是底面。

4.6.4　组合体尺寸标注的基本步骤

下面以如图4.31所示的组合体为例,说明组合体尺寸标注的基本步骤。

1)尺寸基准的选择

如图4.31所示,组合体左右对称,长度方向具有对称平面,应选取对称面作为长度方向的尺寸基准。后端面和底面是比较大的平面,应选取后端面作为宽度方向的尺寸基准,底面作为高度方向的尺寸基准。

2)组合体形体分析

通过形体分析,组合体由形体 A 和 B 叠加而成,如图4.32所示。形体 A 是由一个半圆柱和一个四棱柱进行叠加,然后切割圆孔而成的综合型组合体。形体 *B* 是由一个四棱柱切去两个圆角和两个圆孔而成的切割型组合体。

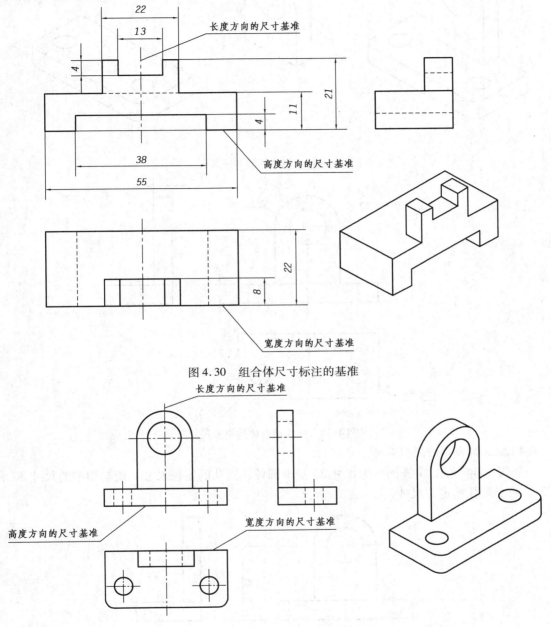

图 4.30　组合体尺寸标注的基准

图 4.31　组合体的尺寸基准

3)标注组合体的定形尺寸

　　如图 4.33 所示,主视图中的尺寸 *R*10 是半圆柱的定形尺寸,尺寸 ϕ12 是圆孔的定形尺寸,尺寸 6 是底板高度的定形尺寸。俯视图中的尺寸 *R*3 是圆角的定形尺寸,尺寸 2×ϕ10 是两个圆孔的定形尺寸。左视图中的尺寸 6 是立板宽度的定形尺寸。

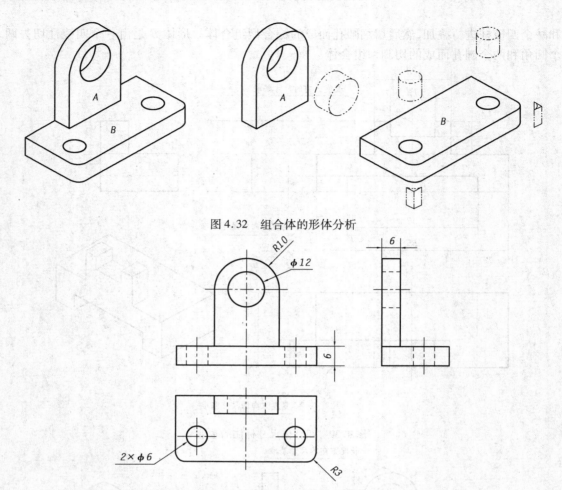

图 4.32　组合体的形体分析

图 4.33　标注组合体的定形尺寸

4)标注组合体的定位尺寸

如图 4.34 所示,主视图中的尺寸 25 是半圆柱和圆孔的定位尺寸。俯视图中的尺寸 30 和 13 是两个圆孔的定位尺寸。

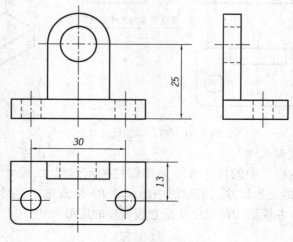

图 4.34　标注组合体的定位尺寸

5）标注组合体的总体尺寸

如图 4.35 所示，主视图中的定位尺寸 25 和定形尺寸 R10 可以共同确定组合体的总高。俯视图中的尺寸 44 是组合体的总长。俯视图中的尺寸 21 是组合体的总宽。

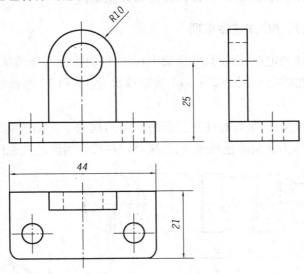

图 4.35　标注组合体的总体尺寸

6）检查有无漏标的尺寸

如图 4.36 所示，在完成组合体的尺寸标注后，还需仔细检查有无漏注的尺寸，一般按照下列方法进行逐步检查。

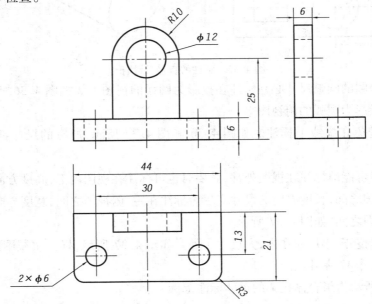

图 4.36　组合体的尺寸标注

117

①检查组合体的定形尺寸、定位尺寸是否标注完整。

②检查每个孔的定位尺寸、直径、深度尺寸是否标注完整。

③检查每项切割体的定位尺寸、定形尺寸是否标注完整。

4.6.5 组合体的尺寸标注注意事项

①同一基本几何体的定形、定位尺寸应集中标注,同时应标注在形状明显的视图上。如图4.36所示,两个小圆孔的定形尺寸 $2 \times \phi 10$ 及定位尺寸13和30都标注在形状明显的俯视图上。

②同轴圆柱的直径尺寸,最好标注在投影为非圆的视图上。如图4.37所示,圆柱的直径尺寸 $\phi 20$ 应标注在投影为非圆的主视图上,并未标注在投影为圆的左视图上。

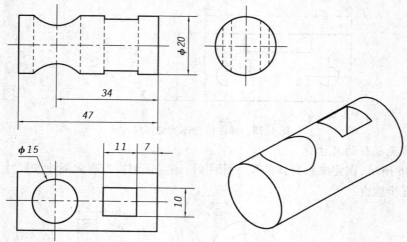

图4.37　圆柱的直径尺寸标注

③小于半个圆的圆弧尺寸必须标注在投影为圆弧的视图上。如图4.36所示,圆角 $R3$ 的尺寸应标注在投影为圆弧的俯视图上。

④应尽量避免在虚线上标注。如图4.36和图4.37所示,所有的尺寸都没有标注在虚线上。

⑤将尺寸尽可能地标注在视图外部,必要时也可标注在视图内部;高度方向的尺寸应尽量标注在主、左视图之间,长度方向的尺寸应尽量标注在主、俯视图之间,宽度方向的尺寸应尽量标注在俯、左视图之间,如图4.37所示。

⑥尺寸标注整齐,小尺寸在内,大尺寸在外。如图4.37所示,标注主视图的尺寸时,小尺寸34在内,大尺寸47在外。

如图4.38所示为组合体托架的尺寸标注范例。

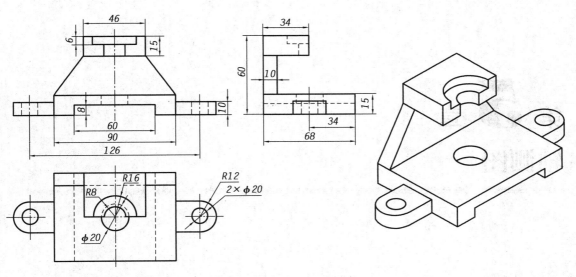

图 4.38　组合体托架的尺寸标注

第 5 章

轴测图

5.1 轴测图的基本知识

如图 5.1(a)所示,用正投影法绘制的三视图,能将物体的各部分形状完整、准确地表达出来,且度量性好,作图方便,在工程上得到广泛应用。但三视图缺乏直观性和立体感,只有具备一定读图能力的人才看得懂。有时工程上还需采用一种立体感较强的轴测图来表达物体。

如图 5.1(b)所示,轴测图是一种单面投影图,在一个投影面上能同时反映出物体的 3 个坐标面的形状,并接近于人们的视觉习惯,它具有形象、逼真和富有立体感等特性。轴测图一般不能反映出物体各表面的实形,因而度量性差,同时作图较复杂。因此,在工程上常把轴测图作为辅助图样来说明机器的结构、安装和使用等情况。

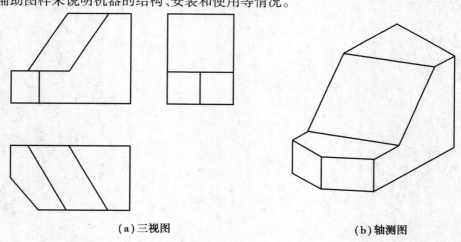

(a)三视图   (b)轴测图

图 5.1 三视图和轴测图

5.1.1 轴测图的形成(GB/T 4458.3—2013、GB/T 16948—1997)

如图 5.2 所示,轴测图是将物体连同其参考直角坐标系,沿不平行于任一坐标平面的方

120

向,用平行投影法将其投射在单一投影面上所得到的图形。正轴测投影是用正投影法得到的轴测投影。斜轴测投影是用斜投影法得到的轴测投影。

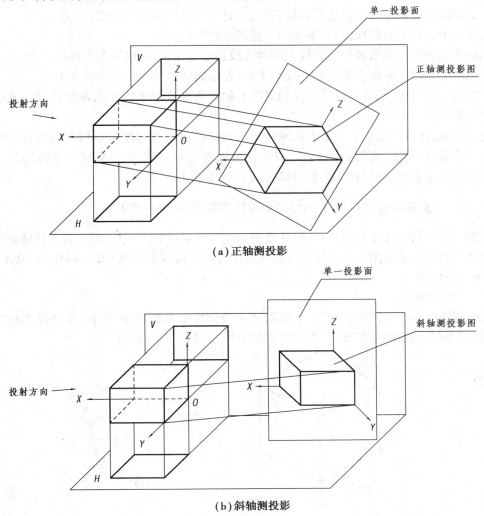

（a）正轴测投影

（b）斜轴测投影

图 5.2　轴测图的形成

5.1.2　轴测轴、轴间角和轴向伸缩系数(GB/T 4458.3—2013)

1）轴测轴

轴测轴是物体的直角坐标系的 OX,OY,OZ 轴在轴测图投影面上得到的轴测投影,如图5.2所示。

2）轴间角

轴间角是轴测图中两轴测轴之间的夹角。

3）轴向伸缩系数

轴向伸缩系数是轴测轴上的单位长度与相应投影轴上的单位长度的比值。OX,OY,OZ 轴上的伸缩系数分别用 p,q 和 r 简化表示。

121

5.1.3 轴测图的基本特性

由于轴测图是用平行投影法得到的,因此具有平行投影的投影特性:

①物体上互相平行的线段,在轴测图上仍然互相平行。

②物体上两平行线段或同一直线上的两线段长度之比值,在轴测图上保持不变。

③物体上平行于轴测投影面的直线和平面,在轴测图上反映实际形状和大小。

④物体上平行于轴测轴的线段,在轴测图上的投影长度等于该轴向伸缩系数与该线段实际长度的乘积。

由上可知,在轴测图中只有沿着轴测轴方向测量的长度才与原坐标轴方向的长度有成正比的对应关系,"轴测投影"由此得名。因此在画轴测图时,只需将与坐标轴平行的线段乘以相应的轴向伸缩系数,再沿相应的轴测轴方向上量画即可。

5.1.4 轴测图的分类(GB/T 4458.3—2013、GB/T 16948—1997)

理论上的轴测图可以有无数种,但从作图简便等因素考虑,一般采用下列 3 种轴测图。必要时允许采用其他轴测图。三维模型形成三维图样时应按国家标准 GB/T 4458.3—2013 的相关规定绘制和标注。

1)正等轴测图

正等轴测图简称正等测,如图 5.3 所示,3 个轴向伸缩系数均相等的正轴测投影称为正等轴测图。此时 3 个轴间角相等,均为 120°,轴向伸缩系数 $p = q = r = 1$。

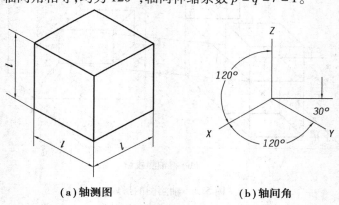

(a)轴测图　　　　　　　　　　(b)轴间角

说明:轴向伸缩系数 $p = q = r = 1$

图 5.3　正等轴测图

2)正二等轴测图

正二等轴测图简称正二测,如图 5.4 所示,两个轴向伸缩系数均相等的正轴测投影称为正二等轴测图。此时轴间角如图 5.4(b)所示,轴向伸缩系数 $p = r = 1, q = 1/2$。

3)斜二等轴测图

斜二等轴测图简称斜二测,如图 5.5 所示,轴测投影面平行于一个坐标平面,且平行于坐标平面的那两个轴的轴向伸缩系数相等的斜轴测投影称为斜二等轴测图。此时轴间角如图 5.5(b)所示,轴向伸缩系数 $p_1 = r_1 = 1, q_1 = 1/2$。

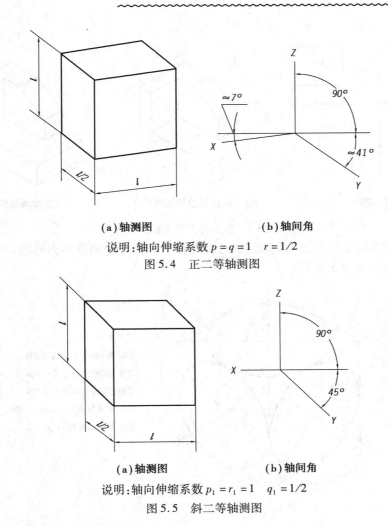

（a）轴测图　　　　　　**（b）轴间角**

说明：轴向伸缩系数 $p=q=1$　$r=1/2$

图 5.4　正二等轴测图

（a）轴测图　　　　　　**（b）轴间角**

说明：轴向伸缩系数 $p_1=r_1=1$　$q_1=1/2$

图 5.5　斜二等轴测图

5.1.5　轴测图的画法规定（GB/T 4458.3—2013，GB/T 14692—2008）

①轴测图中一般只画出可见部分，必要时才画出其不可见部分。轴测图中，应用粗实线画出物体的可见轮廓，必要时可用细虚线画出物体的不可见轮廓，如图 5.6 所示。

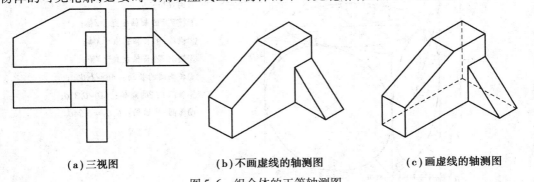

（a）三视图　　　　**（b）不画虚线的轴测图**　　　　**（c）画虚线的轴测图**

图 5.6　组合体的正等轴测图

②轴测图中的 3 根轴测轴应配置成便于作图的特殊位置，绘图时，轴测轴随轴测图同时画出，也可以省略不画，如图 5.7 所示。

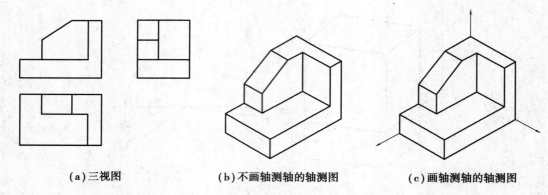

(a)三视图　　　　(b)不画轴测轴的轴测图　　　　(c)画轴测轴的轴测图

图5.7　组合体的正等轴测图

③与各坐标平面平行的圆(如直径为 d)在各种轴测图中分别投影为椭圆(只有斜二测中正面投影仍为圆),如图5.8所示。

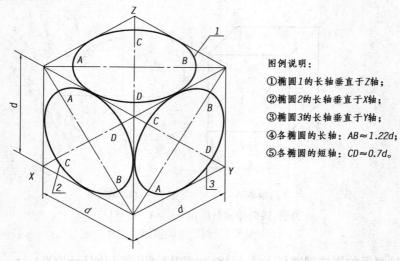

图例说明:

①椭圆1的长轴垂直于 Z 轴;

②椭圆2的长轴垂直于 X 轴;

③椭圆3的长轴垂直于 Y 轴;

④各椭圆的长轴: $AB \approx 1.22d$;

⑤各椭圆的短轴: $CD \approx 0.7d$。

(a)与各坐标平面平行的圆在正等轴测图中的投影

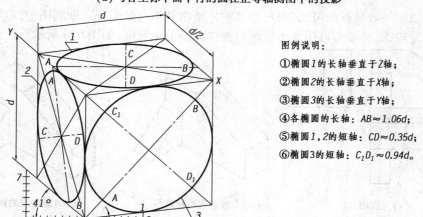

图例说明:

①椭圆1的长轴垂直于 Z 轴;

②椭圆2的长轴垂直于 X 轴;

③椭圆3的长轴垂直于 Y 轴;

④各椭圆的长轴: $AB \approx 1.06d$;

⑤椭圆1,2的短轴: $CD \approx 0.35d$;

⑥椭圆3的短轴: $C_1D_1 \approx 0.94d$。

(b)与各坐标平面平行的圆在正二等轴测图中的投影

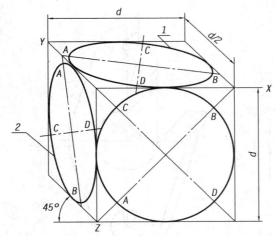

图例说明：

①椭圆1的长轴与X轴约成7°；

②椭圆2的长轴与Z轴约成7°；

③椭圆1，2的长轴：AB≈1.06d；

④椭圆1，2的短轴：CD≈0.33d。

（c）与各坐标平面平行的圆在斜二等轴测图中的投影

图5.8　与各坐标平面平行的圆的轴测投影

④表示零件的内部形状时,可假想用剖切平面将零件的一部分剖去。各种轴测图中剖面线应按如图5.9所示的规定画出。

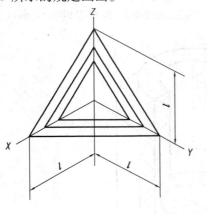
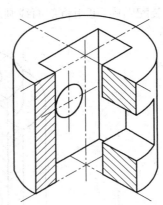

（a）轴测剖视图（正等测）

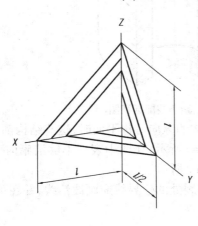
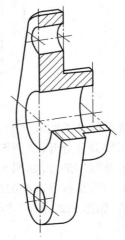

（b）轴测剖视图（正二测）

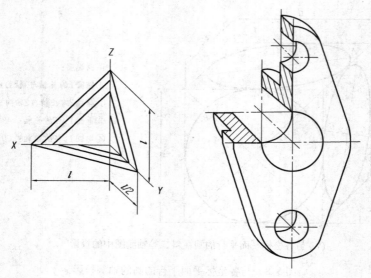

(c)轴测剖视图（斜二测）

图 5.9　轴测剖视图

⑤在轴测装配图中,可用将剖面线画成方向相反或不同的间隔的方法来区别相邻的零件,如图 5.10 所示。

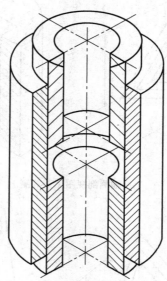

图 5.10　轴测装配剖视图

⑥剖切平面通过零件的肋或薄壁等结构的纵向对称平面时,这些结构都不画剖面符号,而用粗实线将它与邻接部分分开,如图 5.11(a)所示;在图中表现不够清晰时,也允许在肋或薄壁部分用细点表示被剖切部分,如图 5.11(b)所示。

⑦表示零件中间折断或局部断裂时,断裂处的边界线应画波浪线,并在可见断裂面内加画细点以代替剖面线,如图 5.12 所示。

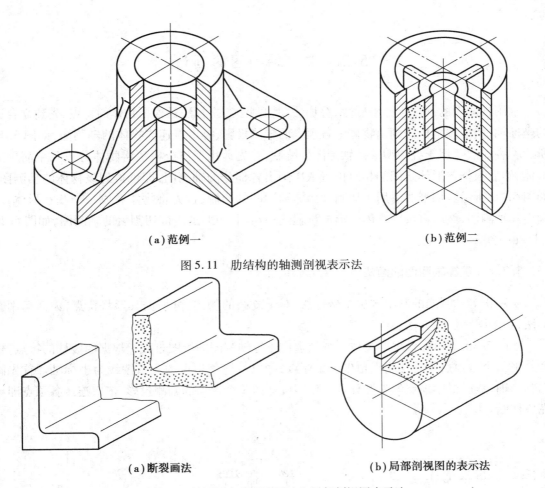

（a）范例一　　　　　　　　　　　　　　　（b）范例二

图 5.11　肋结构的轴测剖视表示法

（a）断裂画法　　　　　　　　　　　　　（b）局部剖视图的表示法

图 5.12　轴测图中的断裂画法和局部剖视图表示法

⑧在轴测装配图中,当剖切平面通过轴、销、螺栓等实心零件的轴线时,这些零件应按未剖切绘制,如图 5.13 所示。

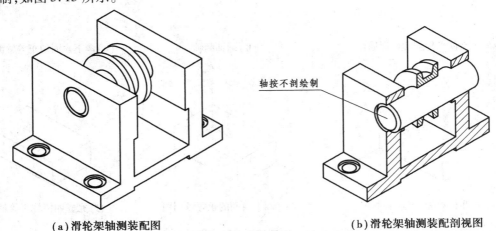

轴按不剖绘制

（a）滑轮架轴测装配图　　　　　　　　　　（b）滑轮架轴测装配剖视图

图 5.13　实心零件在轴测图中的画法

5.2　常用轴测图的画法

常用轴测图的画法包括坐标法、叠加法和切割法。坐标法是根据物体的特点,先建立合适的坐标轴,然后按坐标法画出物体上各顶点的轴测投影,再由点连成物体的轴测图,如图5.14所示。叠加法适用于叠加型形体轴测图的绘制,首先运用形体分析法将物体分成几个简单的形体,然后根据各形体之间的相对位置依次画出各部分的轴测图,即可得到该物体的轴测图,如图5.16所示。切割法适用于切割型形体轴测图的绘制,首先将物体看成一个基本形体,并画出其轴测图,然后再按照物体的形成过程逐一切割,相继画出被切割后的轴测图,如图5.16(d)、(e)所示。

5.2.1　正等轴测图的画法

绘制正等轴测图的基本方法是坐标法,对于复杂的物体,可根据其形状特点,灵活运用叠加、切割法等作图方法。

如图5.14所示是根据四棱柱三视图求作正等轴测图的绘图过程。根据四棱柱的特点,选择其中一个角顶点作为空间直角坐标系原点,并以过该角顶点的3条棱线为坐标轴。首先画出轴测轴,然后根据顶点的坐标分别求作四棱柱的8个顶点的轴测投影,依次连接各顶点即可完成作图。

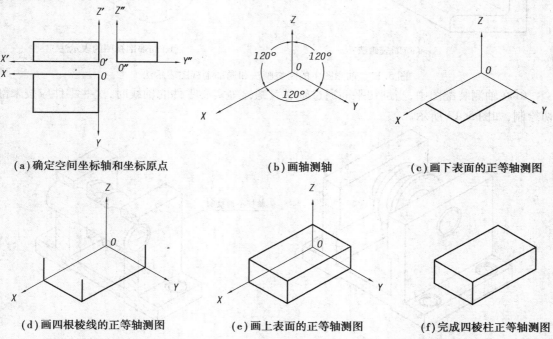

(a)确定空间坐标轴和坐标原点　　　(b)画轴测轴　　　(c)画下表面的正等轴测图

(d)画四根棱线的正等轴测图　　　(e)画上表面的正等轴测图　　　(f)完成四棱柱正等轴测图

图5.14　四棱柱正等轴测图的画法

　　如图 5.15 所示是根据正六棱柱三视图求作正等轴测图的绘图过程。由于正六棱柱前后、左右对称,为了减少不必要的作图线,从顶面开始作图比较方便。选择顶面的中点作为空间直角坐标系原点,棱柱的轴线作为 OZ 轴,顶面的两条对称线作为 OX,OY 轴。最后用各顶点的坐标分别求作正六棱柱的各个顶点的轴测投影,依次连接各顶点即可完成作图。

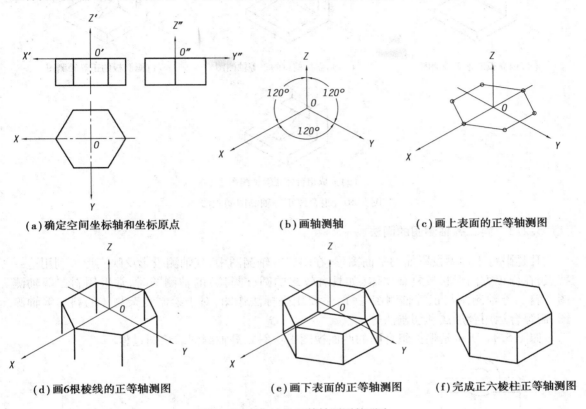

(a)确定空间坐标轴和坐标原点	(b)画轴测轴	(c)画上表面的正等轴测图
(d)画6根棱线的正等轴测图	(e)画下表面的正等轴测图	(f)完成正六棱柱正等轴测图

图 5.15　正六棱柱正等轴测图的画法

　　如图 5.16 所示是根据组合体三视图求作正等轴测图的绘图过程。

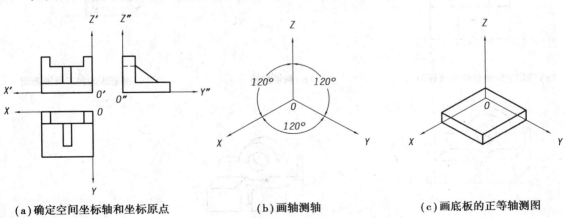

(a)确定空间坐标轴和坐标原点	(b)画轴测轴	(c)画底板的正等轴测图

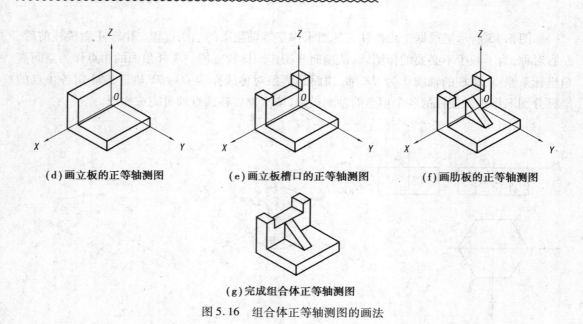

(d)画立板的正等轴测图　　　(e)画立板槽口的正等轴测图　　　(f)画肋板的正等轴测图

(g)完成组合体正等轴测图

图 5.16　组合体正等轴测图的画法

5.2.2　斜二等轴测图的画法

凡是平行于轴测投影面的平面图形,在斜二等轴测图中,其轴测投影反映实形。利用这一特点,在作单方向形状较复杂物体(如具有较多的圆或圆弧)的轴测图时,常采用斜二等轴测图。斜二等轴测图与正等轴测图一样,主要用坐标法作图,对于绘制复杂物体的斜二等轴测图,需综合运用叠加法和切割法等。

如图 5.17 所示是根据组合图的两面视图求作斜二等轴测图的绘图过程。

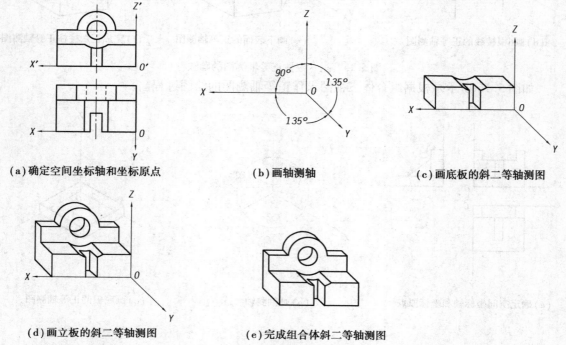

(a)确定空间坐标轴和坐标原点　　　(b)画轴测轴　　　(c)画底板的斜二等轴测图

(d)画立板的斜二等轴测图　　　(e)完成组合体斜二等轴测图

图 5.17　组合体斜二等轴测图的画法

5.3 轴测图的尺寸标注(GB/T 4458.3—2013)

5.3.1 线性尺寸标注

①轴测图中的线性尺寸,一般应沿轴测轴的方向标注,如图 5.18 所示。

②尺寸数值为零件的公称尺寸。

③尺寸数字应按相应的轴测图形标注在尺寸线的上方,如图 5.18(a)所示。

④尺寸线必须和所标注的线段平行,尺寸界线一般应平行于某一轴测轴,如图 5.18 所示。

⑤当在图形中出现字头向下时应引出标注,将数字按水平位置注写,如图 5.18 所示。

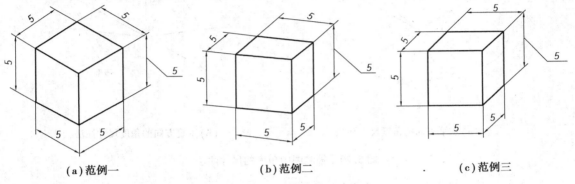

(a)范例一 (b)范例二 (c)范例三

图 5.18 轴测图中线性尺寸注法

5.3.2 半径和直径尺寸标注

①标注圆的直径时,尺寸线和尺寸界线应分别平行于圆所在的平面内的轴测轴。如图 5.19(a)所示的尺寸 $\phi20$,以及如图 5.19(b)所示的尺寸 $\phi6,\phi10,\phi20$。

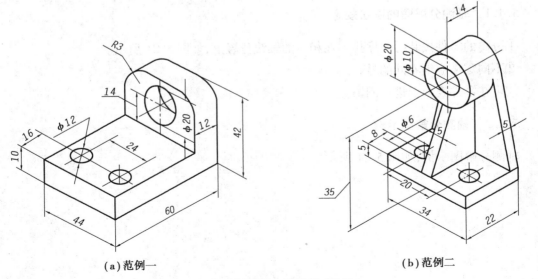

(a)范例一 (b)范例二

图 5.19 轴测图中圆的尺寸注法

②标注圆弧半径或较小圆的直径时,尺寸线可从(或通过)圆心引出标注,但注写数字的横线必须平行于轴测轴。如图 5.19(a)所示的尺寸 $\phi12$, $R3$。

5.3.3　角度尺寸标注

标注角度的尺寸线,应画成与该坐标平面相应的椭圆弧,角度数字一般写在尺寸线的中断处,字头向上,如图 5.20 所示。

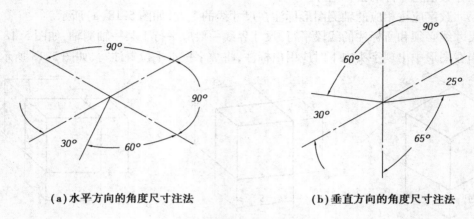

(a)水平方向的角度尺寸注法　　　　　(b)垂直方向的角度尺寸注法

图 5.20　轴测图中角度的尺寸注法

5.4　轴测分解图(GB/T 4458.3—2013)

5.4.1　轴测分解图的画法规定

①分离的零件按装拆顺序排列在相应的轴线位置上,如图 5.21 所示。
②不同零件应编不同的号。
③可在零件表面上进行润饰。

5.4.2　轴测分解图示例

轴测分解图示例,如图 5.21 所示。

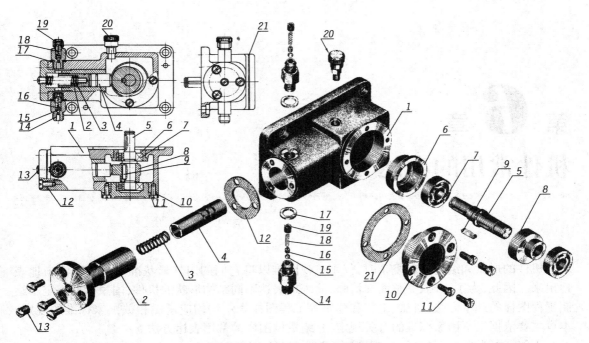

图 5.21 轴测分解图示例(柱塞泵)

第 **6** 章
机件常用的表达方法

机件的形状和结构比较复杂时,仅用三视图难以将它们的内外形状准确、完整、清晰地表达出来。因此,为了正确、完整而又清晰、简练地表达不同结构形状的机件,国家标准规定了绘制工程图样的基本方法,机械、电气和建筑等工程图样表示法均应遵循相关国家标准的规定。本章主要依据以下国家标准的有关规定,介绍机械图样的常用表达方法。

①《技术制图　图样画法　视图》(GB/T 17451—1998)。

②《机械制图　图样画法　视图》(GB/T 4458.1—2002)。

③《技术制图　图样画法　剖视图和断面图》(GB/T 17452—1998)。

④《机械制图　图样画法　剖视图和断面图》(GB/T 4458.6—2002)。

⑤《机械制图　剖面符号》(GB/T 4457.5—2013)。

⑥《技术制图　简化表示法　第 1 部分:图样画法》(GB/T 16675.1—2012)。

6.1　视　图

视图是将机件向投影面投影所得的图形,主要用来表达机件的内外部形状。一般只画机件的可见部分,必要时才画出其不可见部分。

技术图样应采用正投影法绘制,并优先采用第一角画法。绘制技术图样时,应先考虑看图方便。根据物体的结构特点,选用适当的表示方法。在完整、清晰地表示物体形状的前提下,力求制图简便。

在选择视图时,表示物体信息量最多的视图应作为主视图,通常是物体的工作位置或加工位置或安装位置。当需要其他视图(包括剖视图和断面图)时应按下述原则选取:

①在明确表示物体的前提下使视图包括剖视图和断面图的数量为最少。

②尽量避免使用虚线表达物体的轮廓及棱线。

③避免不必要的细节重复。

视图通常有基本视图、向视图、局部视图和斜视图。

6.1.1　基本视图(GB/T 17451—1998)

基本视图是机件向基本投影面投影所得的视图。为了清楚地表示出机件的各个方面的外部形状,在原有的三面投影的基础上,再在机件的左方、前方和上方各增加一个投影面,组成一个正六面体,如图6.1(a)所示。正六面体的6个投影面称为基本投影面。正六面体的6个投影面将机件包围在中间,将机件分别向6个基本投影面进行投影,可得6个基本视图。

基本视图除主、俯、左三视图外,还包括从右向左投影所得的右视图;从下向上投影所得的仰视图;从后向前投影所得的后视图。6个基本投影面展开时,主视图的投影面仍保持不动,其他投影面展开的方法如图6.1(b)所示,其中后视图所在的投影面,随左视图的投影面一起向右后展开。

6个基本视图展开后,在同一张图纸内的配置关系如图6.1(d)所示。基本视图之间应保持相应的投影对应关系。

在同一张图纸内按图6.1(d)配置基本视图时,可不标注视图的名称。

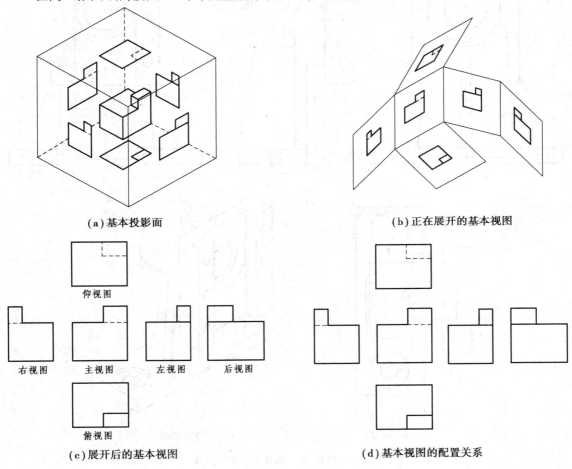

(a)基本投影面　　　　　　　　　(b)正在展开的基本视图

(c)展开后的基本视图　　　　　　(d)基本视图的配置关系

图6.1　基本视图

画基本视图时,还需注意以下几点:

①基本视图之间应保持"长对正,高平齐,宽相等"的投影关系。

②基本视图按图6.1(d)所示的规定配置时,左、右、俯、仰视图中,靠近主视图的一边代表机件的后面,远离的一边代表机件的前面,后视图的左、右正好与主视图相反。

③表达机件时,应根据机件形状与结构特点,选用其中必要的几个基本视图。如图 6.2 所示,该支架机件左右两侧的形状不同,若用主、俯、左 3 个视图表达,则在左视图中会出现许多虚线,影响图形的清晰程度和增加标注尺寸的困难。因此,增加一个右视图就能完整和清楚地表达这个支架机件了。

④在画基本视图时,用粗实线表示可见的轮廓线,用虚线表示不可见的轮廓线。必要时,虚线可以省略。如图 6.2 所示,为了清楚表达支架的内腔结构以及孔结构的情况,在主视图中仍需画虚线,而在俯、左、右视图中的虚线则省略不画。

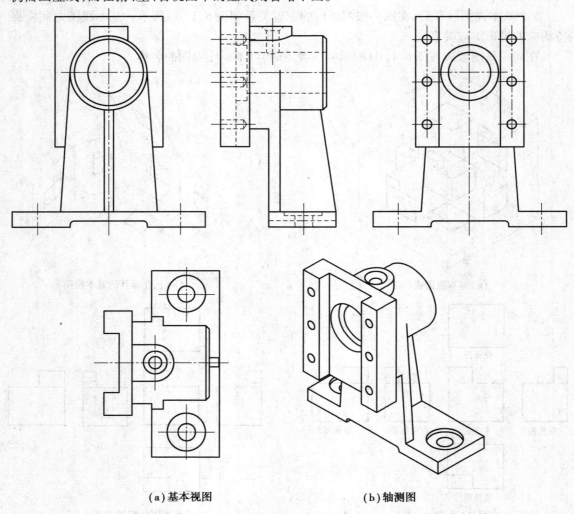

（a）基本视图　　　　　　　　　　　　　　（b）轴测图

图 6.2　使用基本视图表达支架机件

6.1.2　向视图（GB/T 17451—1998）

如图 6.3 所示,向视图是可以自由配置的视图。向视图的配置方式如下:
①在向视图的上方标注"X"(其中,"X"为大写拉丁字母,如"A,B,C,…")。
②在相应视图的附近用箭头指明投射方向,并标注相同的字母。

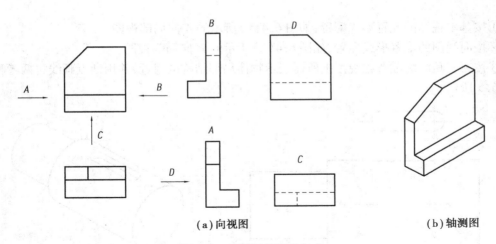

（a）向视图　　　　　　　　　　（b）轴测图

图 6.3　向视图的配置方式

6.1.3　局部视图（GB/T 17451—1998、GB/T 4458.1—2002）

局部视图是将物体的某一部分向基本投影面投射所得的视图。当机件上的某些局部形状在已画的基本视图上未能反映清楚，但又没有必要另画一个基本视图时，可用局部视图来表达。如图 6.4 所示的机件，选定主视图后，已把机件基本形状表达出来，左右两边凸台的局部形状可用 A，B 两个局部视图来表达，而没有必要用左、右视图来表达。

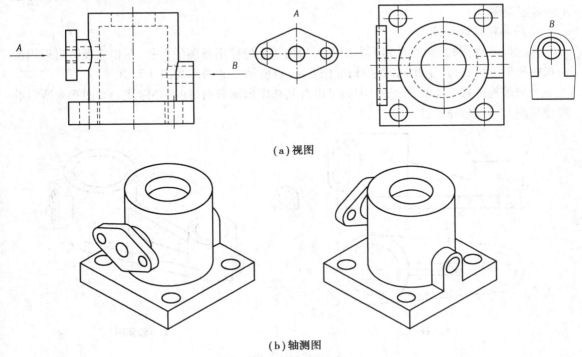

（a）视图

（b）轴测图

图 6.4　局部视图

1）局部视图的配置

在机械制图中，局部视图的配置可选用以下 3 种方式。

①按基本视图的配置形式配置,如图 6.4(a)所示的 A 向局部视图。

②按向视图的配置形式配置,如图 6.4(b)所示的 B 向局部视图。

③按第三角画法配置在视图上所需表示物体局部结构的附近,并用细点画线将两者相连,如图 6.5 所示。

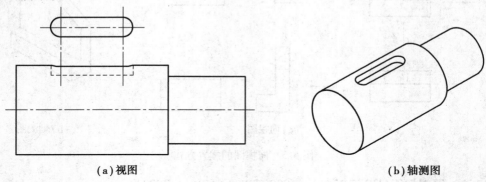

(a)视图　　　　　　　　　　　　　　(b)轴测图

图 6.5　按第三角画法配置的局部视图

2)局部视图断裂边界线的画法

画局部视图时,其断裂边界用波浪线或双折线绘制,如图 6.4(b)所示的 B 向局部视图。画波浪线时不应超过机件的轮廓线,应画在机件的实体上。

当所表示的局部视图的外轮廓成封闭时,则不必画出其断裂边界线,如图 6.4(a)所示的 A 向局部视图。

3)局部视图的标注

标注局部视图时,通常在其上方用大写的拉丁字母标出视图的名称,在相应视图附近用箭头指明投射方向,并注上相同的字母,如图 6.4(a)所示中的局部视图 A 和 B。

当局部视图按其本视图配置,中间又没有其他图形隔开时,则不必标注。如图 6.6 所示的局部视图就可以省略标注。

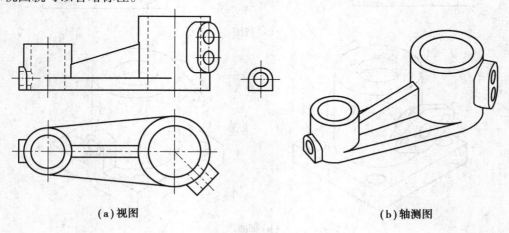

(a)视图　　　　　　　　　　　　　　(b)轴测图

图 6.6　省略标注的局部视图

6.1.4　斜视图(GB/T 17451—1998)

机件向不平行于基本投影面的平面投射所得的图形,称为斜视图。如图 6.7(a)所示。

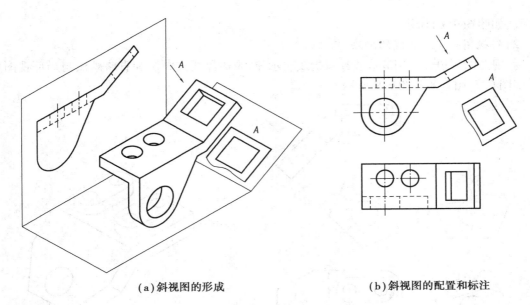

| （a）斜视图的形成 | （b）斜视图的配置和标注 |

图6.7　斜视图

　　如图6.7所示,斜视图常用于表达机件上倾斜部分的外形。当机件上有不平行于基本投影面的倾斜结构时,用基本视图是不能表达这部分结构的实形和标注真实尺寸,从而给绘图、看图和标注尺寸带来不便。为了表达该结构的实形,可选用斜视图进行表达。

　　1）斜视图的配置和标注

　　①表示斜视图投影方向的箭头应垂直于倾斜的投影面,并注上相应的大写拉丁字母,字母一律按水平方向书写,如图6.7（b）所示的字母"A"。

　　②斜视图一般配置在箭头所指的投影方向上,并在其上标注大写的拉丁字母"X"（例如,字母"A,B,…"）,如图6.7（b）所示中的字母"A"。必要时也可配置在其他位置,如图6.8所示。

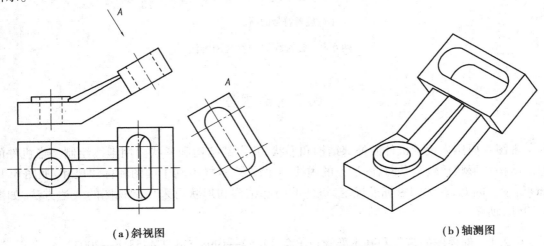

| （a）斜视图 | （b）轴测图 |

图6.8　斜视图

　　③在不引起误解时,允许将斜视图旋转配置,标注形式如图6.9（a）所示。表示该视图名称的大写拉丁字母应靠近旋转符号的箭头端,也允许将旋转角度标注在字母之后。旋转符号

139

的画法如图 6.9(c)所示。

2)斜视图断裂边界线的画法

斜视图断裂边界线用波浪线或双折线表示,断裂边界线的画法和省略画法与局部视图相同,如图 6.7、图 6.8 和图 6.9 所示。

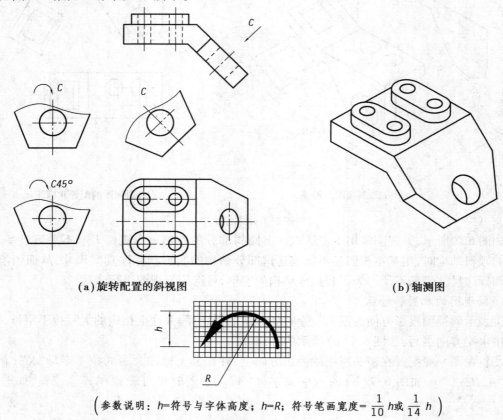

(a)旋转配置的斜视图   (b)轴测图

$\left(\text{参数说明:}h=\text{符号与字体高度;}\ h=R;\ \text{符号笔画宽度}=\dfrac{1}{10}h\text{或}\dfrac{1}{14}h\right)$

(c)旋转符号的画法

图 6.9   旋转配置的斜视图画法

6.2   剖视图

视图主要用来表示机件的外部结构和形状,其内部结构和形状要用虚线绘制。当机件的内部结构和形状比较复杂时,图形上的虚线会比较多,这样不利于读图和标注尺寸,如图 6.10(a)所示。因此,有关国家标准规定,机件的内部结构和形状可采用剖视图的表达方法,如图 6.10(b)所示。

6.2.1   剖视图的定义和基本要求(GB/T 17452—1998、GB/T 4458.6—2002)

1)剖视图的术语及其定义

①剖视图:假想用剖切面剖开物体,将处在观察者和剖切面之间的部分移去,而将其余部

分向投影面投射所得的图形。剖视图可简称为剖视,如图 6.11 所示。

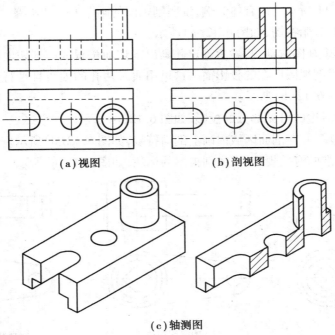

(a)视图　　　(b)剖视图

(c)轴测图

图 6.10　视图和剖视图

②剖切面:剖切被表达物体的假想平面或曲面。

③剖面区域:假想用剖切面剖开物体,剖切面与物体的接触部分。

④剖切线:指示剖切面位置的线(在视图上用细点画线绘制,可省略不画)。

⑤剖切符号:指示剖切面起讫和转折位置(用粗短画线表示)及投射方向(用箭头表示)的符号。

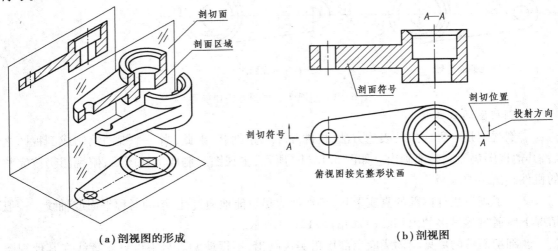

(a)剖视图的形成　　　(b)剖视图

图 6.11　剖视图的形成

2）剖视图的画图方法和步骤

下面以如图 6.11 所示的组合体为例,说明剖视图的画图方法和步骤。

①画出机件的主、俯视图,如图 6.12(a)所示。

②首先确定哪个视图取剖视,然后确定并画出剖切面位置线。剖切面应通过机件的对称面或轴线,且平行于剖视图所在的投影面。这里用通过两孔的轴线且平行于主视图面的剖切面来剖切机件,如图 6.12(b)所示。

③画出剖切面后边的可见部分的投影,如图 6.12(c)所示。

④画出剖面区域,并在剖面区域内画上剖面符号,如图 6.12(d)所示。

⑤根据国家标准的有关规定,完成剖视图的标注,如图 6.12(e)所示。

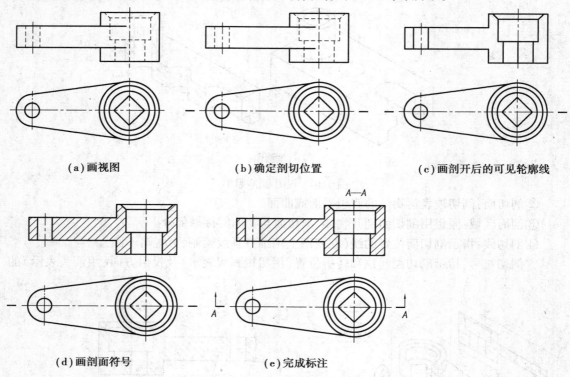

(a)画视图　　　　　(b)确定剖切位置　　　　　(c)画剖开后的可见轮廓线

(d)画剖面符号　　　　　(e)完成标注

图 6.12　剖视图的画图方法和步骤

3）剖视图的基本要求

①剖视图是一种假想的表达方法,机件并非真正剖开,因此,当一个视图绘制成剖视图之后,其他视图仍需完整地画出。如图 6.11(b)所示,主视图绘制成剖视图后,俯视图仍按完整的机件画出。

②为了表达机件内部的真实形状,剖切面应尽可能地通过孔、槽的对称平面或轴线。一般情况下应通过尽量多的内部结构,如图 6.12(e)所示。

③剖切面后的可见轮廓线应全部用粗实线画出,不得遗漏。当不可见轮廓线在其他视图能够表达清楚时,则在剖视图上省略不画,如果不能清楚表达,则要画虚线,如图 6.13 所示。剖视图上已表达清楚的结构,其他视图上当此部分结构投影为虚线时,一律省略不画,如图

6.14(a)所示的两个圆孔已在剖视图中表达清楚,所以它在主视图和俯视图中的投影虚线可省略不画。

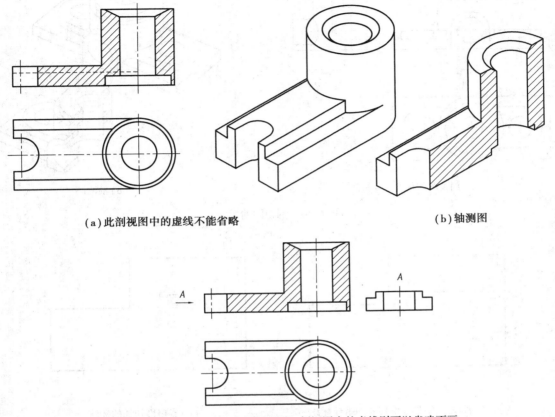

(a)此剖视图中的虚线不能省略　　　　　　　　　　　　　(b)轴测图

(c)新增一个A向局部视图,剖视图中的虚线则可以省略不画

图6.13　剖视图中必要的虚线不能省略

④在剖面区域画剖面符号,不同的材料使用不同的剖面符号。对于金属材料而言,剖面符号一般画成与剖面区域的主要轮廓或对称线成45°的平行线,且间隔均匀,倾斜方向一致,如图6.13所示。

6.2.2　剖视图的标注(GB/T 17452—1998、GB/T 4458.6—2002)

①一般应在剖视图的上方用大写的拉丁字母标出剖视图的名称"X—X"(如"A—A、B—B,…")。在相应的视图上用剖切符号表示剖切位置(用粗短画线表示)和投射方向(用箭头表示),并标注相同的字母,如图6.14(a)所示。剖切符号之间的剖切线(用细点画线表示)可省略不画,如图6.15(b)所示。

②当剖视图按投影关系配置,中间又没有其他图形隔开时,可省略箭头,如图6.16所示。

③当单一剖切平面通过机件的对称平面或基本对称的平面,且剖视图按投影关系配置,中间又没有其他图形隔开时,不必标注,如图6.17所示。

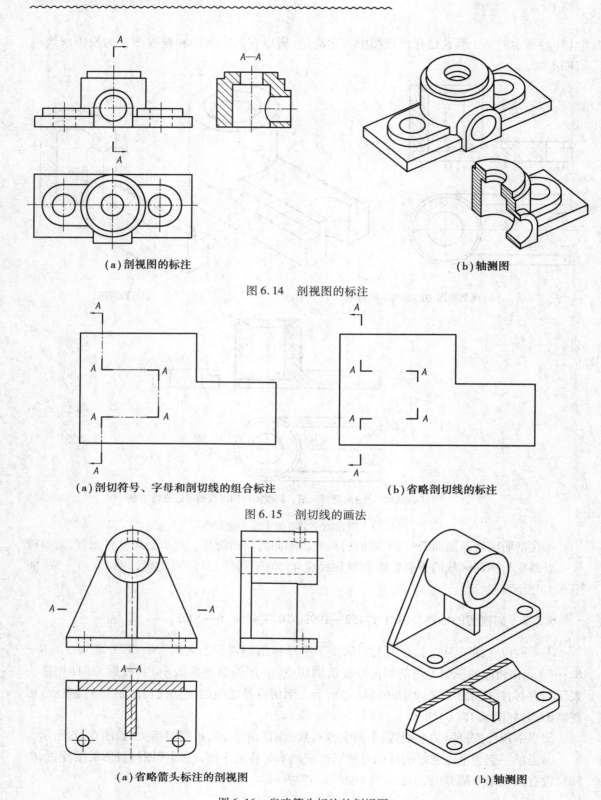

（a）剖视图的标注　　　　　　　　（b）轴测图

图 6.14　剖视图的标注

（a）剖切符号、字母和剖切线的组合标注　　　　（b）省略剖切线的标注

图 6.15　剖切线的画法

（a）省略箭头标注的剖视图　　　　　　　（b）轴测图

图 6.16　省略箭头标注的剖视图

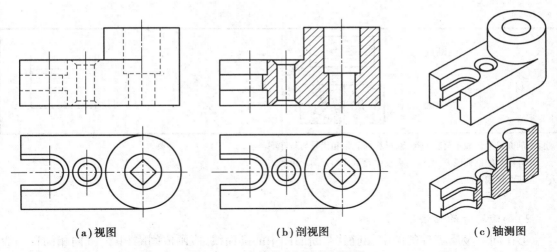

（a）视图　　　　　　　　（b）剖视图　　　　　　　　（c）轴测图

图 6.17　全部省略标注的剖视图

6.2.3　剖面区域的表示法（GB/T 17453—2005、GB/T 4457.5—2013）

1）剖面符号

在剖视图和断面图中，一般采用剖面符号填充表示剖面区域。常用的剖面符号见表 6.1。

表 6.1 中，金属材料、非金属材料等的剖面符号一般用剖面线绘制，并由国家标准（GB/T 4457.4—2002）所指定的细实线来绘制，且与剖面或断面外轮廓成对称或相适宜的角度。剖面线的间距应与剖面尺寸的比例相一致，应与国家标准（GB/T 17450—1998）所给出最小间距（0.7 mm）的要求一致。

表 6.1　剖面区域表示法

金属材料 （已有规定剖面符号者除外）		木质胶合板 （不分层数）	
线圈绕组元件		基础周围的泥土	
转子、电枢、变压器和电抗器等的叠钢片		混凝土	
非金属材料 （已有规定剖面符号者除外）		钢筋混凝土	
型砂、填砂、粉末冶金、砂轮、陶瓷刀片、硬质合金刀片等		砖	
玻璃及供观察用的其他透明材料		格网 （筛网、过滤网等）	

续表

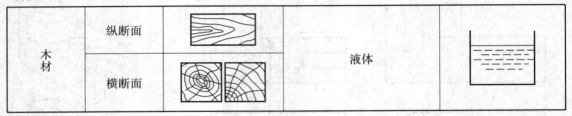

注:①剖面符号仅表示材料的类型,材料的名称和代号另行注明。

　②叠钢片的剖面线方向,应与束装中叠钢片的方向一致。

　③液面用细实线绘制。

2)剖面符号的画法

①在同一金属零件的图中,剖视图、断面图中的剖面线,应画成间隔相等、方向相同且一般与剖面区域的主要轮廓或对称线成45°的平行线,如图6.18(a)所示。必要时,剖面线也可画成与主要轮廓线成适当角度,如图6.18(b)所示。

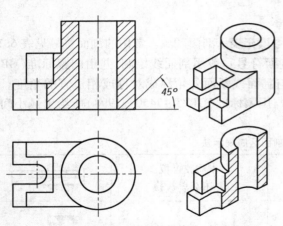
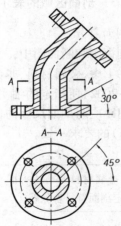

(a)剖面线与主要轮廓线成45°　　　　　　　　(b)剖面线与主要轮廓线成适当角度

图6.18　同一金属零件的剖面线的画法

②相邻辅助零件(或部件),不画剖面符号,如图6.19所示。

③当剖面区域较大时,可以只沿轮廓的周边画出剖面符号,如图6.20所示。

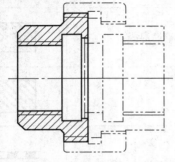
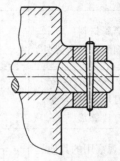

图6.19　相邻辅助零件(或部件)　　　　图6.20　剖面区域较大时可以
　　　　不画剖面符号　　　　　　　　　　　只沿轮廓的周边画出剖面符号

④如仅需画出被剖切后的一部分图形,其边界又不画断裂边界线时,则应将剖面线绘制整齐,如图 6.21 所示。

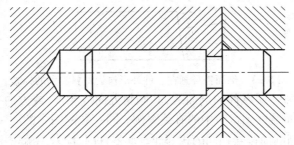

图 6.21　剖面区域较大时可以只沿轮廓的周边画出剖面符号

⑤为了便于计算机绘图,在零件图中也可以涂色或点阵代替剖面符号,如图 6.22 所示。点的间距根据底纹尺寸按比例选取。如果是一个大的面,阴影可以局限于一个区域。在这个区域内,沿周线画等距点图案,如图 6.20 所示。

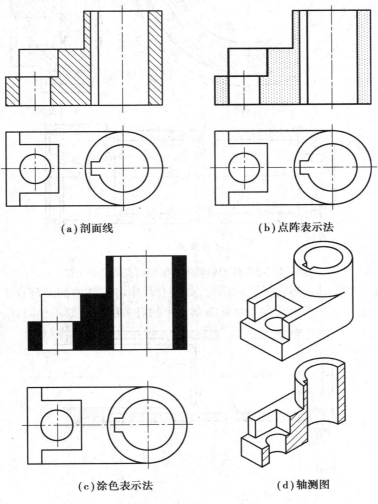

　　(a)剖面线　　　　　　　　(b)点阵表示法

　　(c)涂色表示法　　　　　(d)轴测图

图 6.22　剖面符号可以用涂色或点阵代替

⑥木材、玻璃、液体、叠钢片、砂轮及硬质合金刀片等剖面符号,也可在外形视图中画出一部分或全部作为材料类别的标志,如图 6.23 所示。

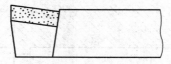

图 6.23　剖面符号画在工件外形作为材料类别的标志

⑦在装配图中,相邻金属零件的剖面线,其倾斜方向应相反,或方向一致而间隔不等,如图 6.20、图 6.21 所示或参看装配图章节中的有关图例。同一装配图中的同一零件的剖面线应方向相同、间隔相等。当绘制剖面符号相同的相邻非金属零件时,应采用疏密不一的方法以示区别。

当绘制接合件的图样时,各零件的剖面符号应按上面的规定绘制,如图 6.24 所示或参看装配图章节中的有关图例。

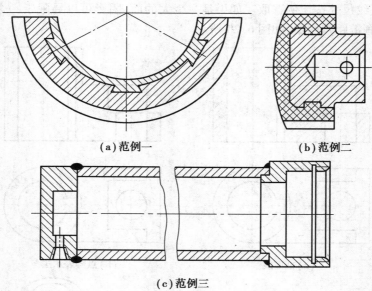

(a)范例一　　　　　　(b)范例二

(c)范例三

图 6.24　接合件图中各零件的剖面符号绘制方法

⑧当绘制接合件与其他零件的装配图时,如接合件中各零件的剖面符号相同,一般可作为一个整体画出,如图 6.25 所示或参看装配图章节中的有关图例。如不相同,应分别画出。

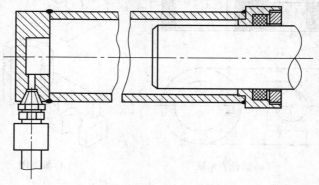

图 6.25　绘制接合件与其他零件的装配图时的剖面符号绘制方法

⑨由不同材料嵌入或粘贴在一起的成品,用其中主要材料的剖面符号表示。例如,夹丝玻璃的剖面符号,用玻璃的剖面符号表示;复合钢板的剖面符号,用钢板的剖面符号表示。

⑩在装配图中,宽度小于或等于 2 mm 的狭小面积的剖面区域,可用涂黑代替剖面符号,如图 6.26 所示。如果是玻璃或其他材料,而不宜涂黑时,可不画剖面符号。当两邻接剖面区域均涂黑时,两剖面区域之间宜留出不小于 0.7 mm 的空隙,如图 6.27 所示或参看装配图章节中的有关图例。

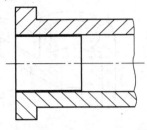

图 6.26　装配图中狭小面积的剖面
区域可用涂黑代替剖面符号

图 6.27　两邻接剖面区域均涂黑
时的画法

⑪剖面区域内可以标注尺寸,如图 6.28 所示。

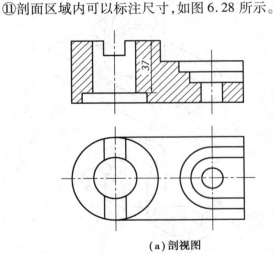

(a)剖视图

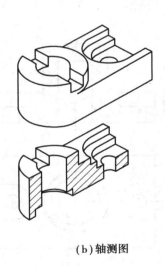

(b)轴测图

图 6.28　剖面区域内可以标注尺寸

6.2.4　剖视图的种类(GB/T 17452—1998、GB/T 4458.6—2002)

根据剖开机件范围的大小,剖视图分为全剖视图、半剖视图、局部剖视图 3 种。

1)全剖视图

(1)全剖视图的概念

用剖切面完全地剖开物体所得的剖视图称为全剖视图,如图 6.29 所示。

(2)全剖视图的应用范围

全剖视图主要用于表达不对称机件的内部结构,如图 6.29 所示的剖视图。外部结构简单、内部结构相对复杂的对称机件也常用全剖视图来表达,如图 6.30 所示的 A—A 剖视图。

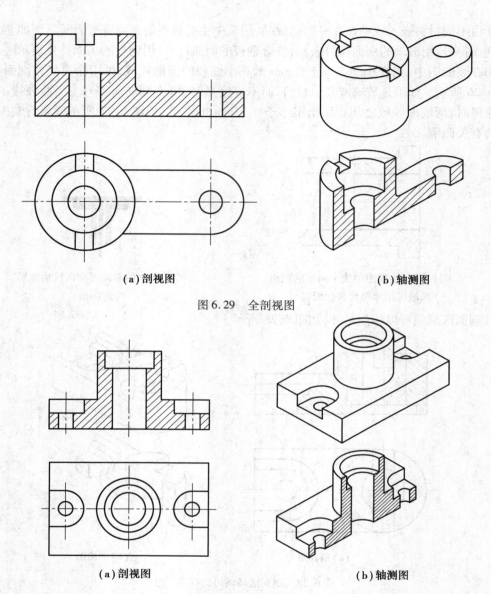

(a)剖视图　　　　　　　　　　　　　　(b)轴测图

图 6.29　全剖视图

(a)剖视图　　　　　　　　　　　　　　(b)轴测图

图 6.30　全剖视图

(3)全剖视图的标注方法

全剖视图的标注方法及省略箭头、省略标注遵循剖视图标注的有关规定。如图 6.14—图 6.17 所示。

2)半剖视图

(1)半剖视图的概念

当机件具有对称平面时,在垂直于对称平面的投影面上所得的图形,以对称中心线为界,一半画成剖视图,另一半画成视图,这种组合的图形称为半剖视图,如图 6.31 所示。

(2)半剖视图的应用范围

半剖视图主要用于内、外结构都需表达的对称机件,如图 6.31 所示。

150

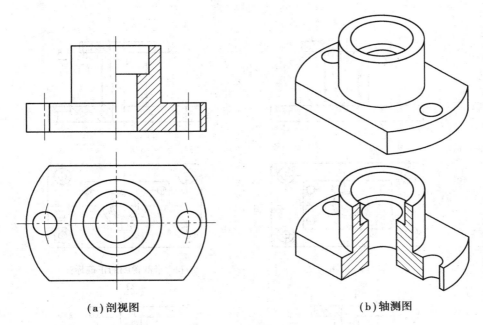

(a) 剖视图　　　　　　　　　　　　　　(b) 轴测图

图 6.31　半剖视图

根据国家标准(GB/T 4458.6—2002)中的有关规定,如果机件形状接近于对称,而不对称部分已在其他图形中表达清楚,也可以画成半剖视图,如图 6.32 所示。

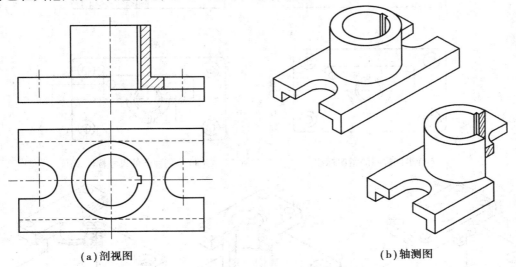

(a) 剖视图　　　　　　　　　　　　　　(b) 轴测图

图 6.32　半剖视图

(3)半剖视图的标注方法

半剖视图的标注方法及省略箭头、省略标注遵循全剖视图标注的有关规定。如图 6.33 (b)所示,半剖主视图可以全部省略标注,半剖俯视图可以省略箭头标注。半剖视图不允许像如图 6.33(c)一样标注 $B—B$ 剖切位置符号。半剖视图的尺寸标注与视图、全剖视图的尺寸标注有所不同,如图 6.33(d)所示,尺寸 $\phi38,\phi31,68,44$ 等尺寸,尺寸线应略超过对称中心线,此时仅在尺寸线的一端画出箭头。

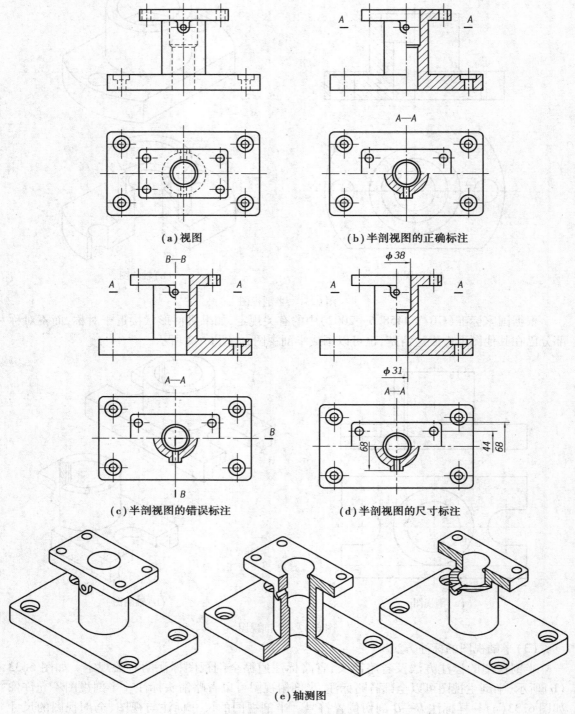

(a)视图

(b)半剖视图的正确标注

(c)半剖视图的错误标注

(d)半剖视图的尺寸标注

(e)轴测图

图 6.33　半剖视图的标注

（4）半剖视图的画法及注意事项

①在半剖视图中视图和剖视图的分界是细点画线,不能画成粗实线或其他类型的图线,如图 6.34 所示。

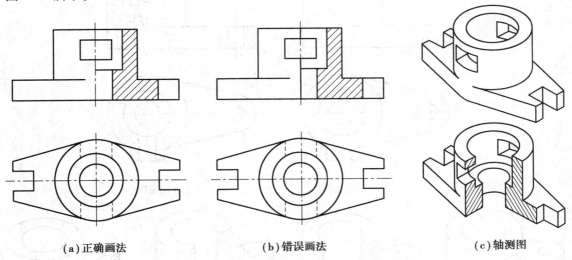

（a）正确画法　　　　　　（b）错误画法　　　　　　（c）轴测图

图 6.34　半剖视图分界线的画法

②在半剖视图中,由于机件对称,其内部结构和形状已在对称点画线的另一半剖视图中表达清楚,所以在表达外形的那一半视图中,该部分的虚线一律不画,如图 6.35 所示。

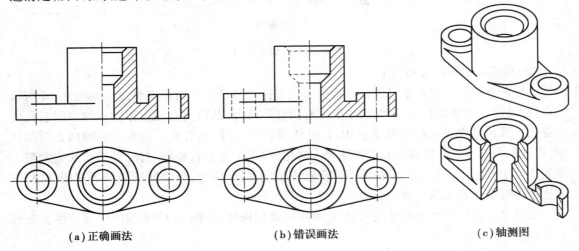

（a）正确画法　　　　　　（b）错误画法　　　　　　（c）轴测图

图 6.35　半剖视图的虚线画法

③半剖视图的习惯位置:图形左右对称时剖右半部分;前后对称时剖前半部分,如图 6.33 （b）所示。

3）局部剖视图

（1）局部剖视图的概念

用剖切面局部地剖开机件所得的剖视图称为局部剖视图,如图 6.36 所示。

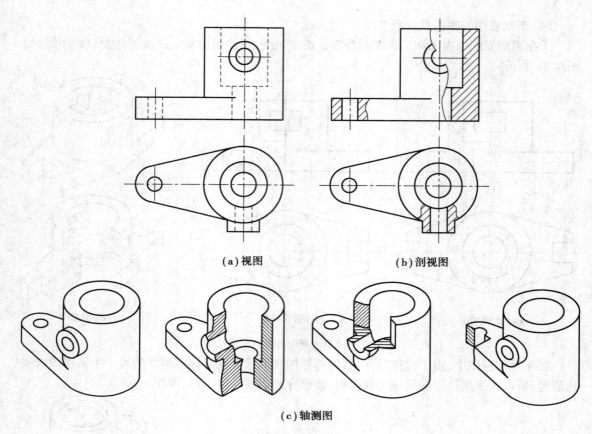

（a）视图   （b）剖视图

（c）轴测图

图6.36　局部剖视图

（2）局部剖视图的应用范围

①局部剖视图主要用于机件内外结构形状都比较复杂且不对称的情况。如图6.36所示的机件，其内部有多处孔结构，前面正上方有圆柱形凸台，凸台内有正垂小圆孔与中间圆孔内腔穿通。该机件内外形状均需要表达，且机件前后、左右均不对称。若将主视图画成全剖视图，机件的内部空腔的形状和高度都能表示清楚，但正上方凸台被剖切掉，其形状和位置都不能表达。机件左、右不对称，主视图不适合画成半剖视图，因此，只能使用局部剖视图，这样既表达了外部形状又表达了内部结构。

②机件上有局部结构需要表示时，也可用局部剖视图，如图6.37主视图中所示的长条形孔结构。

③当实心杆、轴类机件上有小孔或凹槽时，常采用局部剖视图来表达。如图6.38所示，用局部剖视图表达轴上键槽的形状和深度。

④当对称图形的中心线与图形轮廓线重合时，不宜采用半剖视图，应采用局部剖视图，如图6.39所示。

（3）局部剖视图的标注方法

当单一剖切平面的剖切位置明确时，局部剖视图不必标注，如图6.36—图6.39所示。

（4）局部剖视图的画法及注意事项

①局部剖视图中，视图与剖视图的分界线为细波浪线或双折线。波浪线或双折线是表示

假想断裂面的投影,绘图时要注意以下几方面:

a. 波浪线不能超出剖切部分的图形轮廓线,如图6.40(a)所示。

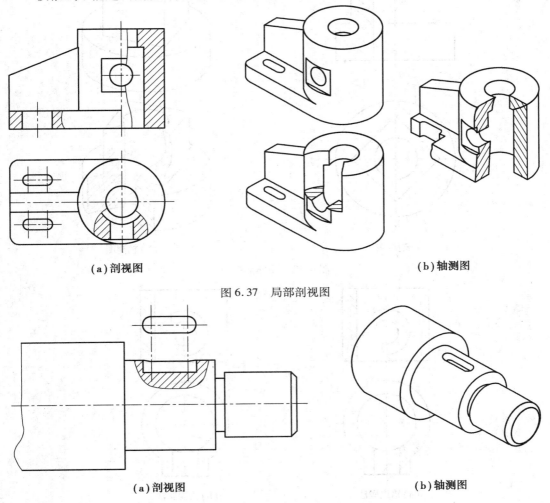

(a)剖视图　　　　　　　　　　　　(b)轴测图

图6.37　局部剖视图

(a)剖视图　　　　　　　　　　　　(b)轴测图

图6.38　局部剖视图

b. 剖切面和观察者之间的通孔、通槽内不能画波浪线(即波浪线不能穿空而过),如图6.40(b)所示。

c. 波浪线和双折线不应和图样上其他图线重合,也不能成为轮廓线的延长线,如图6.41(a)、(b)所示。当被剖切结构为回转体时,允许将该结构的轴线作为局部剖视与视图的分界线,如图6.41(d)所示。

②画局部剖视图时,剖开机件范围的大小要根据机件的结构特点和表达的需要而定,如图6.42(a)所示,主视图为了表示中间四棱柱孔的高度,剖的范围必须大一些,而俯视图上小孔则不必剖的范围太大,只需将小孔深度表示清楚即可。

局部剖视图能同时表达机件的内外部结构形状,不受机件是否对称的约束,剖开范围的大小、剖切位置均可根据表达需要确定,因此,局部剖视图是一种比较灵活的表达方法。但是同一个视图中采用局部剖视不宜过多,以免使图形过于零乱,给读图带来困难。

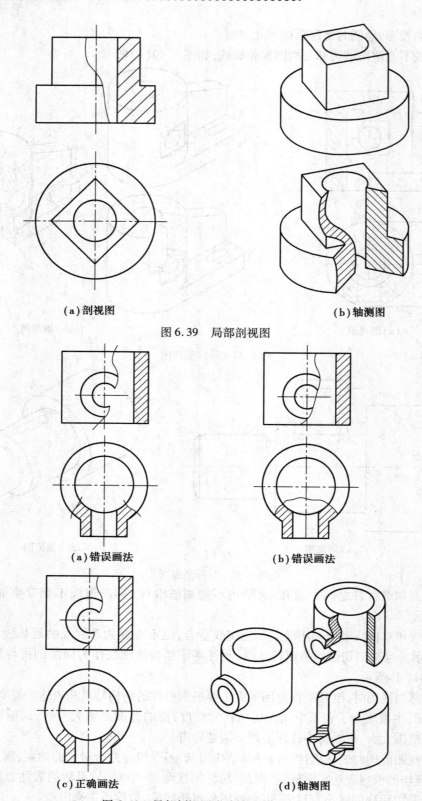

(a)剖视图　　　　　　　　　　　(b)轴测图

图6.39　局部剖视图

(a)错误画法　　　　　　　　　　(b)错误画法

(c)正确画法　　　　　　　　　　(d)轴测图

图6.40　局部剖视图中波浪线的画法(一)

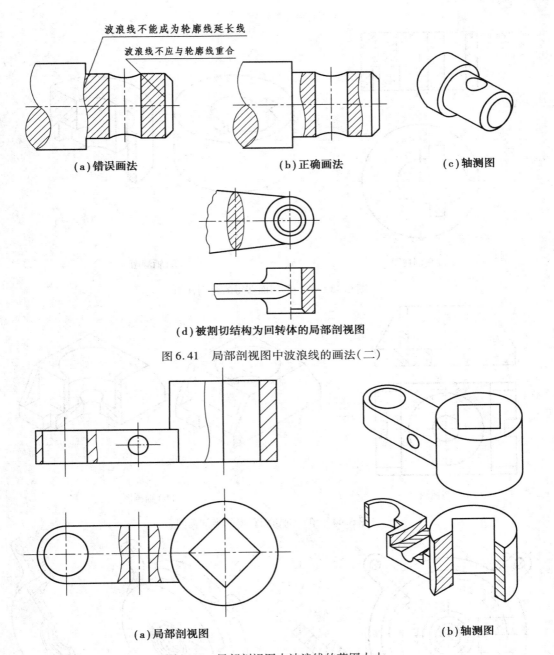

(a) 错误画法　　　　　(b) 正确画法　　　　　(c) 轴测图

(d) 被割切结构为回转体的局部剖视图

图 6.41　局部剖视图中波浪线的画法 (二)

(a) 局部剖视图　　　　　　　　　　　(b) 轴测图

图 6.42　局部剖视图中波浪线的范围大小

6.2.5　剖切面和剖切方法 (GB/T 4458.6—2002)

剖视图的剖切面分为单一剖切面、几个平行的剖切面、几个相交的剖切面。根据机件结构特点,采用不同的剖切面剖开机件,可以得到全剖、半剖或局部剖视图。

1) 单一剖切面

①用一个剖切面剖开机件获得的剖视图包括全剖视图、半剖视图和局部剖视图。如图 6.43—图 6.45 所示是用单一剖切面获得的剖视图。

157

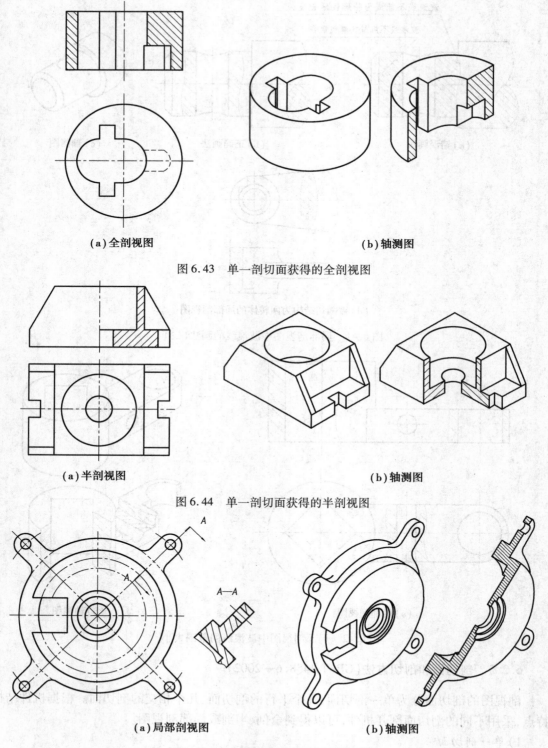

(a)全剖视图   (b)轴测图

图 6.43 单一剖切面获得的全剖视图

(a)半剖视图   (b)轴测图

图 6.44 单一剖切面获得的半剖视图

(a)局部剖视图   (b)轴测图

图 6.45 单一剖切面获得的局部剖视图

②采用单一柱面剖切机件时,剖视图一般应按展开绘制,如图 6.46 所示。

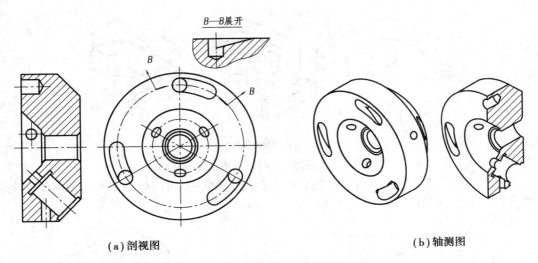

(a) 剖视图　　　　　　　　　　　　(b) 轴测图

图 6.46　单一剖切柱面获得的剖视图

2) 平行的剖切面

① 用几个平行的剖切平面获得的剖视图，如图 6.47 所示。

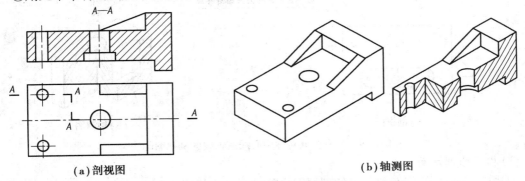

(a) 剖视图　　　　　　　　　　　(b) 轴测图

图 6.47　两个平行的剖切面获得的剖视图

② 采用这种方法画剖视图时，在图形内不应出现不完整的要素，如图 6.48 所示。

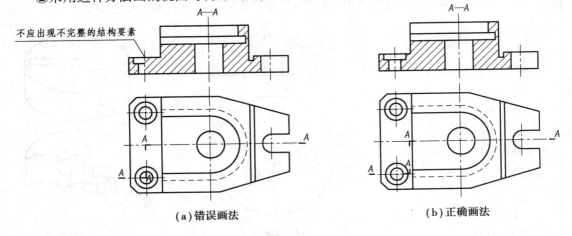

(a) 错误画法　　　　　　　　　　(b) 正确画法

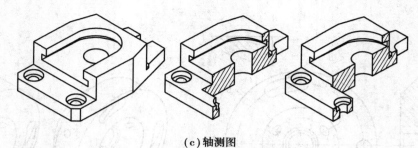

(c)轴测图

图6.48 剖视图中不应出现不完整的要素

③仅当两个要素在图形上具有公共对称中心线或轴线时,可以各画一半,此时应以对称中心线或轴线为界,如图6.49所示。

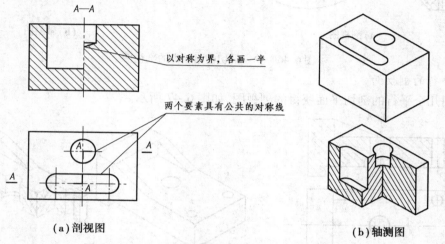

A—A

以对称为界,各画一半

两个要素具有公共的对称线

(a)剖视图　　　　　　　　　**(b)轴测图**

图6.49 具有公共对称中心线或轴线的剖视图画法

3)相交的剖切面

①用几个相交的剖切面获得的剖视图应旋转到一个投影平面上,如图6.50所示。采用这种方法画剖视图时,先假想按剖切位置剖开机件,然后将被剖切面剖开的结构及其有关部分旋转到与选定的投影面平行再进行投射。标注时,允许省略转角处的大写字母"A"。

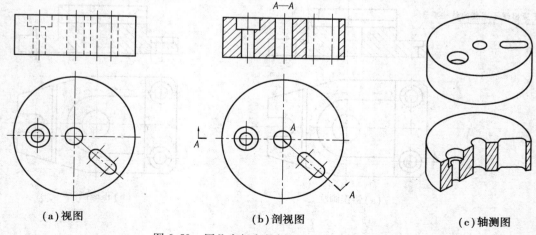

A—A

(a)视图　　　　　　**(b)剖视图**　　　　　　**(c)轴测图**

图6.50 用几个相交的剖切面获得的剖视图

②在剖切平面后的其他结构中,一般仍按原来的位置投射。如图 6.51 所示的小圆孔结构仍按原来的位置在俯视图中投影绘制。

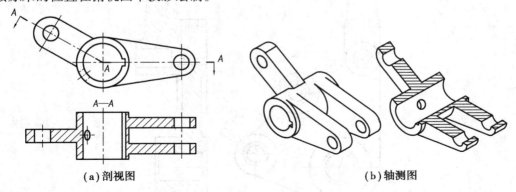

(a) 剖视图　　　　　　　　　　　　　(b) 轴测图

图 6.51　用几个相交的剖切面获得的剖视图

③当剖切后产生不完整要素时,应将此部分按不剖绘制,如图 6.52 所示。

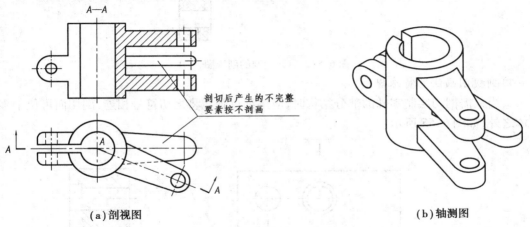

剖切后产生的不完整要素按不剖画

(a) 剖视图　　　　　　　　　　　　　(b) 轴测图

图 6.52　用几个相交的剖切面获得的剖视图

④采用展开画法绘制,此时应标注"×—×展开",如图 6.53、图 6.54 所示。

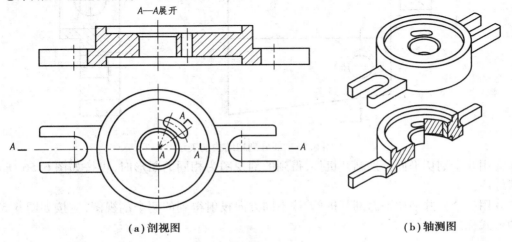

(a) 剖视图　　　　　　　　　　　　　(b) 轴测图

图 6.53　展开绘制的剖视图(一)

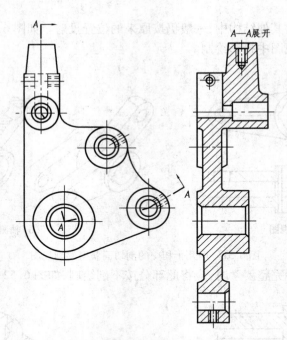

图 6.54 展开绘制的剖视图（二）

4）剖视图画法的特殊规定

①当只需剖切绘制零件的部分结构时,应用细点画线将剖切符号相连,剖切面可位于零件实体之外,如图 6.55 所示。

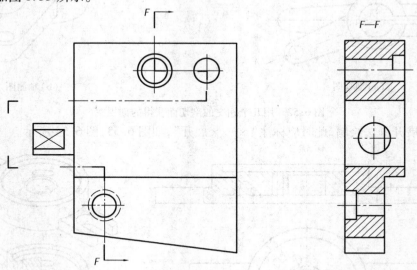

图 6.55 部分剖切结构的表示

②用几个剖切平面分别剖开机件,得到的剖视图为相同的图形时,可按如图 6.56 所示的形式标注。

③用一个公共剖切平面剖开机件,按不同方向投射得到的两个剖视图,应按如图 6.57 所示的形式标注。

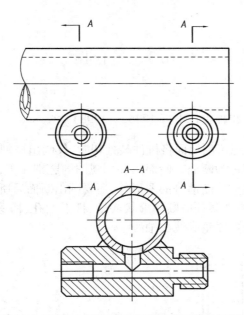

图 6.56　用几个剖切平面获得相同圆形的剖视图

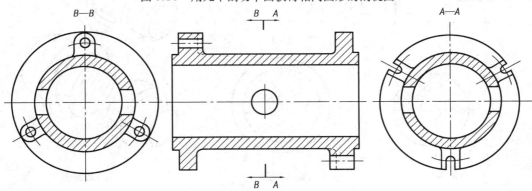

图 6.57　用一个公共剖切平面获得的两个剖视图

④可将投射方向一致的几个对称图形各取一半(或 1/4)合并成一个图形。此时应在剖视图附近标出相应的剖视图名称"×—×",如图 6.58 所示。

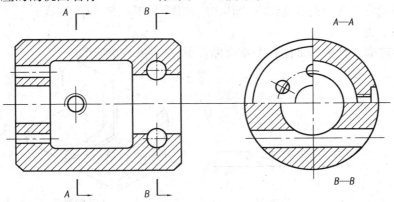

图 6.58　合成图形的剖视图

6.3 断 面 图

6.3.1 断面图的定义和种类(GB/T 17452—1998)

如图6.59(a)所示,假想用剖切面将机件某处切断,仅画出该剖切面与机件接触部分的图形称为断面图,断面图可简称为断面。断面图和剖视图的区别在于,断面图仅画出被切断部分的图形,而剖视图除了画出被切断部分的图形外,还要画出断面后所有可见部分的图形。

断面图一般用来表示机件某处的断面形状或轴、杆上的孔、槽等结构,为了得到断面的实形,剖切面应垂直于机件的主要轮廓线或轴线。

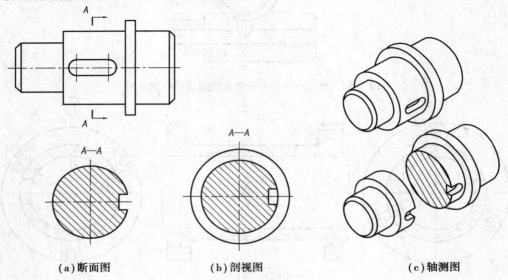

(a)断面图　　　　　(b)剖视图　　　　　(c)轴测图

图6.59　断面图与剖视图的比较

断面图可分为移出断面图和重合断面图。

1)移出断面图

画在视图轮廓线外面的断面图称为移出断面图,如图6.59(a)所示。

2)重合断面图

画在图形轮廓线内的断面图称为重合断面图,如图6.60所示。

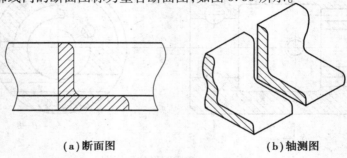

(a)断面图　　　　　(b)轴测图

图6.60　重合断面图

6.3.2　断面图的配置及画法(GB/T 4458.6—2002)

①移出断面的轮廓线用粗实线绘制,通常配置在剖切线的延长线上,如图 6.61 所示。

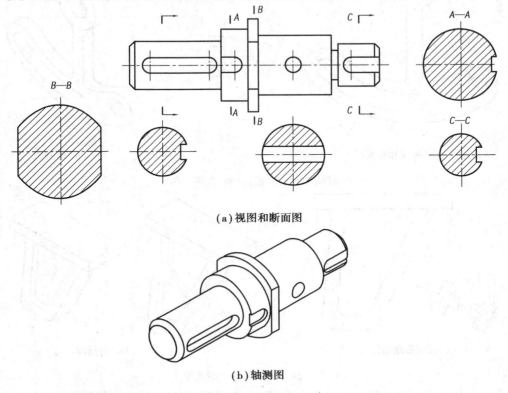

(a)视图和断面图

(b)轴测图

图 6.61　移出断面图

②移出断面图的图形对称时也可画在视图的中断处,如图 6.62 所示。

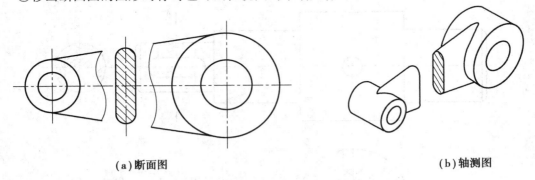

(a)断面图

(b)轴测图

图 6.62　配置在视图中断处的移出断面图

③必要时可将移出断面配置在其他适当的位置,如图 6.61 所示的 B—B 和 C—C 断面图。在不引起误解时,允许将图形旋转,其标注形式如图 6.63 所示。

④由两个或多个相交的剖切平面剖切得出的移出断面图,中间一般应断开,如图 6.64 所示。

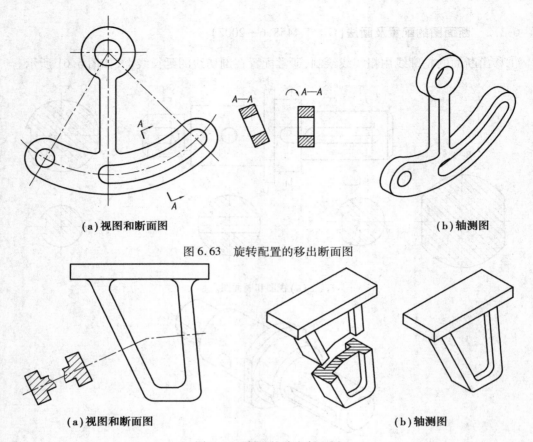

(a) 视图和断面图　　　　　　　　　　　　　　　　　　　　(b) 轴测图

图 6.63　旋转配置的移出断面图

(a) 视图和断面图　　　　　　　　　　　　　　　　　　　　(b) 轴测图

图 6.64　断开的移出断面图

⑤当剖切平面通过回转而形成的孔或凹坑的轴线时,则这些结构按剖视图要求绘制,如图 6.65 所示。

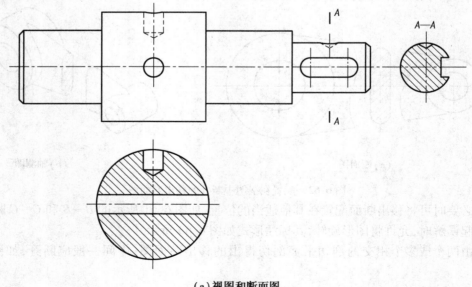

(a) 视图和断面图

（b）轴测图

图 6.65　按剖视图要求绘制的移出断面图

⑥当剖切平面通过非圆孔,会导致出现完全分离的断面时,则这些结构应按剖视图要求绘制,如图 6.63 所示。

⑦为便于读图,逐次剖切的多个移出断面图可按图 6.66—图 6.68 的形式配置。

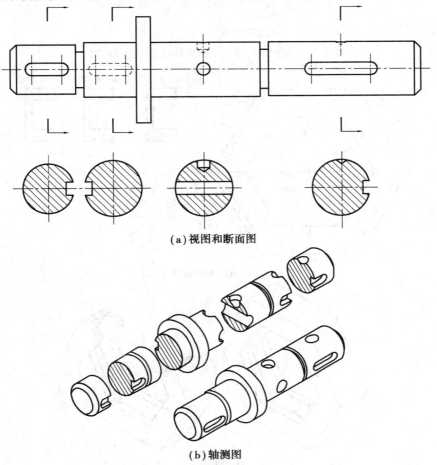

（a）视图和断面图

（b）轴测图

图 6.66　逐次剖切的多个移出断面图的配置（一）

167

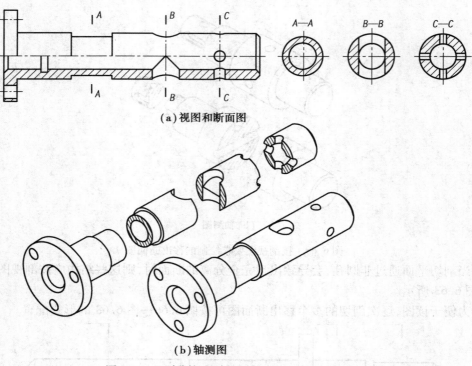

（a）视图和断面图

（b）轴测图

图 6.67 逐次剖切的多个移出断面图的配置（二）

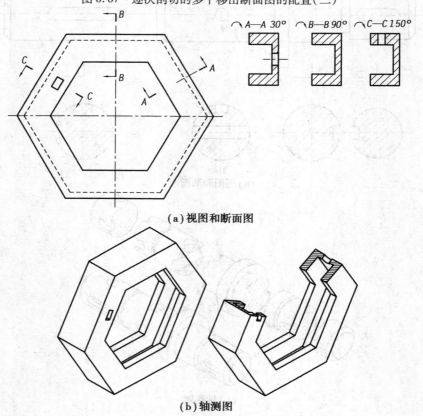

（a）视图和断面图

（b）轴测图

图 6.68 逐次剖切的多个移出断面图的配置（三）

⑧重合断面的轮廓线用细实线绘制,断面图形画在视图之内。当视图中的轮廓线与重合断面的图形重叠时,视图中的轮廓线仍应连续画出,不可间断,如图 6.69 所示。

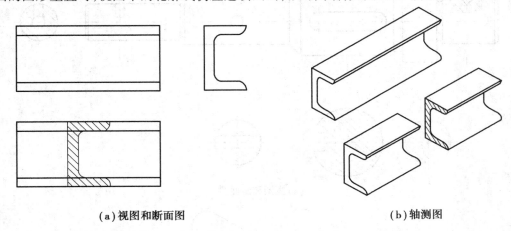

(a) 视图和断面图　　　　　　　　　　　(b) 轴测图

图 6.69　重合断面图

6.3.3　断面图的标注(GB/T 17452—1998、GB/T 4458.6—2002)

①一般应用大写的拉丁字母标注移出断面图的名称"×—×",在相应的视图上用剖切符号表示剖切位置(用粗短画线表示)和投射方向(用箭头表示),并标注相同的字母,如图 6.70 所示。剖切符号之间的剖切线(用细点画线表示)可省略不画。

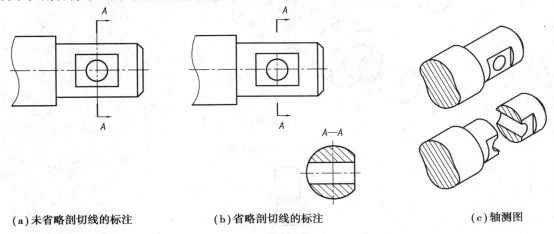

(a) 未省略剖切线的标注　　　　　　(b) 省略剖切线的标注　　　　　　(c) 轴测图

图 6.70　移出断面图的标注

②配置在剖切符号延长线上的不对称移出断面不必标注字母。不配置在剖切符号延长线上的对称移出断面以及按投影关系配置的移出断面图,一般不必标注箭头。配置在剖切符号延长线上的对称移出断面,不必标注字母和箭头,如图 6.71 所示。

③不对称的重合断面可省略标注,如图 6.69 所示。对称的重合断面及配置在视图中断处的对称移出断面不必标注,如图 6.72 所示。

169

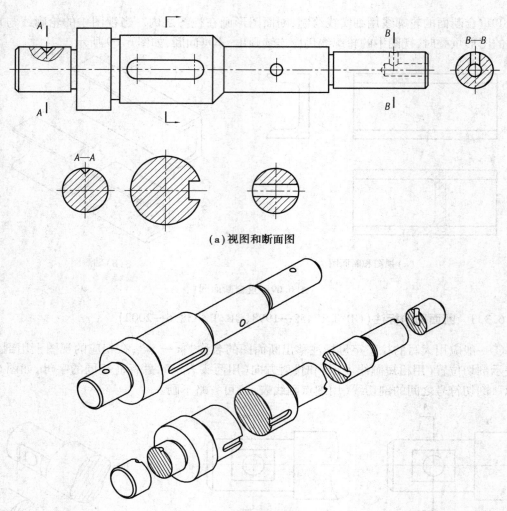

（a）视图和断面图

（b）轴测图

图 6.71　移出断面图

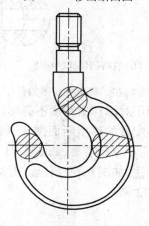

图 6.72　不必标注的重合断面图

6.4　其他视图表示法与简化表示法

机件除了上述表达的一些方法外,还有其他视图表示法和简化表示法。

6.4.1　其他视图表示法(GB/T 4458.1—2002)

1)相邻的辅助零件与特定区域

①相邻的辅助零件用细双点画线绘制。相邻的辅助零件不应覆盖主零件,必要时,可被主零件遮挡,且其断面不画剖画线,如图 6.73 所示。

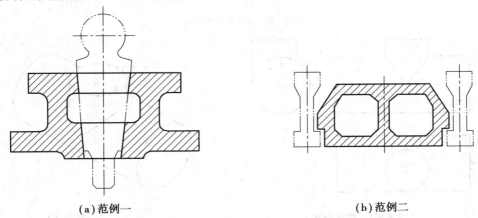

(a)范例一　　　　　　　　　　(b)范例二

图 6.73　相邻的辅助零件表示法

②当轮廓线无法明确绘制时,则其特定的封闭区域应用细双点画线绘制,如图 6.74 所示。

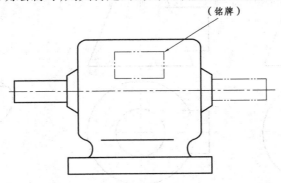

图 6.74　特定区域表示法

2)表面交线

①可见相贯线用粗实线绘制,不可见相贯线用细虚线绘制,如图 6.75 所示。

②相贯线的简化画法按国家标准《技术制图　简化表示法　第 1 部分:图样画法》(GB/T 16675.1—2012)的规定,在不引起误解时,图形中的相贯线或过渡线可以简化,如用圆弧或直线代替非圆曲线,如图 6.75(a)、图 6.76(a)所示,也可使用模糊画法表示相贯线,如图 6.76 (c)所示。但当使用简化画法会影响对图形的理解时,则应避免使用。

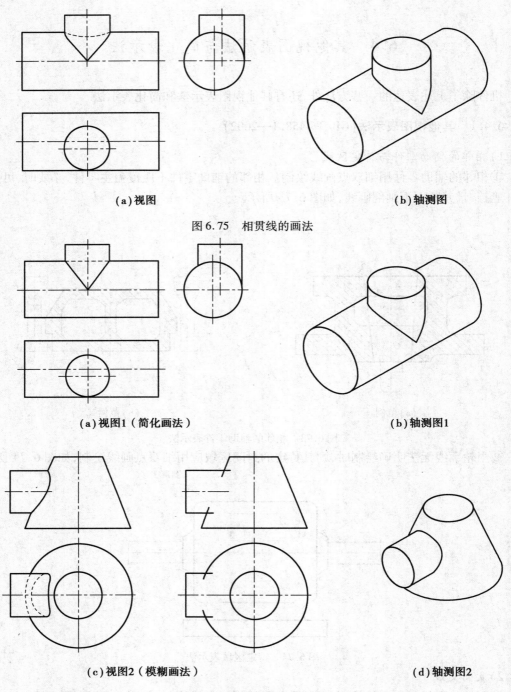

（a）视图　　　　　　　　　　　（b）轴测图

图 6.75　相贯线的画法

（a）视图1（简化画法）　　　　　　　（b）轴测图1

（c）视图2（模糊画法）　　　　　　　（d）轴测图2

图 6.76　相贯线的简化画法

③过渡线应用细实线绘制，且不宜与轮廓线相连，如图 6.77 所示。

3）平面画法

为了避免增加视图或剖视图，可用细实线绘出对角线表示平面，如图 6.78 所示。

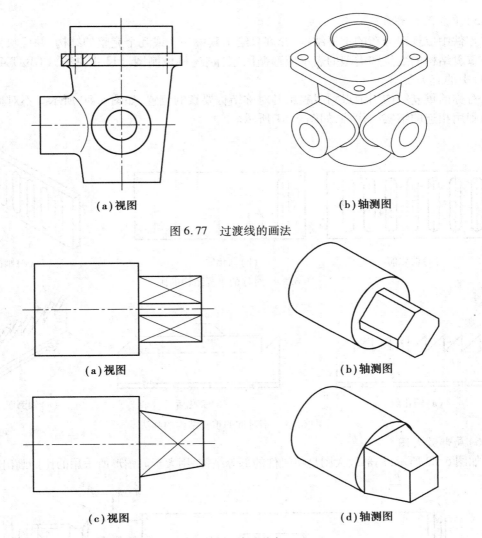

(a)视图　　　　　　　　　(b)轴测图

图 6.77　过渡线的画法

(a)视图　　　　　　　　　(b)轴测图

(c)视图　　　　　　　　　(d)轴测图

图 6.78　平面画法

4)断裂画法

较长的机件(轴、杆、型材、连杆等)沿长度方向的形状一致或按一定规律变化时,可断开绘制,其断裂边界用波浪线绘制,如图 6.79(a)所示。断裂边界也可用双折线或细双点画线绘制,如图 6.79(b)、(c)所示。

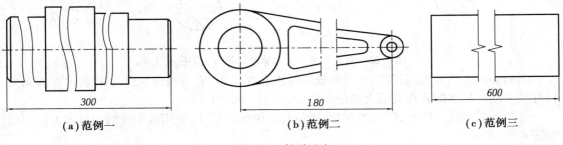

(a)范例一　　　　　　　(b)范例二　　　　　　　(c)范例三

图 6.79　断裂画法

5）重复结构要素

零件中成规律分布的重复结构，允许只绘出其中一个或几个完整的结构，并反映其分布情况。重复结构的数量和类型的表示应遵循国家标准《机械制图　尺寸注法》（GB/T 4458.4—2003）中的有关要求。

对称的重复结构用细点画线表示各对称结构要素的位置，如图 6.80 所示。不对称的重复结构则用相连的细实线代替，如图 6.81 所示。

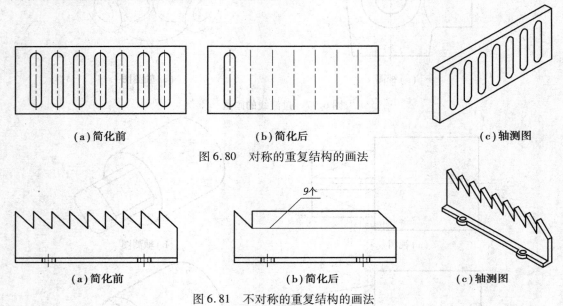

(a) 简化前　　　　　　(b) 简化后　　　　　　(c) 轴测图

图 6.80　对称的重复结构的画法

(a) 简化前　　　　　　(b) 简化后　　　　　　(c) 轴测图

图 6.81　不对称的重复结构的画法

6）局部放大图

如图 6.82 所示，局部放大图是将机件的部分结构，用大于原图形所采用的比例画出的图形。

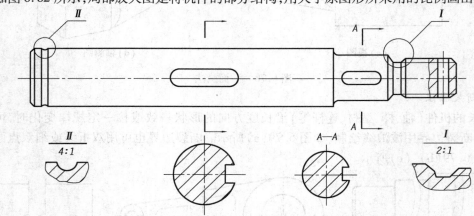

图 6.82　有几个被放大部分的局部放大图的画法

①局部放大图可画成视图，也可画成剖视图和断面图，它与被放大部分的表示方法无关。局部放大图应尽量配置在被放大部位的附近，如图 6.82 所示。

②绘制局部放大图时，除螺纹牙型、齿轮和链轮的齿形外，应用细实线圈出被放大的部位，如图 6.82 所示。

③当同一机件上有几个被放大的部分时，应用罗马数字依次标明被放大的部位，并在局部

放大图的上方标注出相应的罗马数字和所采用的比例,如图 6.82 所示。

④当机件上被放大的部分仅一个时,在局部放大图的上方只需注明所采用的比例,如图 6.83 所示。

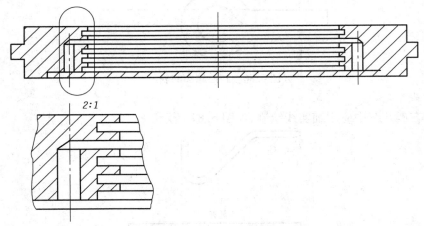

图 6.83　仅有一个被放大部分的局部放大图的画法

⑤同一机件上不同部位的局部放大图,当图形相同或对称时,只需画出一个,如图 6.84 所示。

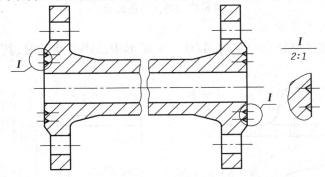

图 6.84　被放大部位图形相同的局部放大图的画法

⑥必要时可用几个图形来表达同一个被放大部位的结构,如图 6.85 所示。

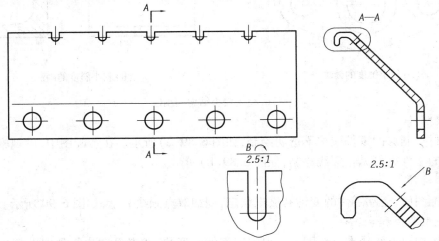

图 6.85　用几个图形来表达同一个被放大部位的局部放大图的画法

7）初始轮廓

当有必要表示零件成形前的初始轮廓时,应用细双点画线绘制,如图 6.86 所示。

图 6.86　初始轮廓的表示

8）弯折线

弯折线在展开图中应用细实线绘制,如图 6.87 所示。

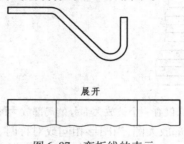

展开

图 6.87　弯折线的表示

9）较小斜度和锥度结构

机件上斜度和锥度等较小的结构,如在一个图形中已表达清楚时,其他图形可按小端画出,如图 6.88 所示。

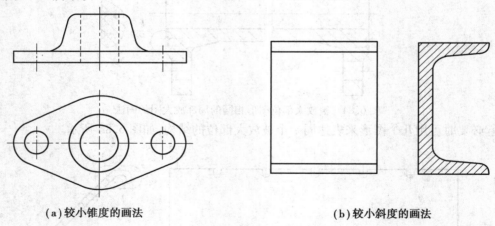

（a）较小锥度的画法　　　　　　　　　　（b）较小斜度的画法

图 6.88　较小结构的画法

10）透明件

透明材料制成的零件应按不透明绘制,如图 6.89（a）所示。在装配图中,供观察用的透明材料制成的零件按可见轮廓线绘制,如图 6.89（b）所示。

11）运动件

在装配图中,运动零件的变动和极限状态,用细双点画线表示,如图 6.90 所示。

12）成型零件和毛坯件

允许用细双点画线在毛坯图上画出完工零件的形状,或者在完工零件图上画出毛坯的形状,如图 6.91 所示。

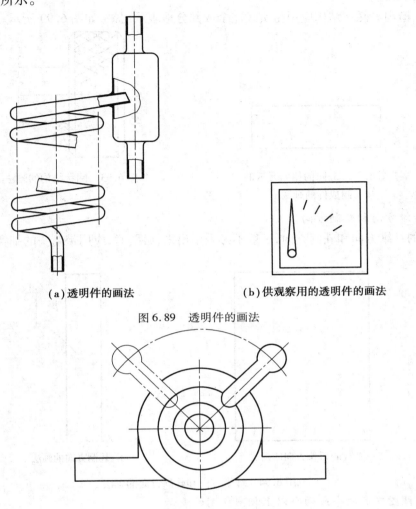

（a）透明件的画法　　　　　　　（b）供观察用的透明件的画法

图 6.89　透明件的画法

图 6.90　运动件的画法

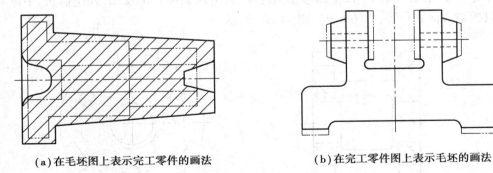

（a）在毛坯图上表示完工零件的画法　　　　（b）在完工零件图上表示毛坯的画法

图 6.91　成型零件和毛坯件的画法

13）分隔的相同元素的制成件

分隔的相同元素的制成件,可局部用细实线表示其组合情况,如图 6.92 所示。

14）网状结构

滚花、槽沟等网状结构应用粗实线完全或部分地表示出来，如图6.93所示。

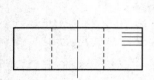

图6.92　分隔的相同元素的
制成件的画法

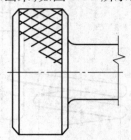

图6.93　网状结构的画法

15）纤维方向和轧制方向

材质的纤维方向和轧制方向，一般不必表示出来，必要时，应用带箭头的细实线表示，如图6.94所示。

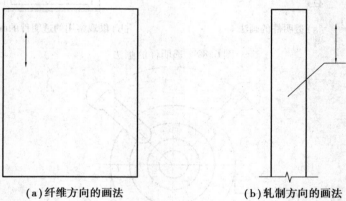

（a）纤维方向的画法　　　　　　　（b）轧制方向的画法

图6.94　纤维方向和轧制方向的画法

16）零件图中有两个或两个以上相同视图的表示

一个零件上有两个或两个以上图形相同的视图，可以只画一个视图，并用箭头、字母和数字表示其投射方向和位置，如图6.95和图6.96所示。

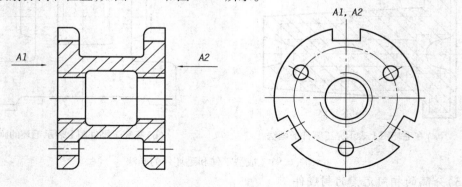

图6.95　两个相同视图的画法

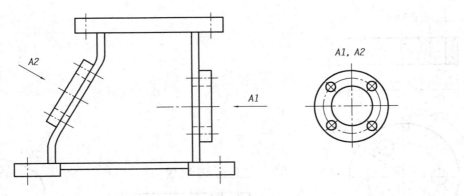

图 6.96 两个图形相同的局部视图和斜视图的画法

17) 镜像零件

对于左右手零件或装配件,可用一个视图表示,并按照国家标准《技术制图 简化表示法
第 1 部分:图样画法》(GB/T 16675.1—2012) 的有关规定在图形下方注写必要的说明,如图
6.97所示。

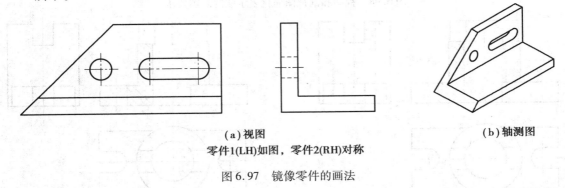

(a) 视图
零件1(LH)如图,零件2(RH)对称

(b) 轴测图

图 6.97 镜像零件的画法

6.4.2 简化表示法(GB/T 16675.1—2012)

简化表示法是由必要的主要结构要素和几何参数按比例表示图形的方法,也可单独采用
符号、字母或文字表示。简化表示法由简化画法和简化注法组成。

为了使画图简便,在《技术制图 简化表示法 第 1 部分:图样画法》(GB/T 16675.1—
2012)中规定了技术图样使用的通用简化画法。这些简化画法适用于由手工或计算机绘制的
技术图样及有关技术文件。

1) 简化表示法的总体原则

①简化画法必须保证不致引起误解和不会产生理解的多义性。在此前提下,应力求制图
简便。

②简化画法应便于识读和绘制,注重简化的综合效果。

③简化画法在考虑便于手工制图和计算机制图的同时,还要考虑缩微制图的要求。

2) 简化表示法的基本要求

①应避免不必要的视图和剖视图,如图 6.98 所示。

②在不致引起误解时,应避免使用虚线表示不可见的结构,如图 6.99 所示。

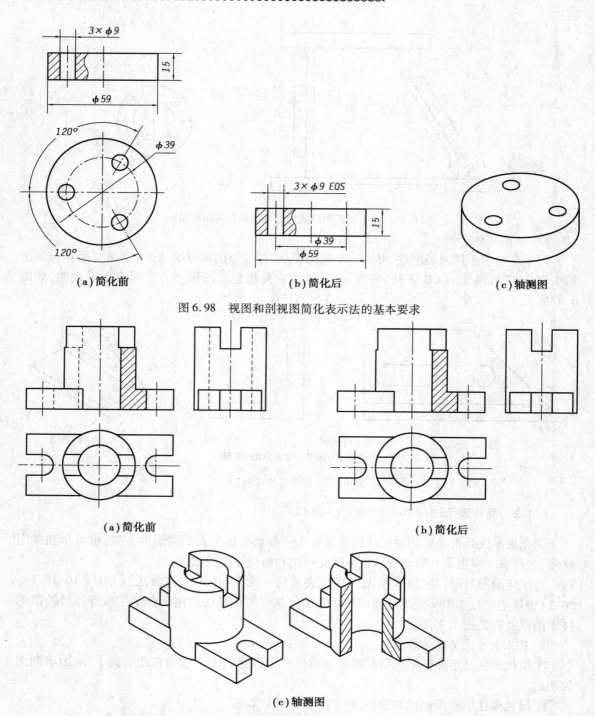

（a）简化前　　　　　　　　　　（b）简化后　　　　　　　　　　（c）轴测图

图 6.98　视图和剖视图简化表示法的基本要求

（a）简化前　　　　　　　　　　　　　　　　　（b）简化后

（c）轴测图

图 6.99　避免使用虚线表示不可见结构

③应尽可能地使用有关标准中规定的符号来表示设计要求，如图 6.100 所示。

3）技术图样中通用的简化画法

①在局部放大图表达完整的情况下，允许在原视图中简化被放大部位的图形，如图 6.101 所示。

180

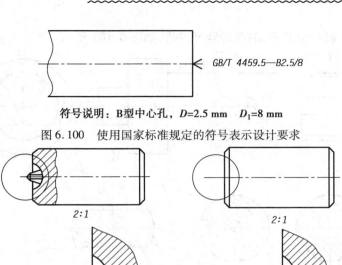

符号说明：B型中心孔，D=2.5 mm　D_1=8 mm

图 6.100　使用国家标准规定的符号表示设计要求

2:1　　　　　　　　　　　　　2:1

（a）简化前　　　　　　　　　　　（b）简化后

图 6.101　局部放大图的简化画法

②在需要表示位于剖切平面前的结构时,这些结构可假想地用双点画线绘制,如图 6.102 所示。

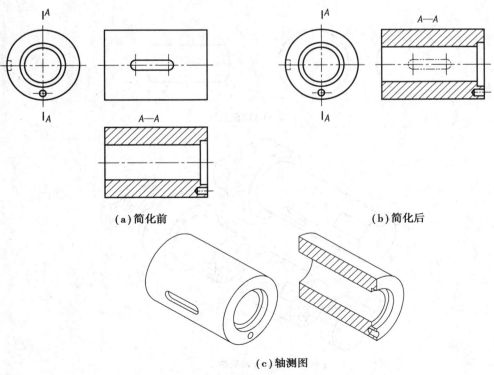

（a）简化前　　　　　　　　　　　　（b）简化后

（c）轴测图

图 6.102　剖切平面前的结构假想画法

181

③在不引起误解的情况下,剖面符号可省略,如图6.103所示。

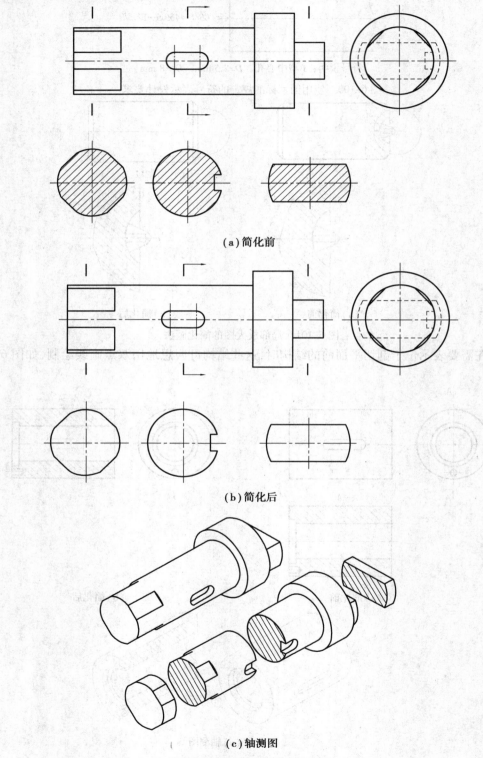

(a)简化前

(b)简化后

(c)轴测图

图6.103　省略剖面符号的画法

④在零件图中,可用涂色代替剖面符号,如图 6.104 所示。

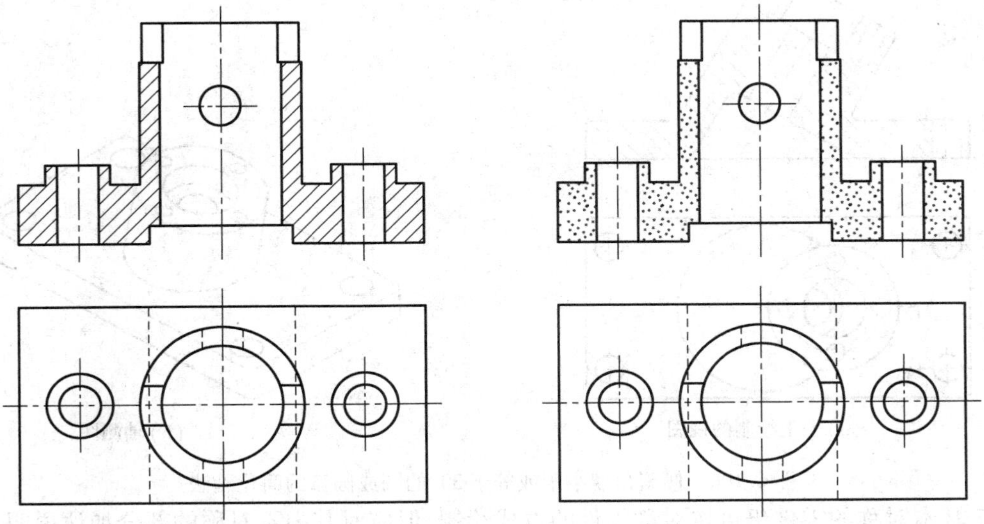

(a)简化前　　　　　　　　　　**(b)简化后**

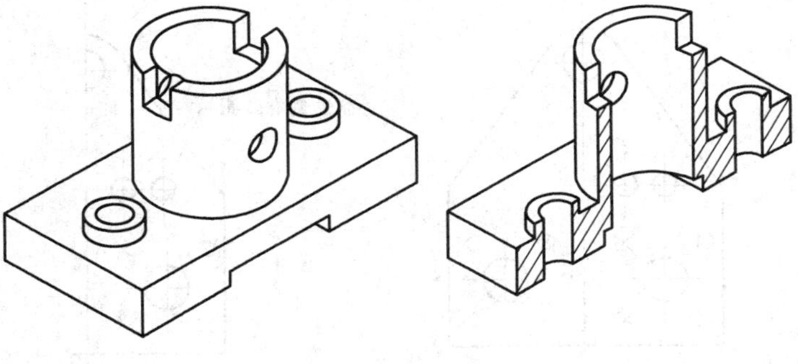

(c)轴测图

图 6.104　涂色代替剖面符号的简化画法

⑤在剖视图的剖面区域中,可再作一次局部剖视。采用这种方法表示时,两个剖面区域的剖面线应同方向、同间隔,但要互相错开,并用指引线标注其名称,如图 6.105 所示。

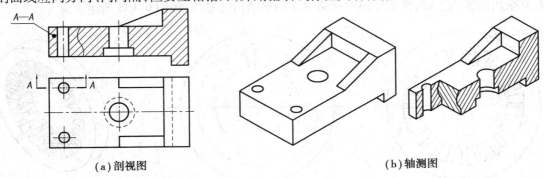

(a)剖视图　　　　　　　　　　　**(b)轴测图**

图 6.105　在剖视图的剖面区域中作局部剖视

⑥与投影面倾斜角度小于或等于 30°的圆或圆弧,手工绘图时,其投影可用圆或圆弧代替,如图 6.106 所示。

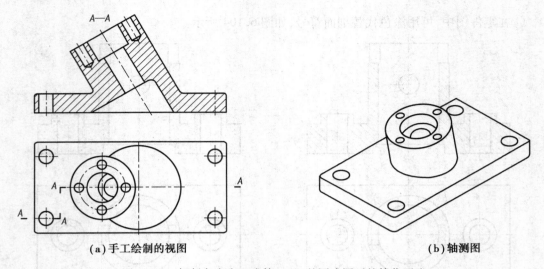

（a）手工绘制的视图　　　　　　　　　　（b）轴测图

图 6.106　倾斜角度小于或等于 30°的圆或圆弧的简化画法

⑦基本对称的零件仍可按对称零件的方式绘制,但应对其中不对称的部分加注说明,如图 6.107 所示。

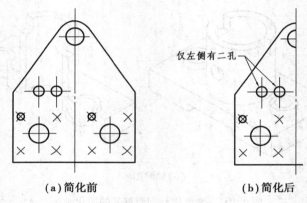

（a）简化前　　　　　　　　　　（b）简化后

图 6.107　基本对称零件的简化画法

⑧当机件具有若干相同结构(如齿、槽等),并按一定规律分布时,只需画出几个完整的结构,其余用细实线连接,在零件图中则必须注明该结构的总数,如图 6.108 所示。

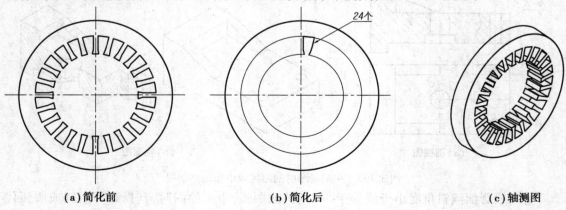

（a）简化前　　　　　　　（b）简化后　　　　　　（c）轴测图

图 6.108　相同结构的简化画法

⑨若干相同且成规律分布的孔,可以仅画出一个或少量几个,其余只需用细点画线或"-⊕-"表示其中心位置,如图6.109所示。

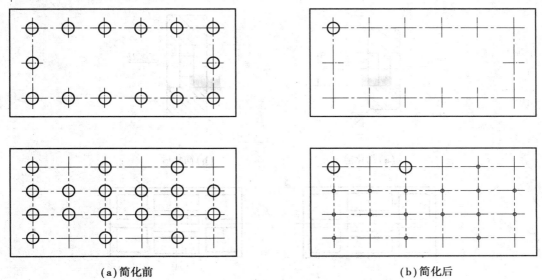

(a)简化前　　　　　　　　　　　　(b)简化后

图6.109　直径相同且成规律分布的孔结构的简化画法

⑩当机件较小的结构及斜度等已在一个图形中表达清楚时,其他图形应简化或省略,如图6.110所示。

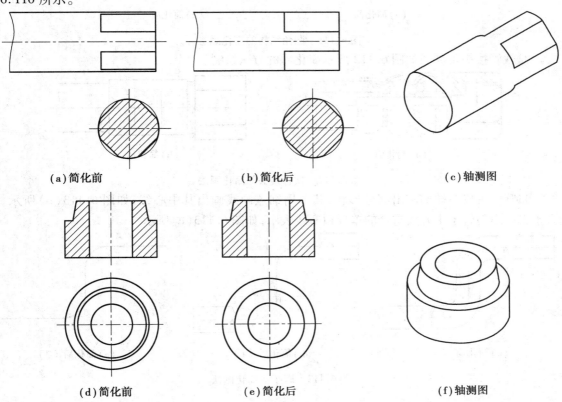

(a)简化前　　　　(b)简化后　　　　(c)轴测图

(d)简化前　　　　(e)简化后　　　　(f)轴测图

图6.110　较小的结构及斜度的简化画法

185

⑪除确属需要表示的某些结构圆角外,其他圆角在零件图中均可不画,但必须注明尺寸,或在技术要求中加以说明,如图 6.111 所示。

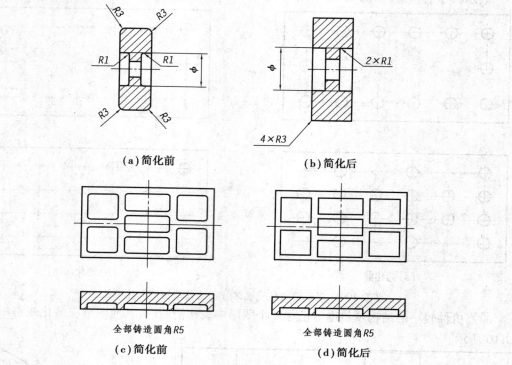

(a)简化前　　　　　　　　　　(b)简化后

全部铸造圆角 R5　　　　　　　　　　全部铸造圆角 R5

(c)简化前　　　　　　　　　　(d)简化后

图 6.111　圆角结构的简化画法

⑫软管接头可参照如图 6.112 所示简化后的方法绘制。

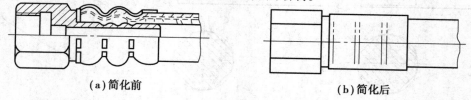

(a)简化前　　　　　　　　　　(b)简化后

图 6.112　软管接头的简化画法

⑬管子可仅在端部画出部分形状,其余用细点画线画出其中心线,如图 6.113(b)所示。管子也可用与管子中心线重合的单根粗实线表示,如图 6.113(c)所示。

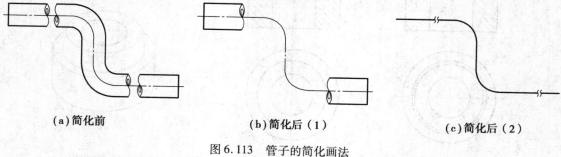

(a)简化前　　　　　(b)简化后（1）　　　　　(c)简化后（2）

图 6.113　管子的简化画法

4）机械图样中常用的简化画法

①在剖视图中,类似牙嵌式离合器的齿等相同结构可按图 6.114 表示。

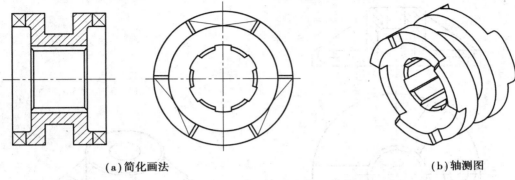

（a）简化画法　　　　　　　　　　　　　　（b）轴测图

图 6.114　牙嵌式离合器的齿结构的简化画法

②对于机件的肋、轮辐及薄壁等,如按纵向剖切,这些结构都不画剖面符号,而用粗实线将它与其邻接部分分开,如图 6.115 所示。

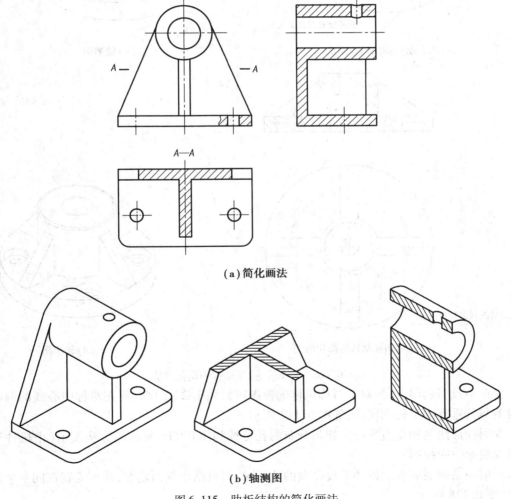

（a）简化画法

（b）轴测图

图 6.115　肋板结构的简化画法

③当零件回转体上均匀分布的肋、轮辐、孔等结构不处于剖切平面上时,可将这些结构旋转到剖切平面上画出,如图 6.116 所示。

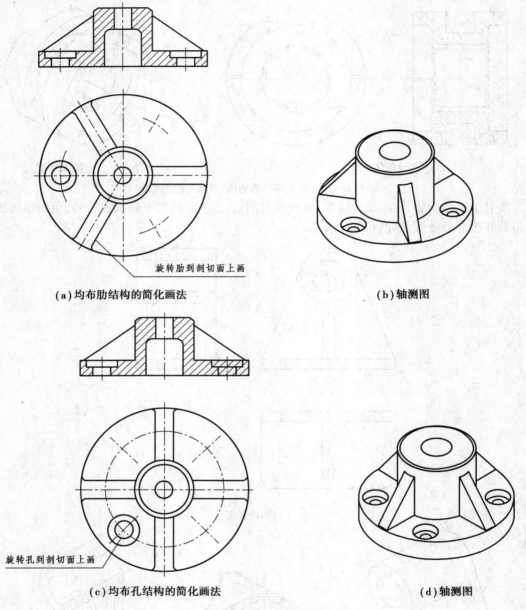

(a)均布肋结构的简化画法   (b)轴测图

(c)均布孔结构的简化画法   (d)轴测图

图 6.116 均布肋、孔等结构的简化画法

④在不致引起误解时,对于对称机件的视图可只画 1/2 或 1/4,并在对称中心线的两端画出两条与其垂直的平行细实线,如图 6.117 所示。

⑤圆柱形法兰和类似零件上均匀分布的孔可按如图 6.118 所示的方法表示(由机件外向该法兰端面方向投影)。

⑥用一系列剖面表示机件上较复杂的曲面时,可只画出剖面轮廓,并可配置在同一个位置上,如图 6.118 所示。

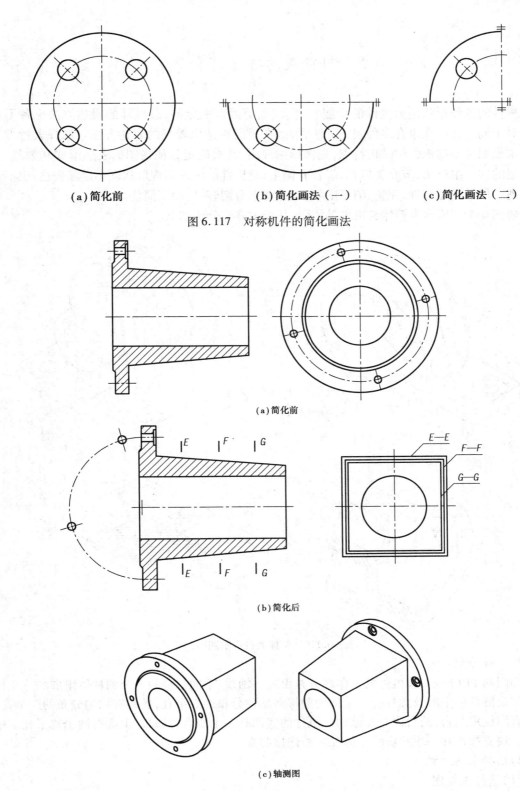

（a）简化前　　　　　（b）简化画法（一）　　　　（c）简化画法（二）

图 6.117　对称机件的简化画法

（a）简化前

（b）简化后

（c）轴测图

图 6.118　圆柱形法兰上均布孔的简化画法

6.5　机件表达方法综合举例

机件的各种形状是由机件的功能、工作位置等因素决定的,故机件的表达方法也各不相同。对于同一种机件也有多种表达方法,关键在于能否选出较好的表达方法。选择表达方法的基本原则是根据机件的结构特点,先选择主视图,其次确定其他视图的表达形式和数量,对于选定的这一组视图,应互为依托,又各有侧重,对机件的内外结构形状既不遗漏表达,也不重复出现。尽量满足合理、完整、清晰的要求,并力求看图容易,绘图简便。

如图 6.119 所示为箱体类机件轴测图,其表示方法分析如下。

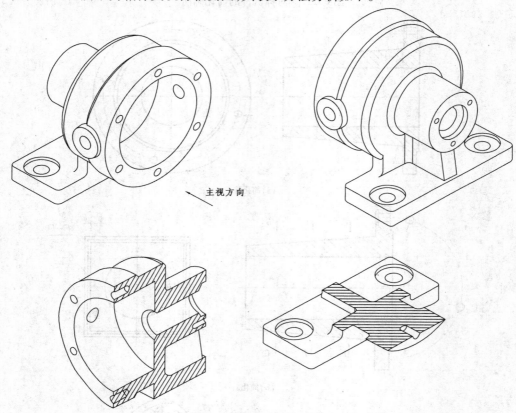

图 6.119　箱体类机件轴测图

1)形体分析

如图 6.119 所示,该机件的主体部分是由同一轴线、不同直径的 3 个圆柱体组成的。主体的内部是圆柱形空腔及圆柱孔。主体的前端有均匀分布的 6 个孔,后端有均匀分布的 3 个孔。两侧有圆柱形凸台,凸台内有孔结构。机件的底部是一个四棱柱底板,上面有两个锪平孔。中间有一块支撑板和一块肋板将主体和底板连接起来。

2)选择表达方案

(1)选择主视图

通常选择最能反映机件特征的投射方向作为主视图的方向。该机件可以选择如图 6.119

所示的箭头方向作为主视图的投影方向。

（2）选择其他视图

主视图确定以后，应根据机件特点全面考虑所需要的其他视图。

①俯视图采用全剖视图，主要表达支撑板、肋板和底板的形状，以及底板上锪平孔的分布情况。

②右视图采用全剖视图，既表达了机件的内腔形状，又表达了机件各组成部分的相对位置关系。

③选择 K 向局部视图，表达了机件后端面上 3 个小孔的分布情况。

如图 6.120 所示，采用以上 4 个图形就能完整、清晰地表达出机件的内外结构形状。

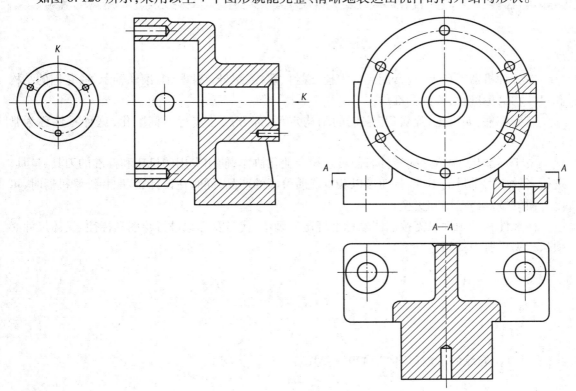

图 6.120　箱体类机件表达方法

第 **7** 章
标准件和常用件

在各种机器设备上,经常用到如螺栓、螺钉、螺柱、螺母、垫圈、销、滚动轴承等,它们的结构和尺寸均已标准化,称为标准件。

有些零件,如齿轮、弹簧等,它们的结构定型、部分尺寸实行了标准化,这种零件称为常用件。

由于标准化,制造这些零件时便可组织专业化协作,使用专用的机床和标准的刀具、量具,进行高效率大批量的生产,从而可以获得优质价廉的产品,同时在设计、装配和维修机器时,可以方便的按规格选用和更换。

标准件和常用件只需按照国家标准规定的画法、代号及标记进行绘图和标注,具体尺寸必须从相关手册中查阅。

7.1 螺 纹

7.1.1 **螺纹的形成**(GB/T 14791—2013)

1)螺旋线

(1)螺旋线的定义

如图 7.1 所示,螺旋线是沿着圆柱或圆锥表面运动点的轨迹,同时该点的轴向位移与相应角位移成定比。

(2)螺旋线导程(P_h-米制螺纹、L-寸制螺纹)

螺旋线导程是在同一条螺旋线上,位置相同、相邻的两对应点间的轴向距离。即一个点沿着螺旋线旋转一周所对应的轴向距离,如图 7.1 所示。

(3)螺旋线导程角(φ-米制螺纹、λ-寸制螺纹)

螺旋线导程角是螺旋线的切线与垂直于螺旋线轴线平面间的夹角,如图 7.1 所示。对米制螺纹,其计算式为 $\tan \varphi = P_h / 2\pi r$。对寸制螺纹,其计算式为 $\tan \lambda = L / 2\pi r$。对圆锥螺旋线,其不同轴线位置处的螺旋线导程角是不同的。

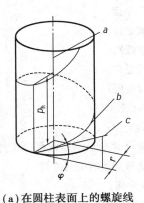

螺旋线参数说明：

a——螺旋线的轴线；

b——圆柱形螺旋线；

c——圆柱形螺旋线的切线；

d——圆锥形螺旋线；

e——圆锥形螺旋线的切线。

（a）在圆柱表面上的螺旋线　　　　（b）在圆锥表面上的螺旋线

图 7.1

2）螺纹

（1）螺纹

螺纹是在圆柱或圆锥表面上，具有相同牙型、沿螺旋线连续凸起的牙体。

（2）圆柱螺纹

在圆柱表面上所形成的螺纹称为圆柱螺纹，如图 7.2 所示。

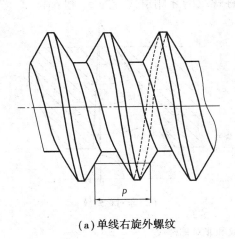
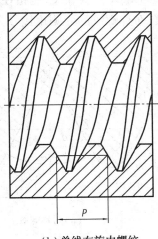

（a）单线右旋外螺纹　　　　　　　（b）单线右旋内螺纹

图 7.2　圆柱螺纹

（3）圆锥螺纹

在圆锥表面上所形成的螺纹，如图 7.3 所示。

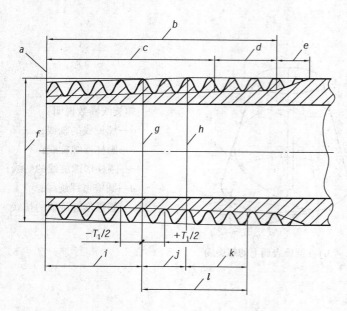

参数说明：

a—参照平面；

b—有效螺纹；

c—完整螺纹；

d—不完整螺纹；

e—螺纹收尾；

f—基准直径（*d*）；

g—基准平面；

h—手旋合时最小实体内螺纹工件端
面能够到达的轴向位置；

i—基准距离；

j—与内螺纹正公差相等的余量；

k—扳紧余量；

l—装配余量。

图 7.3 圆锥螺纹

（4）对称螺纹、非对称螺纹

对称螺纹是指相邻牙侧角相等的螺纹，如图 7.4(a) 所示。非对称螺纹是指相邻牙侧角不相等的螺纹，如图 7.4(b) 所示。

其中牙侧角 β（米制螺纹）是指在螺纹牙型上，一个牙侧与垂直于螺纹轴线平面间的夹角。对寸制螺纹，对称螺纹的牙侧角代号为 α，非对称螺纹的牙侧角代号为 α_1 和 α_2。

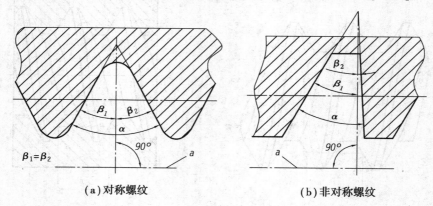

（a）对称螺纹　　　　　　　　　　　（b）非对称螺纹

图 7.4 对称螺纹和非对称螺纹

（5）外螺纹、内螺纹

外螺纹是在圆柱或圆锥外表面上所形成的螺纹，如图 7.2(a) 所示。

内螺纹是在圆柱或圆锥内表面上所形成的螺纹，如图 7.2(b) 所示。

内外螺纹成对使用，可用于各种机械连接，传递运动和动力。

（6）单线螺纹、多线螺纹

单线螺纹是指只有一个起始点的螺纹，如图 7.5(a) 所示。单线螺纹的螺距（P）等于导程（P_h）。

多线螺纹是指具有两个或两个以上起始点的螺纹,如图7.5(b)所示。多线螺纹的螺距(P)等于导程(P_h)除以线数。

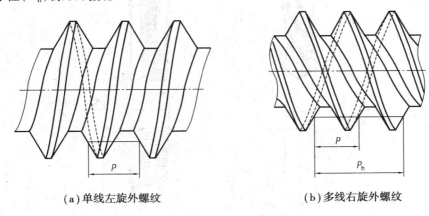

(a)单线左旋外螺纹　　　　　　　　(b)多线右旋外螺纹

图7.5　单线螺纹和多线螺纹

(7)右旋螺纹、左旋螺纹

右旋螺纹(RH)是指顺时针旋转时旋入的螺纹,如图7.2、图7.5(b)所示。

左旋螺纹(LH)是指逆时针旋转时旋入的螺纹,如图7.5(a)所示。

(8)引导螺纹

引导螺纹是指在螺纹旋入端的螺纹,其牙底完整,而牙顶不完整。

7.1.2　螺纹的加工方法

螺纹是根据螺旋线的原理加工而成的,加工螺纹的方法有很多,其中,图7.6是车削内、外螺纹的情形。

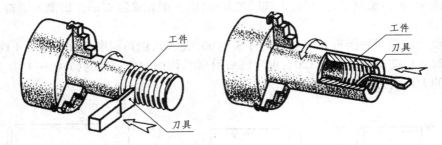

图7.6　车削螺纹

对于较小的内螺纹,一般是先用钻头钻孔,再用丝锥攻出螺纹,如图7.7所示。钻孔时钻头头部形成的锥坑,其锥角按120°绘制。

7.1.3　螺纹收尾、肩距、退刀槽和倒角结构(GB/T 14791—2013、GB/T 3—1997、GB/T 32535—2016、GB/T 32537—2016)

基本术语如下:

(1)螺纹收尾

螺纹收尾简称螺尾,它是由切削刀具的倒角或退出所形成的牙底不完整的螺纹,如图7.3、图7.7、图7.8(a)所示。

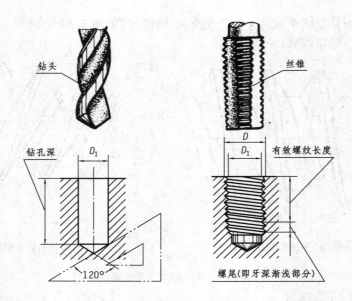

图 7.7 用丝锥攻制内螺纹

（2）肩距

外螺纹的肩距为轴肩到螺纹之间的距离；内螺纹（不贯通的螺孔）的肩距为钻孔深度与螺孔深度之差，如图 7.8（b）、图 7.9（a）所示。

（3）退刀槽

为了消除螺纹收尾，在螺纹终止处作出比螺纹稍深的槽，称为退刀槽，如图 7.8（c）、图 7.9（b）所示。

（4）倒角

为了便于内、外螺纹旋合，并防止端部螺纹碰伤，一般在螺纹端部作出倒角结构，如图 7.8、图 7.9 所示。

外螺纹始端端面的倒角为 45°，也允许采用 60° 或 30°，倒角深度应大于或等于螺纹牙型高度。内螺纹入口端面的倒角为 120°，也允许采用 90°，端面倒角直径为 $(1.05 \sim 1)D$，其中参数 D 是螺纹的大径或公称直径。

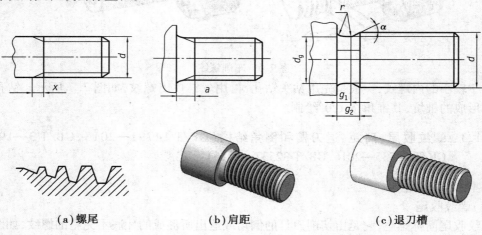

（a）螺尾　　　　　　（b）肩距　　　　　　（c）退刀槽

图 7.8 外螺纹的螺尾、肩距和退刀槽

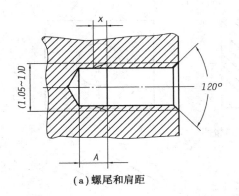

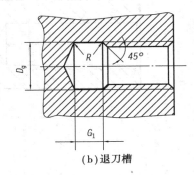

（a）螺尾和肩距　　　　　　　　　（b）退刀槽

图7.9　内螺纹的螺尾、肩距和退刀槽

相关国家标准

螺纹的基本术语及其定义

常用标准螺纹的标记

7.1.4　螺纹的表示法（GB/T 4459.1—1995）

1）螺纹的基本表示法

①螺纹牙顶圆的投影用粗实线表示，牙底圆的投影用细实线表示，在螺杆的倒角或倒圆部分也应画出，如图7.10和图7.11所示。

在垂直于螺纹轴线的投影面的视图中，表示牙底圆的细实线只画约3/4圈（空出约1/4圈的位置不作规定），此时，螺杆或螺孔处的倒角投影不应画出，如图7.10和图7.11所示。

在垂直于螺纹轴线的投影面的视图中，需要表示部分螺纹时，牙底圆的细实线也应适当空出一段，如图7.12所示。

②有效螺纹的终止界线（简称"螺纹终止线"）用粗实线表示，外螺纹终止线的画法如图7.10所示；内螺纹终止线的画法如图7.11所示。

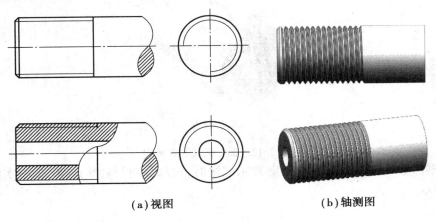

（a）视图　　　　　　　　　　（b）轴测图

图7.10　外螺纹的表示法

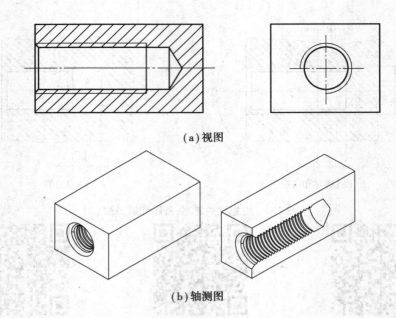

（a）视图

（b）轴测图

图 7.11　内螺纹的表示法

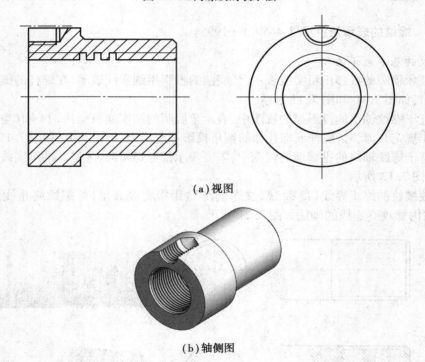

（a）视图

（b）轴侧图

图 7.12　部分螺纹的表示法

③螺尾部分一般不必画出,当需要表示螺尾时,该部分用与轴线成 30° 的细实线画出,如图 7.13 所示。

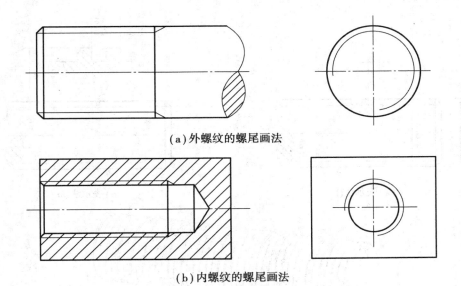

（a）外螺纹的螺尾画法

（b）内螺纹的螺尾画法

图 7.13　螺尾的表示法

④不可见螺纹的所有图线用虚线绘制，如图 7.14 所示。

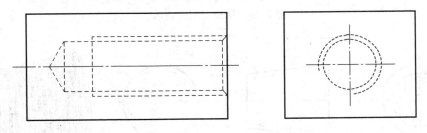

图 7.14　不可见螺纹的表示法

⑤无论是外螺纹还是内螺纹，在剖视图中的剖面线都应画到粗实线为止，如图 7.10 和图 7.11 所示。

⑥绘制不穿通的螺孔时，一般应将钻孔深度与螺纹部分的深度分别画出，如图 7.11 所示。

⑦当需要表示螺纹牙型时，可按图 7.12 和图 7.15 所示的形式绘制。

2）圆锥螺纹的表示法

圆锥外螺纹和圆锥内螺纹的表示法如图 7.16 所示。

3）螺纹连接的表示法

以剖视图表示内外螺纹的连接时，其旋合部分应按外螺纹的画法绘制，其余部分仍按各自的画法表示，如图 7.17 所示。

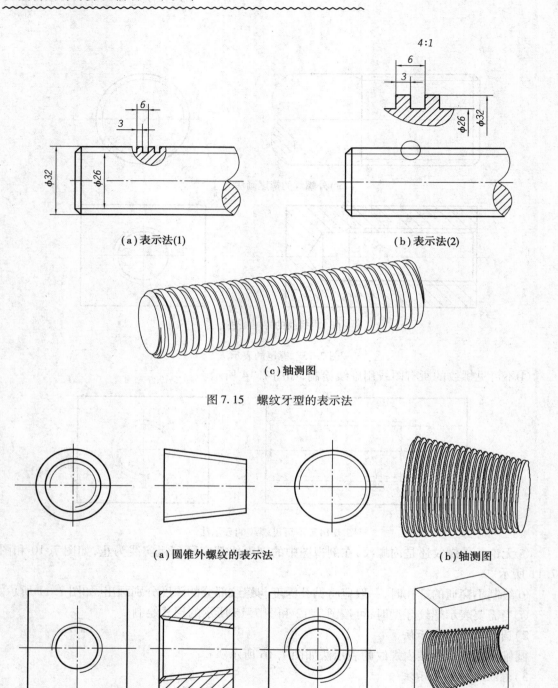

（a）表示法(1) 　　　　　　　　　（b）表示法(2)

（c）轴测图

图 7.15　螺纹牙型的表示法

（a）圆锥外螺纹的表示法 　　　　　　　　　（b）轴测图

（c）圆锥内螺纹的表示法 　　　　　　　　　（d）轴测图

图 7.16　圆锥螺纹的表示法

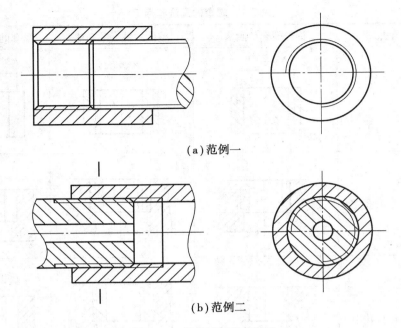

(a)范例一

(b)范例二

图 7.17　螺纹连接的表示法

7.1.5　螺套的画法和标记(GB/T 4459.1—1995)

①常用的螺套有钢丝螺套[图 7.18(a)]和整体式螺套[图 7.18(b)]等,其画法与一般螺纹件的画法相同。钢丝螺套的画法如图 7.18(a)所示,整体式螺套的画法如图 7.18(b)所示。

(a)钢丝螺套　　　　　　　　　(b)整体式螺套

图 7.18　螺套

②在不致引起误解的情况下,钢丝螺套和整体式螺套均可采用简化表示法,见表 7.1 之 3。

③螺套的标记通常由螺纹代号和缩写词"INS"(指螺套)组成。

示例:M30×1.5 INS

螺套标记的标注示例见表 7.1。若不需说明螺套的详细尺寸规格时,也可只标注缩写词"INS"。

表 7.1　螺套的画法和标记

螺套的画法		钢丝螺套的画法	整体式螺套的画法	螺套的简化表示法
螺套		*M30×1.5*	*M30×1.5*	*M30×1.5 INS*
螺套的旋合	在通孔中			*INS*
	在盲孔中			*M30×1.5 INS*
螺套的装配	在通孔中			1 2 3 4
	在盲孔中			

7.2　常用紧固件及连接

常用紧固件及连接,一般是利用一对内、外螺纹的连接作用来连接或紧固一些零件,是工程上应用最广泛的连接方式,属于可拆连接。常用紧

螺纹和螺纹副
的标注方法

固件包括螺栓、螺钉、双头螺柱、螺母、垫圈、开口型平圆头抽芯铆钉和轴用弹性挡圈等,如图
7.19 所示。

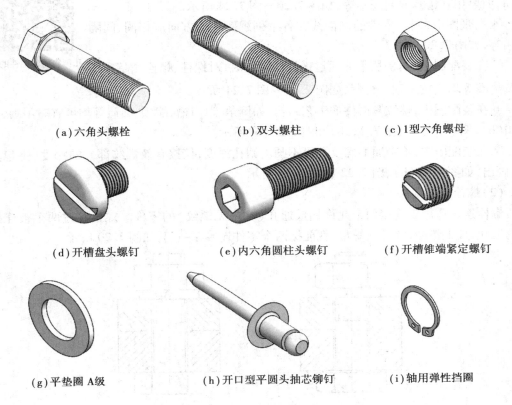

(a)六角头螺栓   (b)双头螺柱   (c)1型六角螺母

(d)开槽盘头螺钉   (e)内六角圆柱头螺钉   (f)开槽锥端紧定螺钉

(g)平垫圈 A级   (h)开口型平圆头抽芯铆钉   (i)轴用弹性挡圈

图 7.19 常用的紧固件

7.2.1 常用紧固件的画法

常用紧固件有螺栓、螺柱、螺母、螺钉、垫圈、铆钉和挡圈等,这些零件均
已标准化,它们各部分的结构和尺寸都可从有关国家标准中查出。紧固件
通常由专业工厂成批生产,不单独制造,使用时可直接按规格购买。因此,
熟练使用国家标准查询常用紧固件的结构形式及画法是很重要的。

1)查表画法

在画图时,紧固件各部分的尺寸可从对应的国家标准中直接查出,这种
按查表获得紧固件尺寸的画图方法称为查表画法。下面介绍几种常用紧固件的查表画法,详
细内容见二维码。

螺栓、螺钉和螺柱
的公称长度和
螺纹长度

2)螺纹紧固件在装配图中的画法(GB/T 4459.1—1995)

(1)一般规定

如图 7.20—图 7.24 所示,常用螺纹紧固件的连接形式有螺栓连接、双
头螺柱连接、螺钉连接等。螺纹紧固件连接画法的一般规定如下:

①相邻两零件表面接触时,只画一条粗实线,如图 7.20—图 7.24 所示。

②两零件表面不接触时,应画成两条线,如间隙太小,可夸大画出,如图

紧固件的标记方法

7.20—图 7.24 所示。

③在剖视图中,相邻两个被连接件的剖面线方向应相反,必要时也可相同,但要相互错开或间隔不等,如图 7.20—图 7.24 所示。

④一张图上,同一零件的剖面线在各个剖视图中的方向应相同、间隔应相等,如图 7.20—图 7.24 所示。

几种常见紧固件的画法

⑤在装配图中,当剖切平面通过螺杆的轴线时,对螺柱、螺栓、螺钉、螺母及垫圈等均应按未剖切绘制,如图 7.20 ~ 图 7.24 所示。

⑥在装配图中,螺纹紧固件的工艺结构,如倒角、退刀槽、缩颈、凸肩等均可省略不画,如图 7.20(b)、图 7.21(b)、图 7.22(b)和图 7.23(b)所示。

⑦在装配图中,不穿通的螺纹孔可不画出钻孔深度,仅按有效螺纹部分的深度(不包括螺尾)画出,如图 7.21(b)、图 7.22 和图 7.23 所示。

(2)螺栓连接画法

螺栓连接适用于连接两个允许钻成通孔(孔内无螺纹)的零件。螺栓穿过两个被连接件上的通孔,加上垫圈,并拧紧螺母,就能把两个零件连接在一起,如图 7.20 所示。

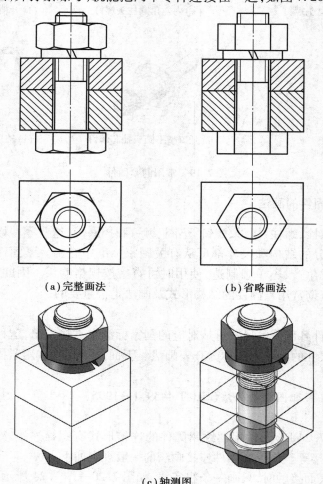

(a)完整画法　　　　　　　　(b)省略画法

(c)轴测图

图 7.20　螺栓连接画法

（3）螺柱连接画法

螺柱连接常用于被连接件之一不能加工成通孔的情况。较薄的被连接件加工成通孔,较厚的被连接件加工成螺孔。其连接由螺柱、螺母、垫圈组成,如图7.21所示。

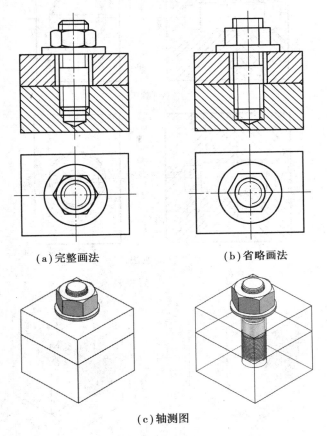

（a）完整画法　　　　　　　　（b）省略画法

（c）轴测图

图7.21　双头螺柱连接画法

（4）螺钉连接画法

螺钉连接的适用情况与螺柱连接类似,但不用螺母,把两个被连接件之一加工成螺孔,而另一较薄的连接件加工成通孔。

螺钉按用途可分为连接螺钉和紧定螺钉两种。连接螺钉用于连接不经常拆卸和受力较小的零件,如图7.22和图7.23所示。紧定螺钉用于固定两个零件的相对位置,使它们不产生相对运动,如图7.24所示。

（5）螺栓、螺钉的头部及螺母等简化画法

在装配图中,常用螺栓、螺钉的头部及螺母等也可采用表7.2所列的简化画法,如图7.20(b)、图7.21(b)所示。

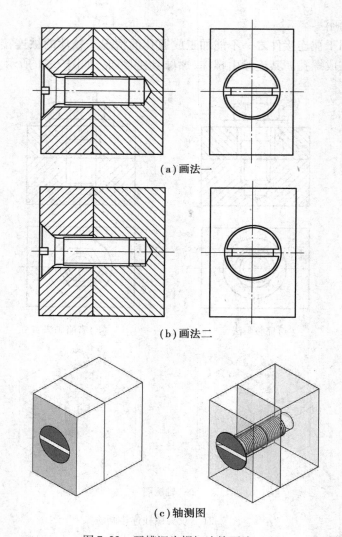

（a）画法一

（b）画法二

（c）轴测图

图 7.22　开槽沉头螺钉连接画法

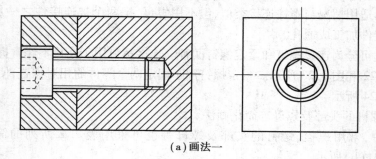

（a）画法一

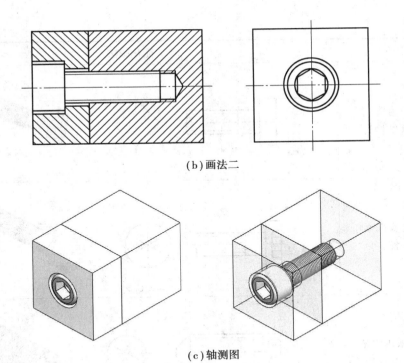

(b) 画法二

(c) 轴测图

图 7.23　内六角圆柱头螺钉连接画法

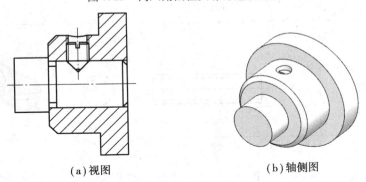

(a) 视图　　　　　　　　(b) 轴侧图

图 7.24　开槽锥端紧定螺钉连接画法

表 7.2　常用螺栓、螺钉的头部及螺母的简化画法

（摘自 GB/T 4459.1—1995）

序号	形式	简化画法		
1	六角头（螺栓）			

续表

序号	形式	简化画法
2	方头 （螺栓）	
3	圆柱头内六角 （螺钉）	
4	无头内六角 （螺钉）	
5	无头开槽 （螺钉）	
6	沉头开槽 （螺钉）	
7	半沉头开槽 （螺钉）	

续表

序号	形式	简化画法
8	圆柱头开槽 （螺钉）	
9	盘头开槽 （螺钉）	
10	沉头开槽 （自攻螺钉）	
11	六角 （螺母）	
12	方头 （螺母）	
13	六角开槽 （螺母）	

续表

序号	形式	简化画法		
14	六角法兰面 （螺母）			
15	蝶形 （螺母）			
16	沉头十字槽 （螺钉）			
17	半沉头十字槽 （螺钉）			
18	盘头十字槽 （螺钉）			
19	六角法兰面 （螺栓）			
20	圆头十字槽 （木螺钉）			

7.3　键

键是标准件,是指机械传动中的键,主要用作轴和轴上零件之间的周向固定以传递扭矩,有些键还可实现轴上零件的轴向固定或轴向移动。如图 7.25 所示,通常在轮和轴上分别加工出键槽,再将键装入键槽内,则可实现轮和轴的共同转动。

（a）三维装配图　　　　　　　　　　　（b）三维爆炸视图

图 7.25　普通型平键的联结

键分为平键、半圆键、楔键、切向键和花键等。键的结构形式、规格尺寸及键槽尺寸等都可从相关国家标准中查得。与键相关的主要国家标准如下:

①《GB/T 1096—2003 普通型 平键》;

②《GB/T 1095—2003 平键 键槽的剖面尺寸》;

③《GB/T 1099.1—2003 普通型 半圆键》;

④《GB/T 1098—2003 半圆键 键槽的剖面尺寸》;

⑤《GB/T 1564—2003 普通型 楔键》;

⑥《GB/T 1565—2003 钩头型 楔键》;

⑦《GB/T 1563—2017 楔键 键槽的剖面尺寸》;

⑧《GB/T 1974—2003 切向键及其键槽》;

⑨《GB/T 16922—1997 薄型楔键及其键槽》;

⑩《GB/T 1567—2003 薄型 平键》;

⑪《GB/T 1566—2003 薄型平键 键槽的剖面尺寸》;

⑫《GB/T 1097—2003 导向型 平键》;

⑬《GB/T 4459.3—2000 机械制图花键表示法》。

普通型平键的型式尺寸

7.3.1　普通型平键

平键的两侧是工作面,上表面与轮毂槽底之间留有间隙。其定心性能好,装拆方便。平键有普通型平键、导向型平键和滑键 3 种。下面介绍普通型平键的型式尺寸、标记和联结画法。

7.3.2　普通型半圆键

半圆键是以两侧为工作面,有良好的定心性能。半圆键可在轴槽中摆动以适应毂槽底面,但键槽对轴的削弱较大,只适用于轻载联结。半圆键分

普通型半圆键的尺寸

为普通型半圆键和平底型半圆键,下面介绍普通型半圆键的形式尺寸、标记和联结画法。详细内容见二维码。

7.3.3 普通型楔键、钩头型楔键

普通型楔键、
钩头型楔键的尺寸

楔键的上下面是工作面,键的工作面有 1:100 的斜度,轮毂键槽的工作面也有 1:100 的斜度。把楔键打入轴和轮毂槽内时,其表面产生很大的预紧力,工作时主要靠摩擦力传递扭矩,并能承受单方向的轴向力。其缺点是会迫使轴和轮毂产生偏心,仅适用于对定心精度要求不高、载荷平稳和低速的联结。楔键又分为普通型楔键和钩头型楔键两种。

7.3.4 切向键

切向键相关标准

切向键是由一对楔键组成的,能传递很大的扭矩,常用于重型机械设备中。

切向键联结是由两个斜度为 1:100 的楔键组成的。其上下两面(窄面)为工作面,其中之一面在通过轴心线的平面内。工作面上的压力沿轴的切线方向作用,能传递很大的转矩。一个切向键只能传递一个方向的转矩,传递双向转矩时,须用互成 120°~130°角的两个键。长度 L 按实际结构确定,建议一般比轮毂厚度长 10%~15%。

切向键联结用于载荷很大,对中要求不严的场合,如大型带轮及飞轮,矿用大型绞车的卷筒及齿轮等与轴的联结。如图 7.26 所示为切向键联结画法。

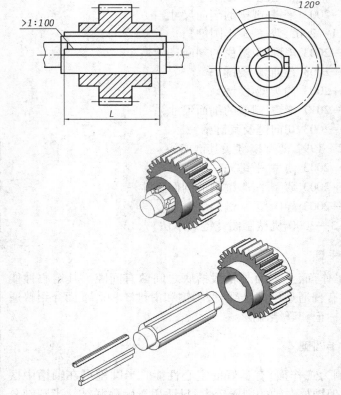

图 7.26 切向键联结画法

7.3.5　花键的表示法(GB/T 1144—2001、GB/T 10081—2005、GB/T 15758—2008、GB/T 4459.3—2000、GB/T 3478.1~4—2008、GB/T 18842—2008)

花键联结是指两零件上等距分布且齿数相同的键齿相互联结,并传递转矩或运动的同轴偶件,如图 7.27 所示为圆柱矩形花键联结。内花键是指键齿在内圆柱(或内圆锥)表面上的花键。外花键是指键齿在外圆柱(或外圆锥)表面上的花键。

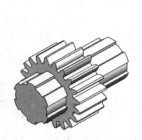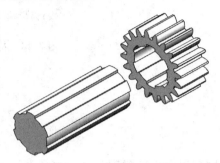

图 7.27　花键及花键联结

花键的工作面为齿侧面,其承载能力高,对中性和导向性好,对轴和毂的强度削弱小,适用于定心精度要求高、载荷大和经常滑移的静联结和动联结,如变速器中滑动齿轮与轴的联结。

按齿形不同,花键可分为矩形花键、渐开线花键和端齿花键,如图 7.28 所示。

①矩形花键是指端平面上外花键的键齿或内花键的键槽,两侧齿形为相互平行的直线且对称于轴平面的花键,分为圆柱直齿矩形花键和圆柱斜齿矩形花键。

②渐开线花键是指键齿在圆柱(或圆锥)面上,且齿形为渐开线的花键,分为圆柱直齿渐开线花键、圆锥直齿渐开线花键和圆柱斜齿渐开线花键。

③端齿花键是指键齿在端平面上的花键,分为直齿端齿花键和弧齿端齿花键。

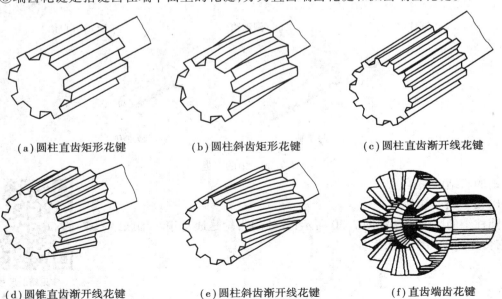

(a)圆柱直齿矩形花键　　(b)圆柱斜齿矩形花键　　(c)圆柱直齿渐开线花键

(d)圆锥直齿渐开线花键　　(e)圆柱斜齿渐开线花键　　(f)直齿端齿花键

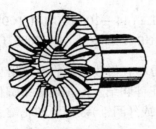

(g)弧齿端齿花键

图 7.28　花键分类

花键的相关标准

7.4　销

　　销是机械工程中广泛应用的一种标准件,除了常用的圆柱销、圆锥销外,还有开口销、销轴、沉头槽销等(图 7.29)。圆柱销和圆锥销主要用于零件间的联结或定位;开口销用来防止连接螺母松动或固定其他零件;销轴主要用于两零件的铰接处,构成铰链连接;槽销的作用与圆锥销类似,销上有碾压或模锻出的 3 条纵向沟槽,打入销孔后与孔壁压紧,不易松脱,能承受振动和变载荷,销孔不需铰制,可多次装拆。

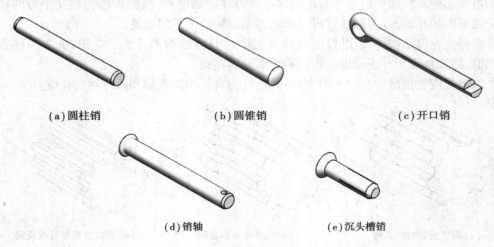

(a)圆柱销　　　　　　　(b)圆锥销　　　　　　　(c)开口销

(d)销轴　　　　　　　(e)沉头槽销

图 7.29　销的种类

销的联结画法:

1)圆柱销的联结画法

　　圆柱销的联结画法如图 7.30 所示,此处的齿轮是通过销与轴联结起来的,它传递的动力不能太大。

常见销的尺寸、
标记及画法

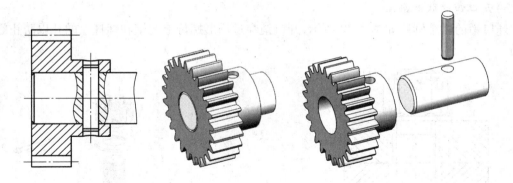

图 7.30　圆柱销的联结画法

2) 圆锥销的联结画法

圆锥销的联结画法如图 7.31 所示,此处圆锥销起定位作用。

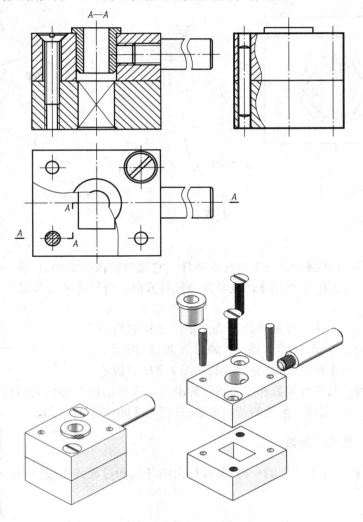

图 7.31　圆锥销的联结画法

3)开口销的联结画法

开口销的联结画法如图7.32所示,开口销穿过槽形螺母上的槽和螺杆上的孔以防止螺母松动。

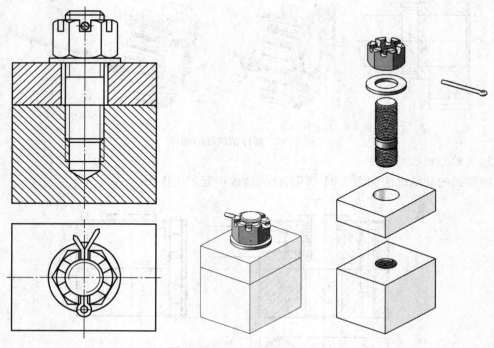

图7.32　开口销的联结画法

7.5　齿　轮

齿轮是广泛用于机器和部件中的传动零件。它通过轮齿间的啮合,将一根轴的动力及旋转运动传递给另一根轴,也可用来改变转速和旋转方向。齿轮的种类有很多,根据其传动情况可以分为3类:

①圆柱齿轮:用于两平行轴间的传动,如图7.33(a)所示。

②锥齿轮:用于两相交轴间的传动,如图7.33(b)所示。

③蜗杆蜗轮:用于两交错轴间的传动,如图7.33(c)所示。

在齿轮的参数中,只有模数和压力角已标准化。齿轮的模数和压力角符合标准的称为标准齿轮。本节主要介绍标准齿轮的基本术语、几何尺寸的计算和表示法。

7.5.1　渐开线圆柱齿轮

渐开线圆柱齿轮是齿轮中的一种,其齿形由渐开线和过渡线组成,具有角速不变的优点。

圆柱齿轮的相关标准

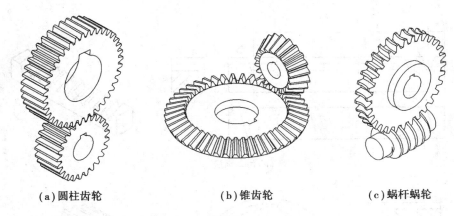

（a）圆柱齿轮 　　　　（b）锥齿轮 　　　　（c）蜗杆蜗轮

图 7.33 　常见齿轮的种类

渐开线圆柱齿轮的表示法（GB/T 4459.2—2003）

渐开线圆柱齿轮的齿廓曲线为渐开线，为了简化作图，一般使用规定画法。国家标准GB/T 4459.2—2003规定了齿轮的表示法，本规定适用于机械图样中齿轮的绘制。

1）单个渐开线圆柱齿轮的画法

如图 7.34 所示，单个渐开线圆柱齿轮的表示一般只采用两个视图，一个视图画成全剖视图或半剖视图，另一个投影为圆的视图应将键槽的位置和形状表示出来。

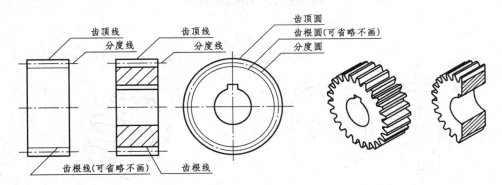

图 7.34 　单个渐开线圆柱齿轮的画法

单个渐开线圆柱齿轮的画法一般规定如下：

①齿顶圆和齿顶线用粗实线绘制，如图 7.34 所示。

②分度圆和分度线用细点画线绘制，如图 7.34 所示。

③齿根圆和齿根线用细实线绘制，也可省略不画；在剖视图中，齿根线用粗实线绘制，如图7.34 所示。

④在剖视图中，当剖切平面通过齿轮的轴线时，轮齿一律按不剖处理，如图 7.34 所示。

⑤如需表明齿形，可在图形中用粗实线画出一个或两个齿；或用适当比例的局部放大图表示，如图 7.35 所示。

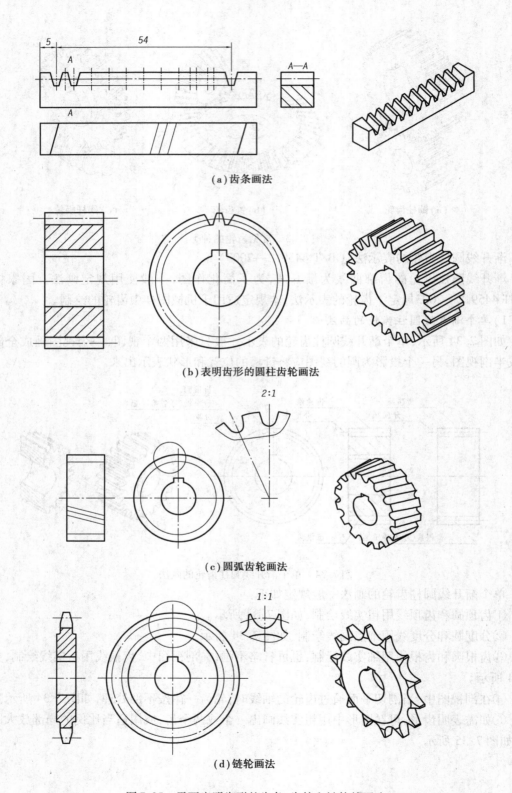

(a) 齿条画法

(b) 表明齿形的圆柱齿轮画法

2:1

(c) 圆弧齿轮画法

1:1

(d) 链轮画法

图 7.35　需要表明齿形的齿条、齿轮和链轮的画法

⑥当需要表示齿线的特征时,可用 3 条与齿线方向一致的细实线表示,如图 7.36 所示。直齿则不需表示。

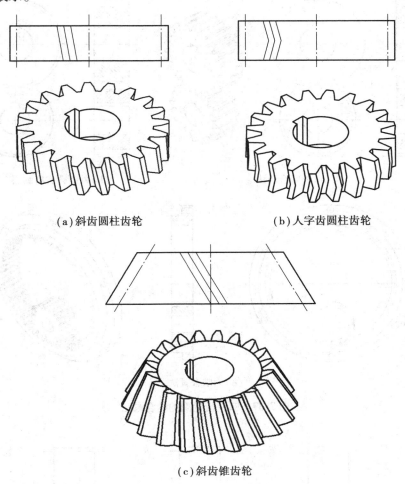

（a）斜齿圆柱齿轮　　　　　　　（b）人字齿圆柱齿轮

（c）斜齿锥齿轮

图 7.36　齿线的表示法

⑦圆弧齿轮的画法如图 7.35(c)所示。

2)渐开线圆柱齿轮副的啮合画法

①在垂直于圆柱齿轮轴线的投影面的视图中,啮合区内的齿顶圆均用粗实线绘制,如图 7.37所示,其省略画法如图 7.37(b)所示。

②在平行于圆柱齿轮的投影面的视图中,啮合图的齿顶线不需画出,节线用粗实线绘制,其他处的节线用细点画线绘制,如图 7.38 所示。

③在圆柱齿轮啮合的剖视图中,当剖切平面通过两啮合齿轮的轴线时,在啮合区内,将一个齿轮的轮齿用粗实线绘制,另一个齿轮的轮齿被遮挡的部分用虚线绘制,也可省略不画,如图 7.37 所示。

④在剖视图中,当剖切平面不通过啮合齿轮的轴线时,齿轮一律按不剖绘制,如图 7.39 所示。

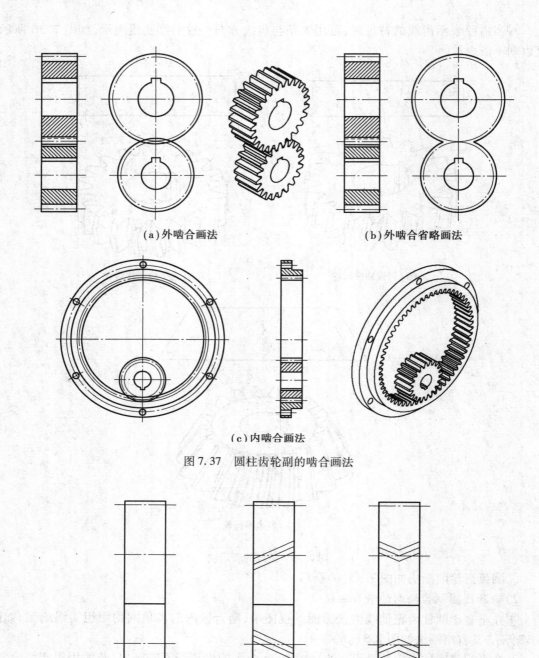

(a)外啮合画法　　　　　　　　(b)外啮合省略画法

(c)内啮合画法

图 7.37　圆柱齿轮副的啮合画法

(a)直齿圆柱齿轮副　　(b)斜齿圆柱齿轮副　　(c)人字齿圆柱齿轮副

图 7.38　圆柱齿轮副的啮合画法

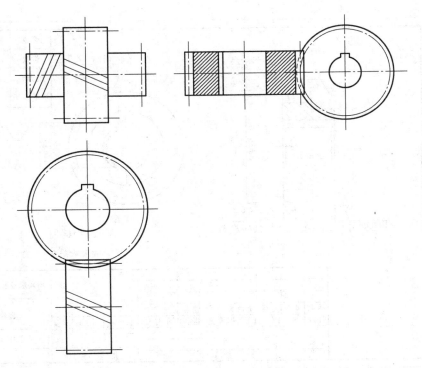

图 7.39　轴线垂直交错的螺旋齿轮副的啮合画法

3)渐开线圆柱齿轮图样示例

渐开线圆柱齿轮的零件图应按零件图的全部内容绘制和标注,并且在其零件图的右上角画出有关齿轮的啮合参数和检验精度的表格并注明有关参数。其中轮齿部分的尺寸应注出齿顶圆直径和分度圆直径,齿根圆直径不用标注。图 7.40 为单个直齿渐开线圆柱齿轮的图样范例。

4)齿轮齿条副的啮合画法

如图 7.41 所示,齿轮与齿条啮合的画法与两圆柱齿轮啮合的画法基本相同,齿条的齿顶圆、分度圆、齿根圆都为直线。

5)渐开线标准直齿圆柱齿轮的测绘

对渐开线标准直齿圆柱齿轮的实物进行测绘,重点是测绘轮齿部分,然后根据表 7.3 计算该齿轮的主要参数及各部分的尺寸,并绘制齿轮的工作图。步骤如下:

①数出齿数 z。

②测量齿顶圆直径 d_a。齿数为偶数时,可直接得 d_a。齿数为奇数时,量出轴孔直径 D 和齿顶到轴孔的距离 K,则 $d_a = D + 2K$(图 7.42)。

③根据公式 $m = d_a/(z+2)$ 计算出模数 m,根据表 7.2 选取相近的标准模数。

④按选取的标准模数,根据表 7.3 计算轮齿的基本尺寸。

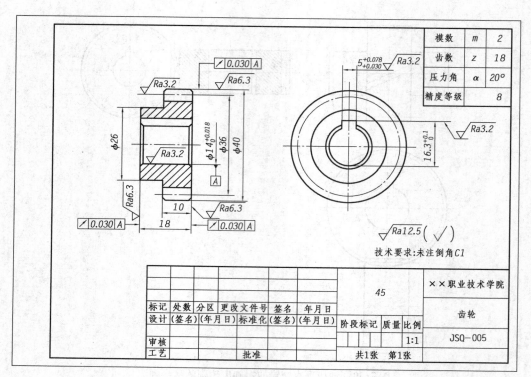

模数	m	2
齿数	z	18
压力角	α	20°
精度等级		8

技术要求:未注倒角C1

							45		××职业技术学院
标记	处数	分区	更改文件号	签名	年月日				齿轮
设计	(签名)	(年月日)	标准化	(签名)	(年月日)	阶段标记	质量	比例	
审核								1:1	JSQ-005
工艺			批准			共1张	第1张		

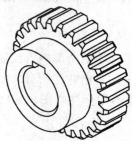

图7.40 单个直齿渐开线圆柱齿轮图样示例

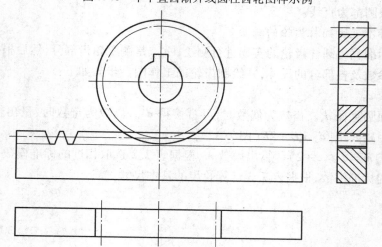

222

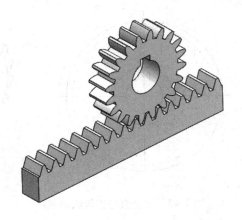

图 7.41　齿轮齿条副的啮合画法

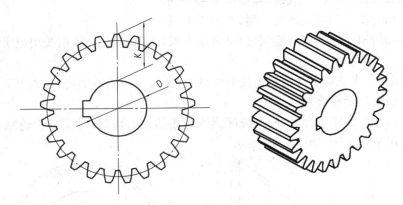

图 7.42　齿顶圆的测量

⑤测量齿轮其他部分的尺寸。

⑥绘制渐开线标准直齿圆柱齿轮的零件图（参考图 7.40）。

7.5.2　直齿锥齿轮

分度曲面为圆锥面的齿轮称为锥齿轮。分度圆锥面齿线为直母线的锥齿轮称为直齿锥齿轮。齿线是曲线而不是斜线的锥齿轮称为弧齿锥齿轮。齿线为非圆柱螺旋线的锥齿轮称为斜齿锥齿轮。本节主要介绍直齿锥齿轮的基本术语、标准直齿锥齿轮几何尺寸的计算和直齿锥齿轮的表示法。

直齿锥齿轮的表示法（GB/T 4459.2—2003）

1）单个直齿锥齿轮的画法

如图 7.43 所示，单个直齿锥齿轮的表示一般用两个视图，其中一个视图画成全剖视图或半剖视图，另一个投影为圆的视图应将键槽的位置和形状表示出来。

直齿锥齿轮相关标准

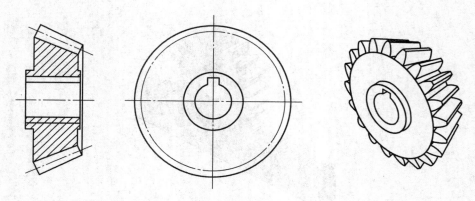

图 7.43　单个直齿锥齿轮的画法

单个直齿锥齿轮的画法一般规定如下：

①齿顶圆和齿顶线用粗实线绘制，如图 7.43 所示。

②分度圆和分度线用细点画线绘制，如图 7.43 所示。

③齿根圆和齿根线用细实线绘制，也可省略不画；在剖视图中，齿根线用粗实线绘制，如图 7.43 所示。

④在剖视图中，当剖切平面通过齿轮的轴线时，轮齿一律按不剖处理，如图 7.43 所示。

2）直齿锥齿轮副的啮合画法

两个标准直齿锥齿轮啮合时，两个分度圆锥应相切，啮合部分与圆柱齿轮啮合画法相同，主视图一般采用全剖视图，如图 7.44 所示。

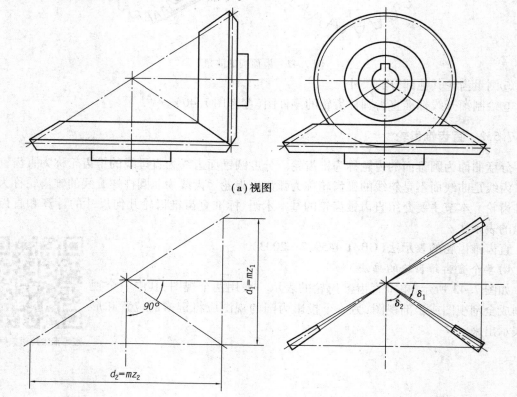

（a）视图

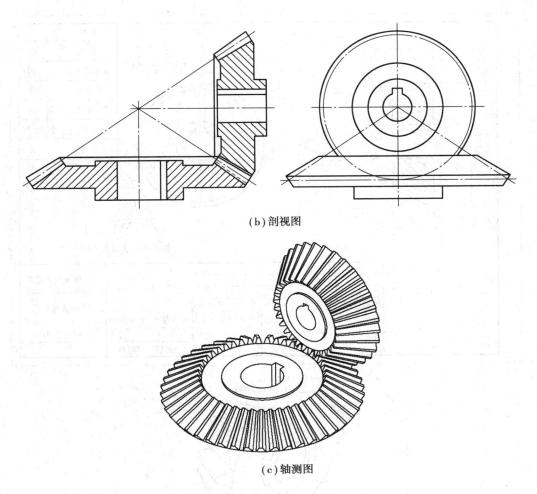

(b)剖视图

(c)轴测图

图 7.44　直齿锥齿轮副的啮合画法

直齿锥齿轮副的啮合画法一般规定如下：

①在平行于锥齿轮轴线的投影面的视图中,啮合区的齿顶线不需画出,节线用粗实线绘制,其他处的节线用细点画线绘制,如图 7.44(a)所示。

②在锥齿轮的剖视图中,当剖切平面通过两啮合齿轮的轴线时,在啮合区内,将一个齿轮的轮齿用粗实线绘制,另一个齿轮的轮齿被遮挡的部分用虚线绘制,也可省略不画,如图 7.44(b)所示。

③在剖视图中,当剖切平面不通过啮合齿轮的轴线时,齿轮一律按不剖绘制。

3)直齿锥齿轮图样示例

直齿锥齿轮图样示例,如图 7.45 所示。

7.5.3　蜗杆和蜗轮

如图 7.46 所示,蜗杆和蜗轮通常用于垂直交叉的两轴之间的传动,蜗杆是主动件,蜗轮是从动件。蜗杆的齿数相当于螺杆上的线数,常用的有单线和双线蜗杆。蜗轮蜗杆传动,其传动比较大,且传动平稳,但效率较低。

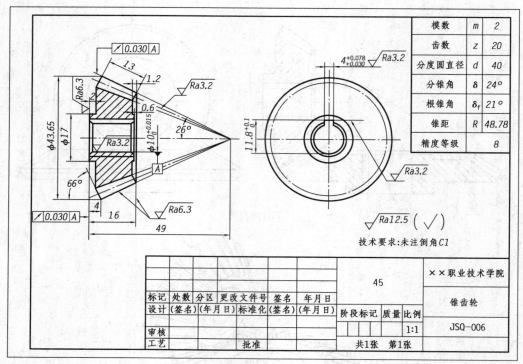

模数	m	2
齿数	z	20
分度圆直径	d	40
分锥角	δ	24°
根锥角	δ_f	21°
锥距	R	48.78
精度等级		8

$\sqrt{Ra12.5}\ (\sqrt{\ })$

技术要求:未注倒角C1

标记	处数	分区	更改文件号	签名	年月日		45		××职业技术学院
设计	(签名)	(年月日)	标准化	(签名)	(年月日)				锥齿轮
						阶段标记	质量	比例	
审核								1:1	JSQ-006
工艺			批准			共1张 第1张			

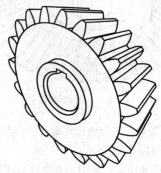

图 7.45 单个直齿锥齿轮图样示例

（a）蜗杆

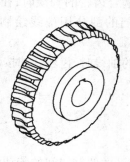

（b）蜗轮

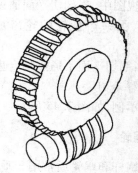

（c）蜗杆蜗轮传动

与蜗杆和涡轮相关的
主要国家标准

图 7.46 蜗杆蜗轮传动

标准蜗杆蜗轮的表示法(GB/T 4459.2—2003)

1)蜗杆的画法和图样示例

如图 7.47 所示,蜗杆轮齿的画法与圆柱齿轮画法基本相同。其中,齿顶线用粗实线绘制,分度线用细点画线绘制,齿根线用细实线绘制,也可省略不画。

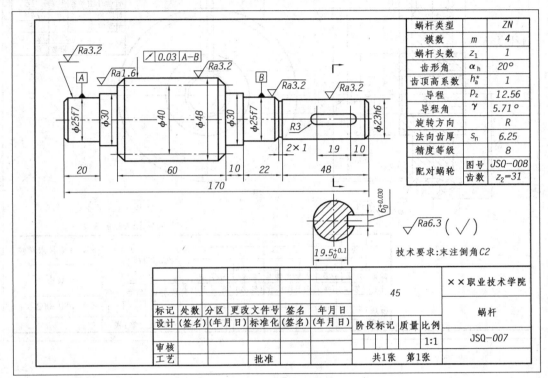

蜗杆类型		ZN
模数	m	4
蜗杆头数	z_1	1
齿形角	α_h	20°
齿顶高系数	h_a^*	1
导程	p_z	12.56
导程角	γ	5.71°
旋转方向		R
法向齿厚	s_n	6.25
精度等级		8
配对蜗轮	图号	JSQ-008
	齿数	$z_2=31$

技术要求:未注倒角C2

标记	处数	分区	更改文件号	签名	年月日		××职业技术学院
设计	(签名)	(年月日)	标准化	(签名)	(年月日)		蜗杆
审核						阶段标记 质量 比例	
工艺			批准			1:1	JSQ-007
						共1张 第1张	

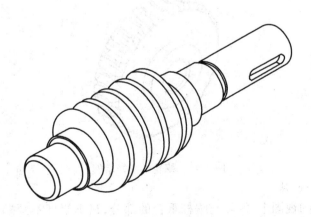

图 7.47　蜗杆的图样示例

2)蜗轮的画法和图样示例

如图 7.48 所示,蜗轮轮齿画法与圆柱齿轮画法基本相同。在投影为圆的视图中,用粗实线画蜗轮顶圆,用细点画线画蜗轮分度圆,蜗轮喉圆和蜗轮齿根圆省略不画。

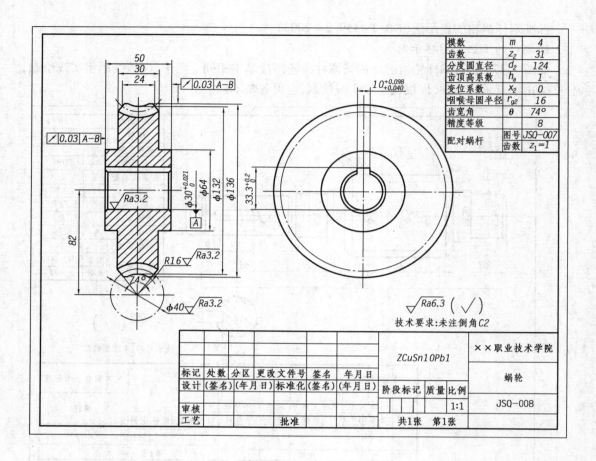

模数	m	4
齿数	z_2	31
分度圆直径	d_2	124
齿顶高系数	h_a	1
变位系数	x_2	0
咽喉母圆半径	r_{g2}	16
齿宽角	θ	74°
精度等级		8
配对蜗杆	图号	JSQ−007
	齿数	$z_1=1$

技术要求:未注倒角C2

							ZCuSn10Pb1			××职业技术学院
标记	处数	分区	更改文件号	签名	年月日					蜗轮
设计	(签名)		(年月日)	标准化	(签名)	(年月日)	阶段标记	质量	比例	
审核									1:1	JSQ−008
工艺			批准				共1张	第1张		

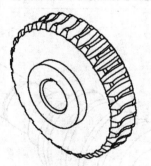

图 7.48　蜗轮的图样示例

3)蜗杆、蜗轮啮合画法

在蜗杆投影为圆的视图上,蜗轮与蜗杆重合的部分,只画蜗杆不画蜗轮,蜗轮被挡住的部分可省略不画。在蜗轮投影为圆的视图上,啮合区内蜗杆的节线与蜗轮的分度圆画成相切。如图 7.49(a)所示为啮合的外形视图画法,图 7.49(b)为啮合的剖视图画法。

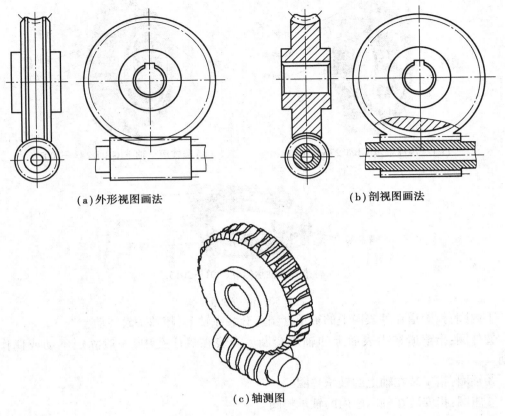

(a)外形视图画法　　　　　　　　　　(b)剖视图画法

(c)轴测图

图 7.49　蜗杆、蜗轮啮合画法

7.6　滚 动 轴 承

　　滚动轴承是支承轴的一种标准件。滚动轴承是指在承受载荷和彼此相对运动的零件间作滚动(不是滑动)运动的轴承,它包括有滚道的零件和带或不带隔离或引导件的滚动体组。由于结构紧凑、摩擦力小、拆装方便等优点,所以滚动轴承在各种机器、仪表等产品中得到了广泛应用。

7.6.1　滚动轴承的结构(GB/T 6930—2002)

　　如图 7.50 所示,滚动轴承一般由内圈(或轴圈)、外圈(或座圈)、滚动体和保持架等零件组成。

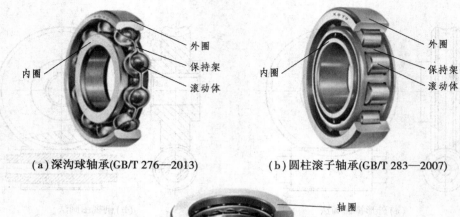

（a）深沟球轴承(GB/T 276—2013)   （b）圆柱滚子轴承(GB/T 283—2007)

（c）推力球轴承(GB/T 301—2015)

图 7.50　滚动轴承结构

①内圈:指滚道在外表面上的轴承套圈。套装在轴上,随轴一起转动。

②外圈:指滚道在内表面上的轴承套圈。安装在机座孔中,一般固定不动或偶作少许转动。

③轴圈:指安装在轴上的轴承垫圈。

④座圈:指安装在轴承座内的轴承垫圈。

⑤滚动体:指在滚道间滚动的球或滚子。装在内、外圈之间的滚道中。滚动体可做成球或滚子(圆柱、圆锥或滚针等)形状。

⑥保持架:指部分包容全部或若干滚动体,并随之运动的轴承零件,它用于隔离滚动体,并且通常还引导滚动体和(或)将其保持在轴承中。

7.6.2　滚动轴承表示法(GB/T 4459.7—2017)

国家标准 GB/T 4459.7—2017 规定了滚动轴承的表示法有 3 种,包括通用画法、特征画法和规定画法。本标准适用于在装配图中不需要确切地表示其形状和结构的标准滚动轴承,非标准滚动轴承也可参照采用。

滚动轴承的分类

1)基本规定

(1)图线

通用画法、特征画法及规定画法中的各种符号、矩形线框和轮廓线均用 GB/T 4457.4 中规定的粗实线绘制。

(2)尺寸及比例

绘制滚动轴承时,其矩形线框或外形轮廓的大小应与滚动轴承的外形尺寸一致,并与所属图样采用同一比例。通用画法、特征画法及规定画法的尺寸比例示例可参见本章节"(6)通用画法、特征画法及规定画法的尺寸比例示例"的相关内容。

（3）剖面符号

在剖视图中，用通用画法或特征画法绘制滚动轴承时，一律不画剖面符号（剖面线）。

在采用规定画法绘制滚动轴承的剖视图时，轴承的滚动体不画剖面线，其各套圈等一般应画成方向和间隔相同的剖面线，如图 7.51（a）所示。在不致引起误解时，也允许省略不画（图 7.51、表 7.5—表 7.8）。

若其他零件或附件（偏心套、紧定套、挡圈等）与滚动轴承配套使用时，其剖面线应与轴承套圈的剖面线呈不同方向或不同间隔[图 7.51（b）]。在不致引起误解时，也允许省略不画（图 7.54）。

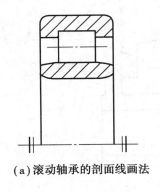 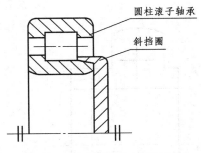

圆柱滚子轴承

斜挡圈

（a）滚动轴承的剖面线画法　　　　（b）滚动轴承带附件的剖面线画法

图 7.51　滚动轴承的剖面符号

（4）采用通用画法或特征画法的原则

采用通用画法或特征画法绘制滚动轴承时，在同一图样中一般只采用其中一种画法。

2）通用画法

①在剖视图中，当不需要确切地表示滚动轴承的外形轮廓、载荷特性和结构特征时，可用矩形线框及位于线框中央正立的十字形符号表示，十字形符号不应与矩形线框接触，如图 7.52（a）所示。通用画法一般应绘制在轴的两侧，如图 7.52（b）所示。

②如需确切地表示滚动轴承的外形，则应画出其剖面轮廓，并在轮廓中央画出正立的十字形符号。十字形符号不应与剖面轮廓线接触，如图 7.53 所示。

③与滚动轴承配套使用的其他零件或附件，也可只画出其外形轮廓，如图 7.54 所示。

④当需要表示滚动轴承自带的防尘盖和密封圈时，可按如图 7.55（a）和图 7.55（b）所示进行绘制。当需要表示滚动轴承内圈或外圈无挡边时，可按图 7.55（c）在十字形符号上附加一粗实线短画表示内圈或外圈无挡边的方向。

⑤在装配图中，为了表达滚动轴承的安装方法，可绘制出滚动轴承的某些零件，如图7.56 所示。

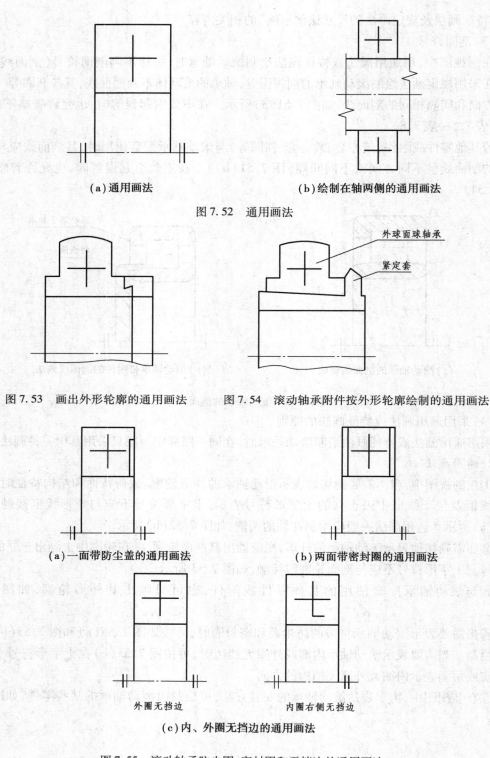

(a)通用画法　　　　　　　　　　　　　(b)绘制在轴两侧的通用画法

图 7.52　通用画法

图 7.53　画出外形轮廓的通用画法　　　图 7.54　滚动轴承附件按外形轮廓绘制的通用画法

外球面球轴承

紧定套

(a)一面带防尘盖的通用画法　　　　　　(b)两面带密封圈的通用画法

外圈无挡边　　　　　　　　　　　　内圈右侧无挡边

(c)内、外圈无挡边的通用画法

图 7.55　滚动轴承防尘圈、密封圈和无挡边的通用画法

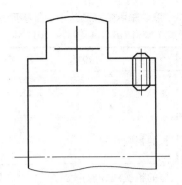

图 7.56　绘制出滚动轴承某一零件的通用画法

3)特征画法

①在剖视图中,如需较形象地表示滚动轴承的结构特征时,可采用在矩形线框内画出其结构要素符号(表7.3)的方法表示,滚动轴承结构特征和载荷特性的要素符号组合见表7.4,滚动轴承的特征画法及其应用见表7.5～表7.8。特征画法应绘制在轴的两侧。

②在垂直于滚动轴承轴线的投影面的视图上,无论滚动体的形状(球、柱、针等)及尺寸如何,均可按照图 7.57 的方法绘制。

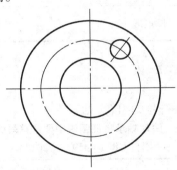

图 7.57　滚动轴承轴线垂直于投影面的特征画法

③通用画法中的③～⑤的规定也适用于特征画法。

4)规定画法

①必要时,在滚动轴承的产品图样、产品样本、产品标准、用户手册和使用说明书中可采用表7.5～表7.8 的规定画法绘制滚动轴承。

②在装配图中,滚动轴承的保持架及倒角等可省略不画。

③规定画法一般绘制在轴的一侧,另一侧按通用画法绘制。

5)滚动轴承表示法的应用示例

①滚动轴承特征画法中的结构要素符号见表7.3。

表 7.3　滚动轴承特征画法中的结构要素符号

（摘自 GB/T 4459.7—2017）

序号	要素符号	说明	应用
1.1	——————a	长的粗实线	表示非调心轴承的滚动体的滚动轴线
1.2	⌒a	长的粗圆弧线	表示调心轴承的调心表面或滚动体滚动轴线的包络线
1.3	|	短的粗实线，与序号 1.1、1.2 的要素符号相交成 90°角（或相交于法线方向），并通过每个滚动体的中心	表示滚动体的列数和位置
	可供选择的要素符号		
	○ b	圆	球
	▭ b	宽矩形	圆柱滚子
	▭ b	长矩形	长圆柱滚子、滚针

注：a. 根据轴承的类型，可以倾斜画出。

　　b. 这些要素符号可代替短的粗实线表示滚动体。

②滚动轴承特征画法中要素符号的组合，见表 7.4。

表 7.4　滚动轴承特征画法中要素符号的组合

（摘自 GB/T 4459.7—2017）

轴承承载特性		轴承结构特征			
		两个套圈		三个套圈	
		单列	双列	单列	双列
径向承载	非调心				
	调心				

续表

轴承承载特性		轴承结构特征			
		两个套圈		三个套圈	
		单列	双列	单列	双列
轴向承载	非调心	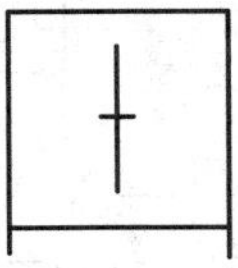	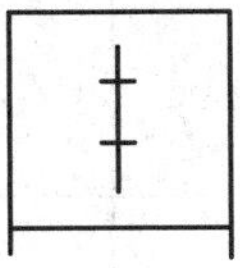	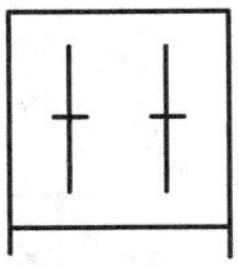	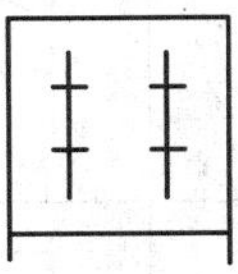
	调心	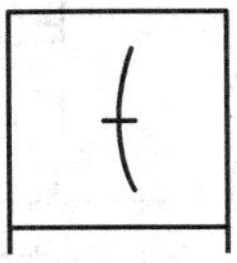	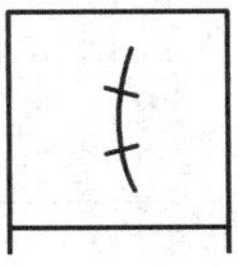	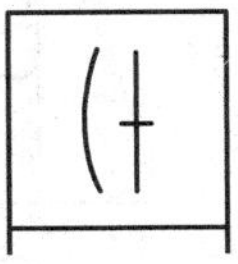	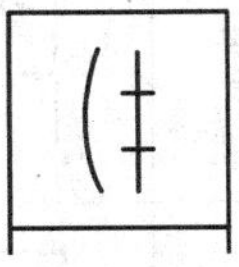
径向和轴向承载	非调心	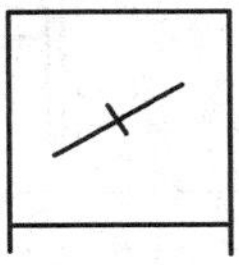	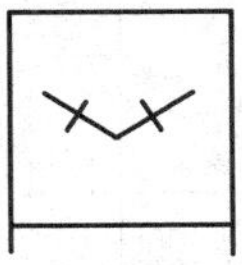	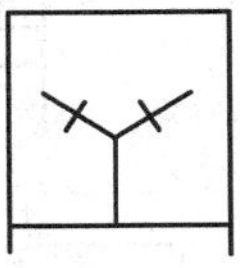	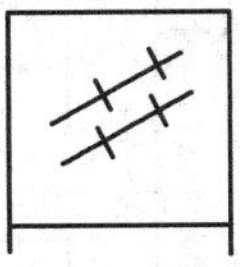
	调心	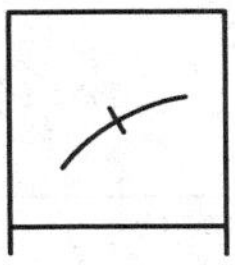	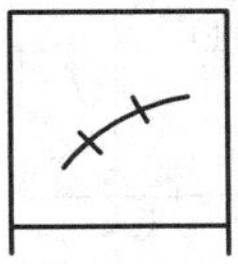	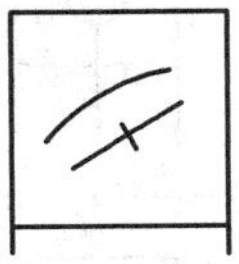	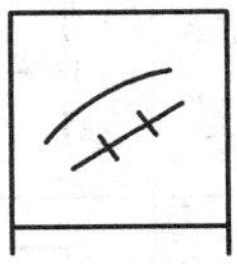

注:表中的滚动轴承,只画出了其轴线一侧的部分。

③球轴承和滚子轴承的特征画法及规定画法,见表 7.5。

表 7.5　球轴承和滚子轴承的特征画法及规定画法

（摘自 GB/T 4459.7—2017）

序号	特征画法	规定画法	
		球轴承	滚子轴承
3.1	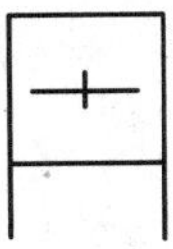	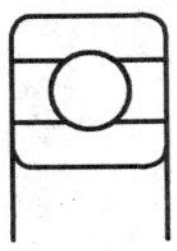	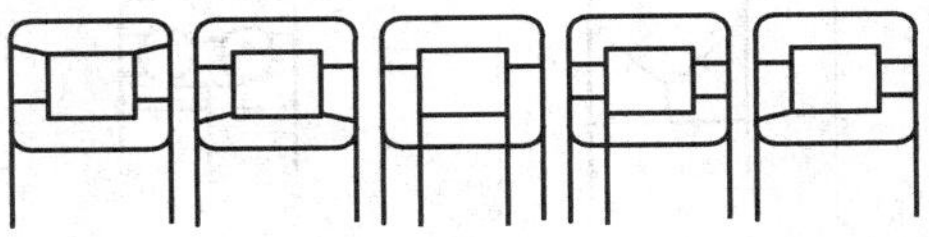
3.2	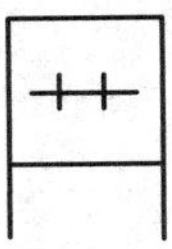	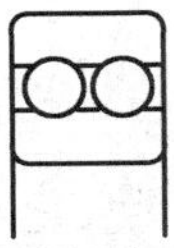	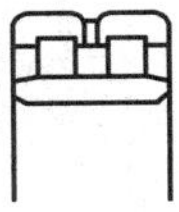

235

续表

序号	特征画法	规定画法	
		球轴承	滚子轴承
3.3			
3.4			
3.5			
3.6		（三点接触）	
3.7		（四点接触）	
3.8			
3.9			
3.10			

④滚针轴承的特征画法及规定画法,见表7.6。

表 7.6　滚针轴承的特征画法及规定画法

（摘自 GB/T 4459.7—2017）

序号	特征画法	规定画法		
4.1				
4.2				
4.3				

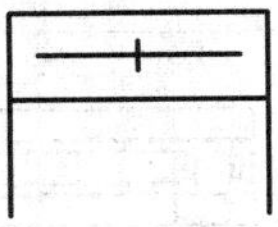

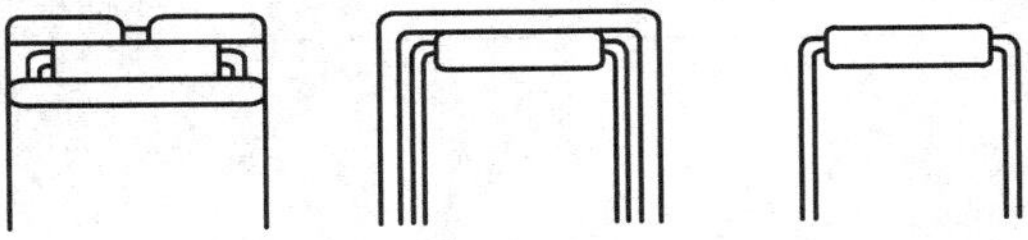

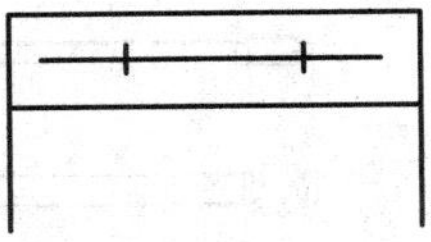

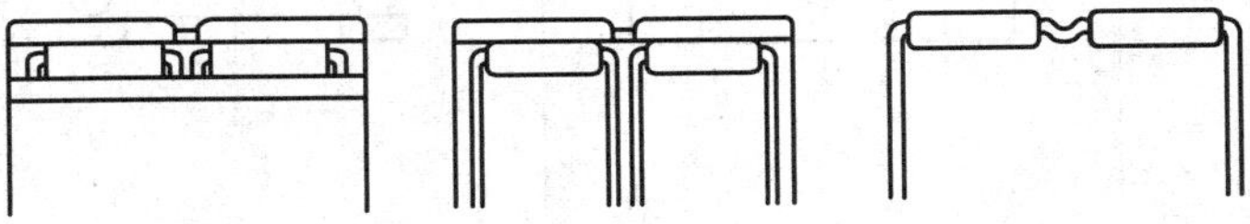

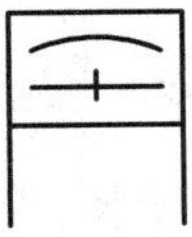

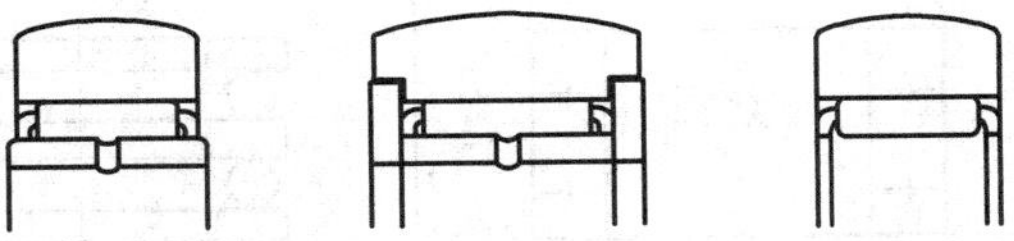

⑤组合轴承的特征画法及规定画法,见表7.7。

表 7.7　组合轴承的特征画法及规定画法

（摘自 GB/T 4459.7—2017）

序号	特征画法	规定画法
5.1	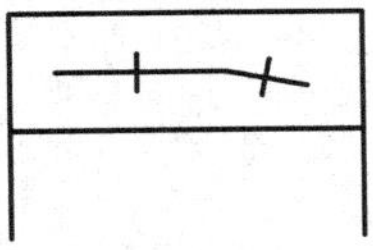	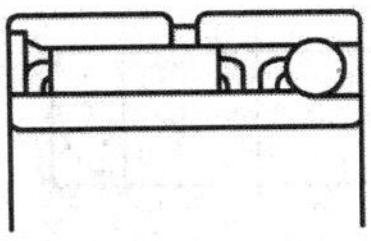
5.2	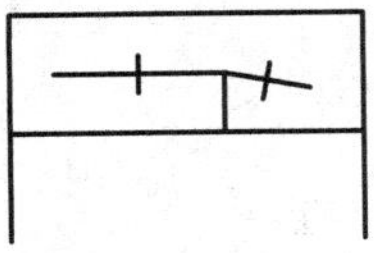	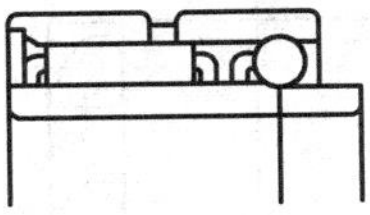
5.3	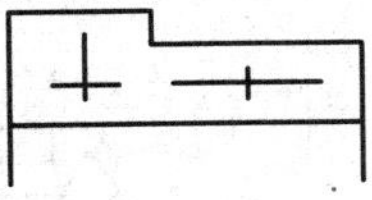	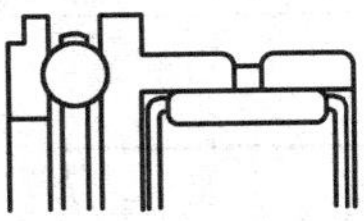
5.4	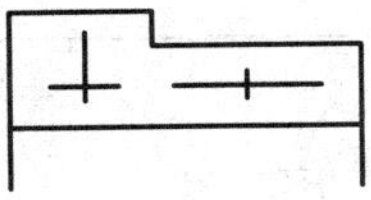	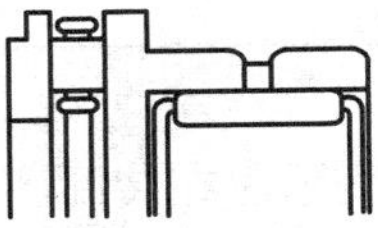

⑥推力轴承的特征画法及规定画法,见表 7.8。

表 7.8 推力轴承的特征画法及规定画法

（摘自 GB/T 4459.7—2017）

序号	特征画法	规定画法	
		球轴承	滚子轴承
6.1	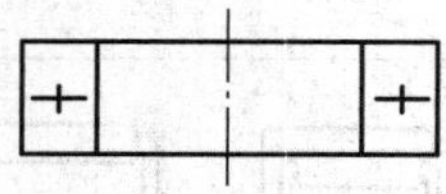	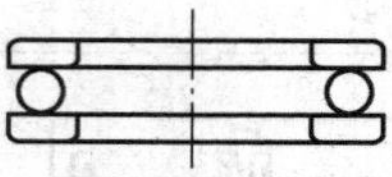	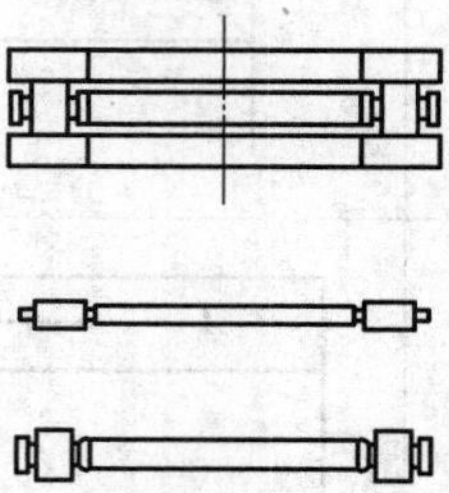
6.2	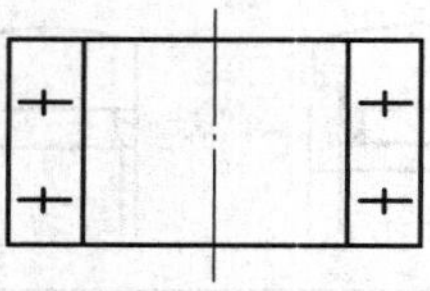	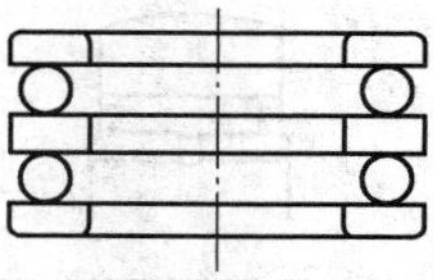	
6.3	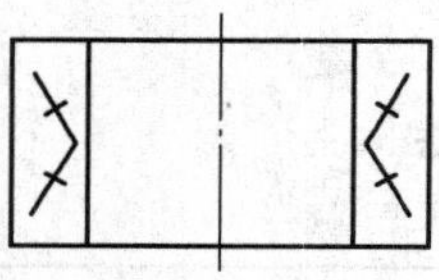	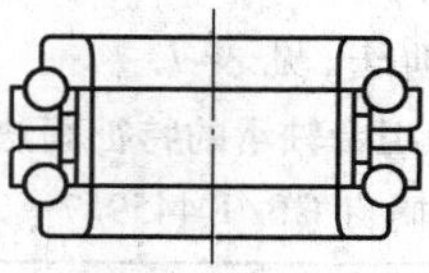	
6.4		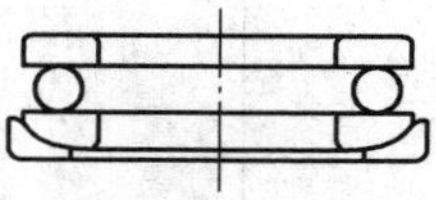	
6.5	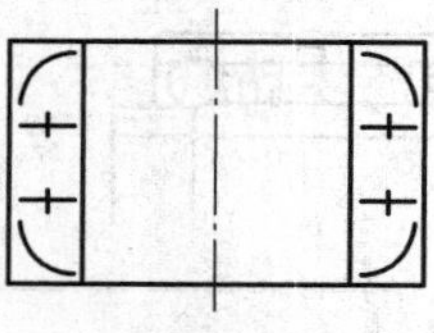	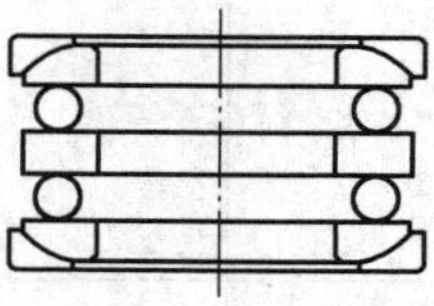	
6.6	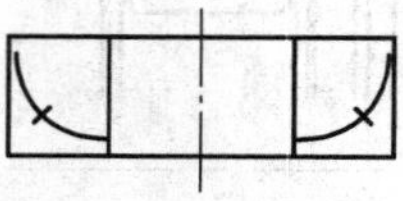		

⑦滚动轴承表示法在装配图中的应用示例,如图 7.58 所示。

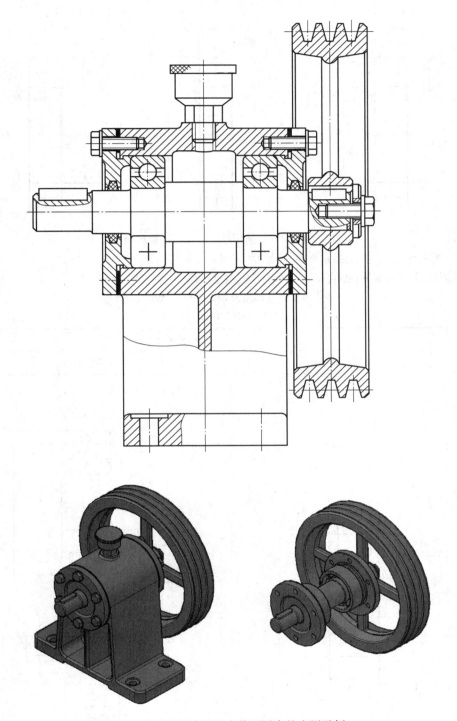

图 7.58　滚动轴承表示法在装配图中的应用示例

6）通用画法、特征画法及规定画法的尺寸比例示例

（1）通用画法的尺寸比例示例

通用画法的尺寸比例示例，如图 7.59 所示。

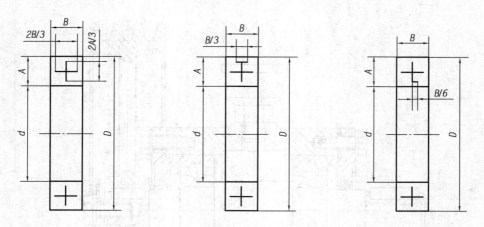

图 7.59　通用画法的尺寸比例示例

（2）特征画法及规定画法的尺寸比例示例

特征画法及规定画法的尺寸比例示例，见表 7.9。

表 7.9　特征画法及规定画法的尺寸比例示例

（摘自 GB/T 4459.7—2017）

序号	尺寸比例	
	特征画法	规定画法
A1.1	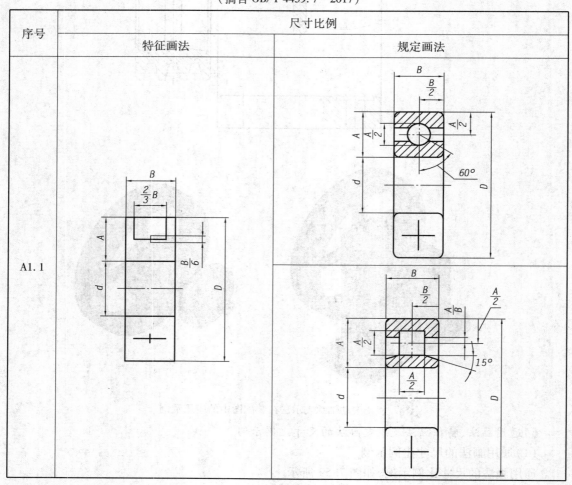	

序号	尺寸比例	
	特征画法	规定画法
A1.2	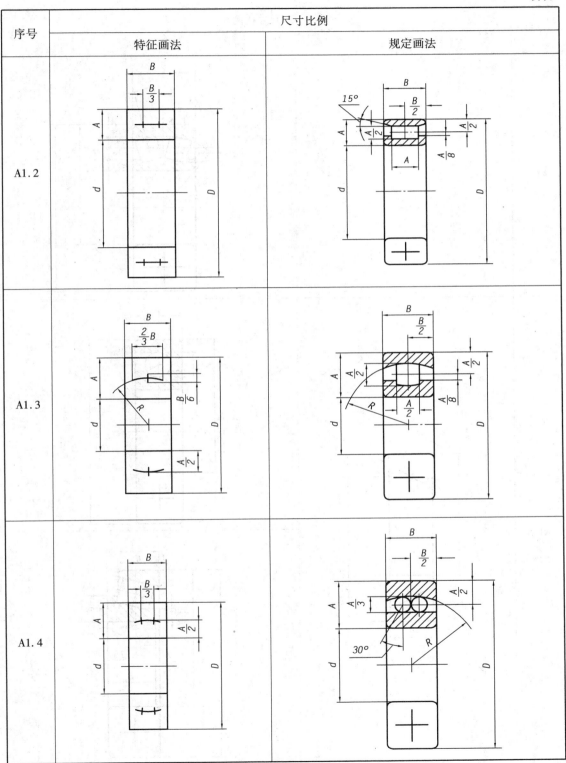	
A1.3		
A1.4		

续表

序号	尺寸比例	
	特征画法	规定画法
A1.4		
A1.5		

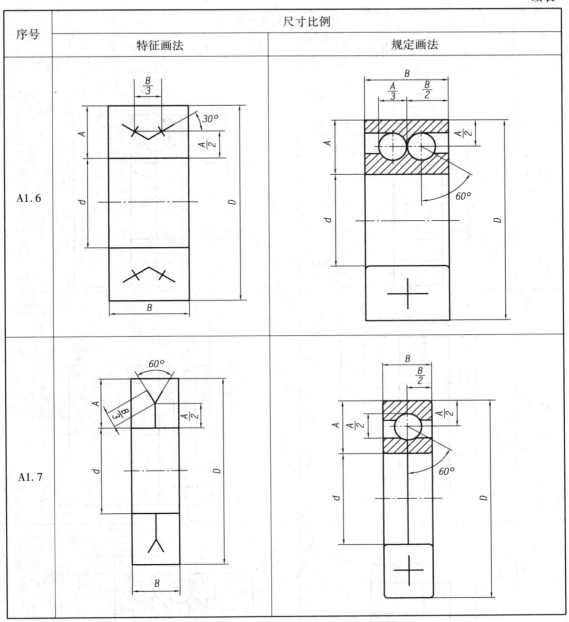

续表

序号	尺寸比例	
	特征画法	规定画法
A1.8	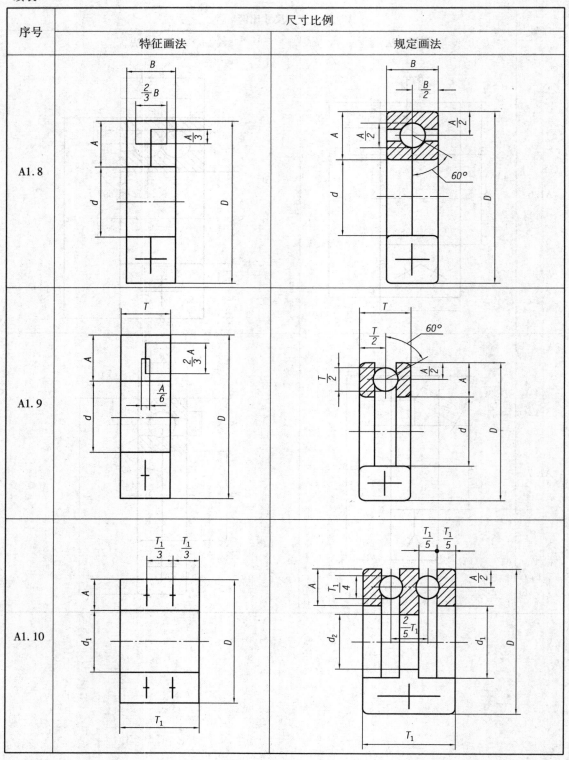	
A1.9		
A1.10		

7.7　滑动轴承

7.7.1　滑动轴承的特点及类型

如图 7.60 所示,滑动轴承和滚动轴承相比,启动不够灵活,互换性差,对润滑要求高,使用维修不够方便。但由于滑动轴承本身具有一些独特的优点,使其在某些特殊场合仍占有无可替代的重要地位。

（a）深沟球轴承

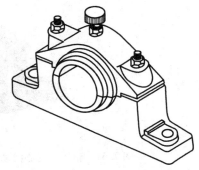

（b）对开式二螺柱正滑动轴承座

图 7.60　滚动轴承与滑动轴承

目前,滑动轴承主要应用于以下几种情况:

①工作转速特高的轴承;

②特重型轴承;

③承受巨大冲击振动载荷的轴承;

④必须做成剖分式的轴承;

⑤在特殊工作条件下(如水中)工作的轴承;

⑥径向空间尺寸小的轴承。

因此,在汽轮机、离心式压缩机、内燃机、大型电机中多采用滑动轴承。此外,在低速而带有冲击的机器中,如水泥搅拌机、滚动清砂机、破碎机等也常采用滑动轴承。

7.7.2　滑动轴承的典型结构

1）整体式向心滑动轴承（JB/T 2560—2007）

整体式向心滑动轴承形式如图 7.61 所示。它由轴承座、整体轴瓦等组成。轴承座上面开有添加润滑油的螺纹孔。在轴瓦上开有进油孔,轴瓦内表面上有油沟。

整体式滑动轴承具有结构简单、制造方便、价格低的优点。但也存在以下缺点:

①由于轴瓦磨损而使轴承间隙过大时,无法调整轴承间隙。

②只能从轴颈端部装拆,对于重量大的轴或具有中间轴颈的轴,装拆非常困难,甚至无法装拆。

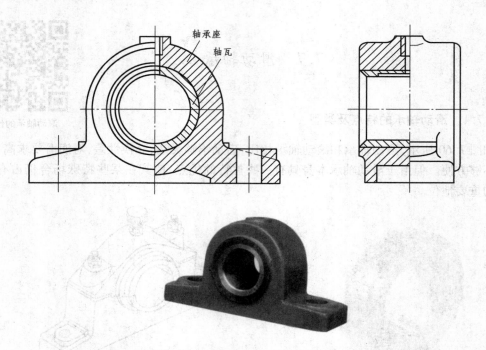

图 7.61　整体式向心滑动轴承(整体有衬正滑动轴承座)

与整体式向心滑动轴承相关的主要机械行业标准:

《JB/T 2560—2007　整体有衬正滑动轴承座　型式与尺寸》。

标记示例:

示例 1:HZ030 轴承座 JB/T 2560—2007

H—滑动轴承座

Z—整体正座

030—轴承座内径,单位为 mm,$d = 30$ mm

2)剖分式向心滑动轴承(JB/T 2561—2007,JB/T 2562—2007,JB/T 2563—2007)

　　剖分式向心滑动轴承形式如图 7.62 所示,主要包括轴承座、轴承盖、剖分式轴瓦和双头螺柱等零件。为使轴承盖与轴承座对中良好,在轴承盖与轴承座的中分面上做出阶梯形的榫口。轴承盖应适度压紧轴瓦,使轴瓦不能在轴承孔中转动。轴承盖上制有螺纹孔,以便安装油杯和油管。

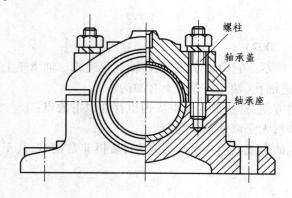

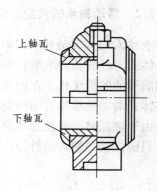

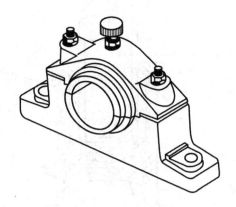

图 7.62　剖分式向心滑动轴承(对开式二螺柱正滑动轴承座)

剖分式向心滑动轴承可径向安装,装拆方便,当轴瓦磨损后,可用减少剖分面处的垫片厚度来调整轴承间隙,因而得到广泛应用。

与剖分式向心滑动轴承相关的主要机械行业标准:

①《JB/T 2561—2007 对开式二螺柱正滑动轴承座 型式与尺寸》。

②《JB/T 2562—2007 对开式四螺柱正滑动轴承座 型式与尺寸》。

③《JB/T 2563—2007 对开式四螺柱斜滑动轴承座 型式与尺寸》。

标记示例:

示例 1:H2050 轴承座 JB/T 2561—2007

H—滑动轴承座

2—轴承座螺柱数

050—轴承内径,单位为 mm,$d = 50$ mm

示例 2:H4080 轴承座 JB/T 2562—2007

H—滑动轴承座

4—轴承座螺柱数

080—轴承内径,单位为 mm,$d = 80$ mm

示例 3:HX080 轴承座 JB/T 2563—2007

H—滑动轴承座

X—斜座

080—轴承内径,单位为 mm,$d = 80$ mm

3)自动调心式向心滑动轴承

如图 7.63 所示,自动调心式向心滑动轴承的轴瓦与轴承座为球面接触,可自动适应轴的变形,它主要适用于轴的刚度小、制造精度较低的场合。

4)推力滑动轴承

推力滑动轴承用于承受轴向载荷。如图 7.64 所示为一简单的推力滑动轴承结构,它由轴承座、球面推力轴瓦、径向轴瓦、轴颈等零件组成。

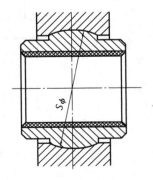

图 7.63　自动调心式向心滑动轴承

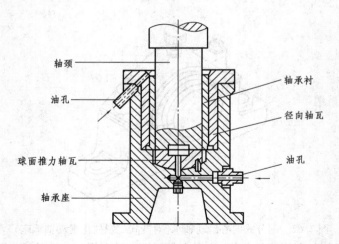

图 7.64　推力滑动轴承

　　如图 7.65 所示为推力滑动轴承的轴颈结构形式。其中,实心式和空心式轴颈是端面受力,压力分布不均匀,润滑效果差,边缘磨损快。单环式轴颈的结构简单,润滑方便,用于低速和轻载场合。多环式轴颈的结构可承受较大的单向或双向载荷,但环数较多时,各环间载荷分布不均。

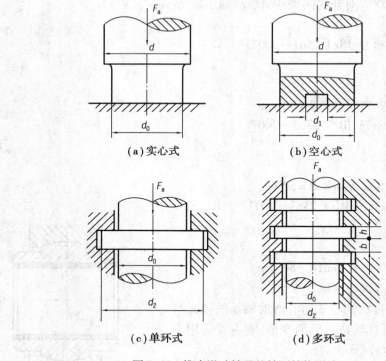

图 7.65　推力滑动轴承的轴颈结构形式

滑动轴承的失效形式、
轴承材料及轴瓦结构

7.8　弹　簧

弹簧是一种常用的机器零件,通常用来减振、夹紧、测力和贮存能量等。弹簧的种类繁多,常见的有螺旋弹簧、板弹簧和平面涡卷弹簧等(图 7.66),其中圆柱螺旋弹簧应用较多。根据受力情况不同,螺旋弹簧又可分为压缩弹簧、拉伸弹簧和扭转弹簧 3 种。

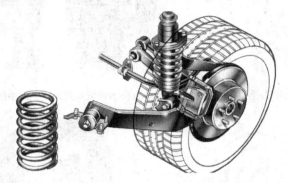

(a)压缩弹簧及其在汽车悬架中的应用

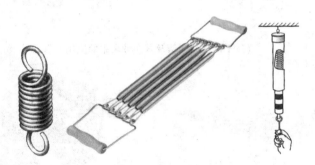

(b)拉伸弹簧及其在弹簧拉力器、弹簧秤中的应用

(c)扭转弹簧及其在金属夹子中的应用

(d) 截锥涡卷弹簧　　　　(e) 碟形弹簧及其在安全阀中的应用

(f) 平面涡卷弹簧及其在钟表中的应用

(g) 板弹簧及其在汽车悬架中的应用

(h) 不同用途的片弹簧

图 7.66　弹簧的种类

弹簧表示法（GB/T 4459.4—2003）

1）螺旋弹簧的画法

螺旋弹簧的视图、剖视图及示意图画法规定如下：

①在平行于螺旋弹簧轴线的投影面的视图中，其各圈的轮廓应画成直线，并按表 7.10 ~ 表 7.12 的形式绘制。

弹簧的常用术语及代号

②螺旋弹簧均可画成右旋，对必须保证的旋向要求应在"技术要求"中注明。

③螺旋压缩弹簧，如要求两端并紧且磨平时，不论支承圈的圈数多少和末端贴紧情况如何，均按表 7.10 形式绘制。必要时也可按支承圈的实际结构绘制。

④螺旋拉伸弹簧按表 7.11 的形式绘制。圆柱螺旋扭转弹簧按表 7.12 的形式绘制。截锥涡卷弹簧（用带材制成的截锥螺旋弹簧）按表 7.13 的形式绘制。

⑤有效圈数在 4 圈以上的螺旋弹簧中间部分可以省略，见表 7.10 ~ 表 7.13。圆柱螺旋弹簧中间部分省略后，允许适当缩短图形的长度。截锥涡卷弹簧中间部分省略后用细实线相连，见表 7.13。

表 7.10　螺旋压缩弹簧的画法

（摘自 GB/T 4459.4—2003）

名称	视图	剖视图	示意图
圆柱螺旋 压缩弹簧			ϕ
			ϕ
截锥螺旋 压缩弹簧			

表 7.11 圆柱螺旋拉伸弹簧的画法
（摘自 GB/T 4459.4—2003）

视图	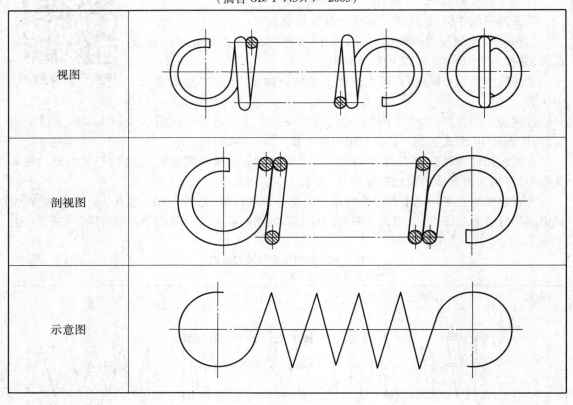
剖视图	
示意图	

表 7.12 圆柱螺旋扭转弹簧的画法
（摘自 GB/T 4459.4—2003）

视图	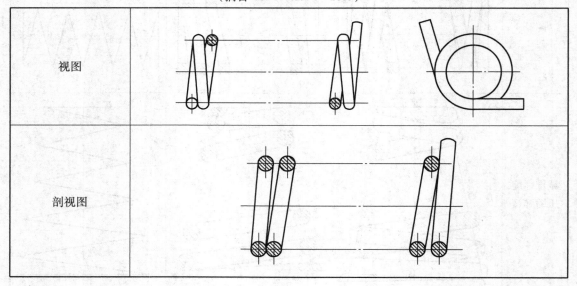
剖视图	

示意图	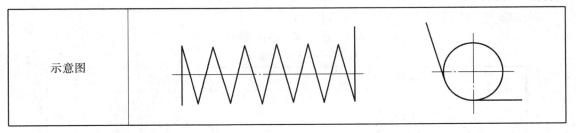

表 7.13　截锥涡卷弹簧的画法

（摘自 GB/T 4459.4—2003）

视图	剖视图	示意图
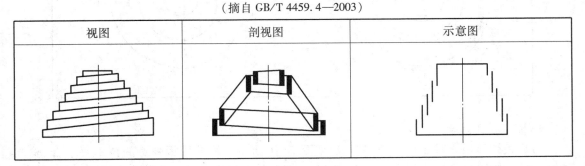		

2)蝶形弹簧的画法

碟形弹簧按表7.14 的形式绘制。

表 7.14　蝶形弹簧的画法

（摘自 GB/T 4459.4—2003）

视图	剖视图	示意图
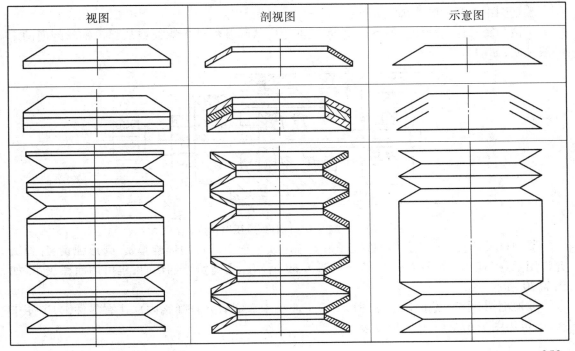		

253

3）平面涡卷弹簧的画法

平面涡卷弹簧按表 7.15 的形式绘制。

表 7.15　平面涡卷弹簧的画法
（摘自 GB/T 4459.4—2003）

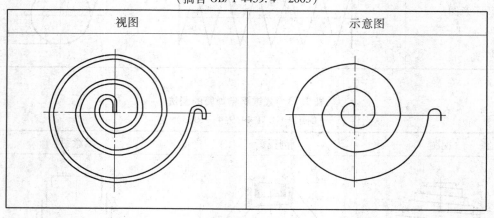

视图	示意图

4）板弹簧的画法

弓形板弹簧由多种零件组成，其画法如图 7.81 所示。汽车用板弹簧的技术要求、试验方法和检验规则可参阅国家标准 GB/T 19844—2005 中的有关规定。板弹簧的材料可从国家标准 GB/T 1222—2016 中选用。

5）片弹簧的画法

片弹簧的视图一般按自由状态下的形状绘制。

6）装配图中弹簧的画法

装配图中弹簧的画法规定如下：

①被弹簧挡住的结构一般不画出，可见部分应从弹簧的外轮廓线或从弹簧钢丝剖面的中心线画起，如图 7.67 所示。

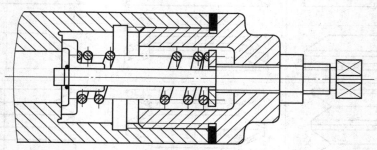

图 7.67　装配图中的圆柱螺旋压缩弹簧画法

②型材尺寸较小（直径或厚度在图形上等于或小于 2 mm）的螺旋弹簧、碟形弹簧、片弹簧允许用示意图表示，如图 7.66、图 7.68、图 7.69 所示。当弹簧被剖切时，也可用涂黑表示，如图 7.70 所示。

③被剖切弹簧的截面尺寸在图形上等于或小于 2 mm，并且弹簧内部还有零件，为了便于表达，可用图 7.67 的示意图形式表示。

④四束以上的碟形弹簧,中间部分省略后用细实线画出轮廓范围,如图 7.68 所示。

⑤板弹簧允许只画出外形轮廓,如图 7.71、图 7.72 所示。

⑥平面涡卷弹簧的装配图画法如图 7.73 所示。

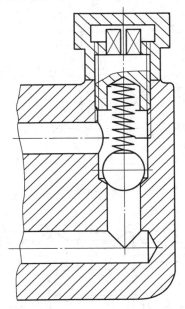

图 7.68　装配图中的圆柱螺旋弹簧示意画法(一)

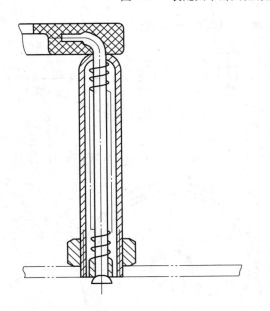

图 7.69　装配图中的圆柱螺旋弹簧示意画法(二)

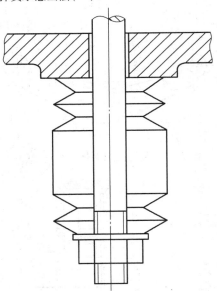

图 7.70　装配图中的蝶形弹簧画法

255

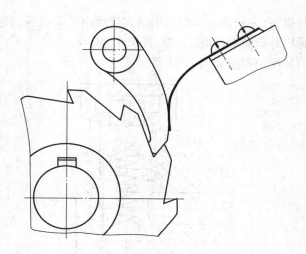

图 7.71　装配图中的片弹簧画法

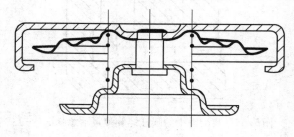

图 7.72　装配图中型材尺寸较小的弹簧画法

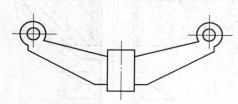

图 7.73　装配图中的板弹簧画法(一)

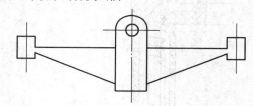

图 7.74　装配图中的板弹簧画法(二)

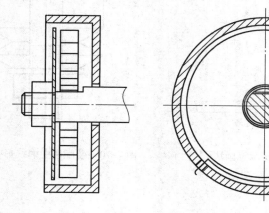

图 7.75　装配图中的平面涡卷弹簧画法

256

7) 弹簧图样格式

绘制弹簧图样的主要要求如下：

① 弹簧的参数应直接标注在图形上，当直接标注有困难时可在"技术要求"中说明。

② 一般用图解方式表示弹簧特性。圆柱螺旋压缩（拉伸）弹簧的机械性能曲线均画成直线，标注在主视图上方。圆柱螺旋扭转弹簧的机械性能曲线一般画在左视图上方，也允许画在主视图上方，性能曲线画成直线。机械性能曲线（或直线形式）用粗实线绘制。

③ 当某些弹簧只需给定刚度要求时，允许不画机械性能图，而在"技术要求"中说明刚度要求。

常用弹簧的图样格式如图 7.76～图 7.83 所示。

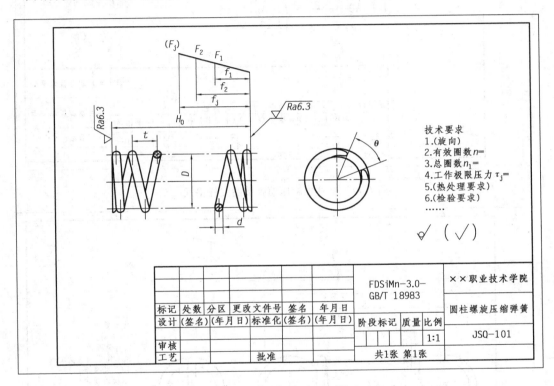

图 7.76　圆柱螺旋压缩弹簧的图样格式（一）

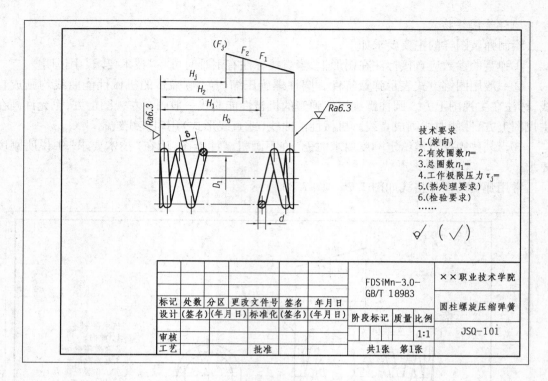

技术要求
1.(旋向)
2.有效圈数n=
3.总圈数n_1=
4.工作极限压力τ_j=
5.(热处理要求)
6.(检验要求)
……

标记	处数	分区	更改文件号	签名	年月日		FDSiMn-3.0-GB/T 18983	××职业技术学院
设计	(签名)	(年月日)	标准化	(签名)	(年月日)			圆柱螺旋压缩弹簧
						阶段标记	质量	比例
审核								1:1	JSQ-101
工艺			批准			共1张 第1张	

图 7.77　圆柱螺旋压缩弹簧的图样格式(二)

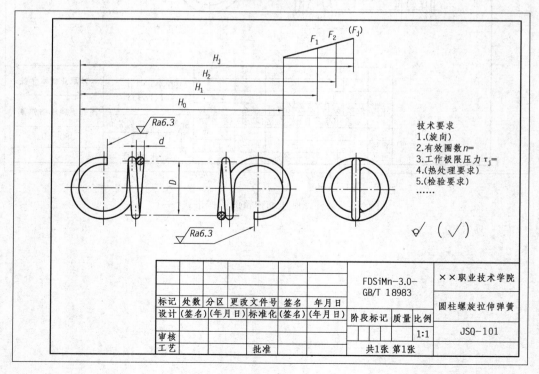

技术要求
1.(旋向)
2.有效圈数n=
3.工作极限压力τ_j=
4.(热处理要求)
5.(检验要求)
……

标记	处数	分区	更改文件号	签名	年月日		FDSiMn-3.0-GB/T 18983	××职业技术学院
设计	(签名)	(年月日)	标准化	(签名)	(年月日)			圆柱螺旋拉伸弹簧
						阶段标记	质量	比例
审核								1:1	JSQ-101
工艺			批准			共1张 第1张	

图 7.78　圆柱螺旋拉伸弹簧的图样格式(一)

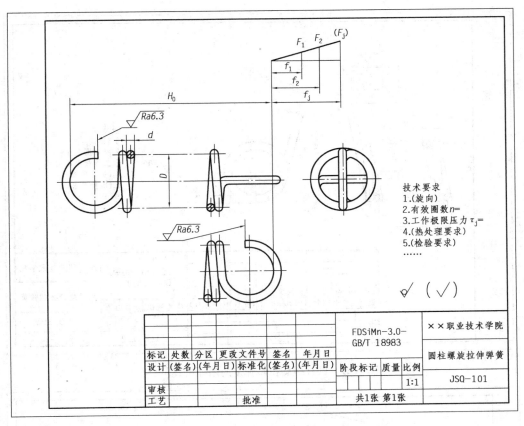

技术要求
1.(旋向)
2.有效圈数$n=$
3.工作极限压力$\tau_j=$
4.(热处理要求)
5.(检验要求)
……

标记	处数	分区	更改文件号	签名	年月日	FDSiMn-3.0-GB/T 18983	××职业技术学院
设计	(签名)		(年月日)	标准化	(签名)	(年月日)	阶段标记	质量	比例	圆柱螺旋拉伸弹簧

设计	(签名)	(年月日)	标准化	(签名)	(年月日)	阶段标记	质量	比例
审核								1:1
工艺			批准			共1张 第1张		

JSQ-101

图 7.79　圆柱螺旋拉伸弹簧的图样格式(二)

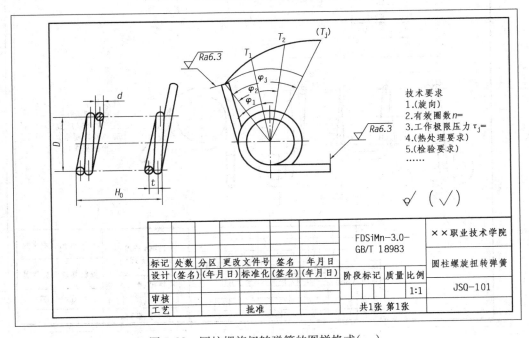

技术要求
1.(旋向)
2.有效圈数$n=$
3.工作极限压力$\tau_j=$
4.(热处理要求)
5.(检验要求)
……

标记	处数	分区	更改文件号	签名	年月日	FDSiMn-3.0-GB/T 18983	××职业技术学院
设计	(签名)	(年月日)	标准化	(签名)	(年月日)	阶段标记 质量 比例	圆柱螺旋扭转弹簧
审核						1:1	JSQ-101
工艺			批准			共1张 第1张	

图 7.80　圆柱螺旋扭转弹簧的图样格式(一)

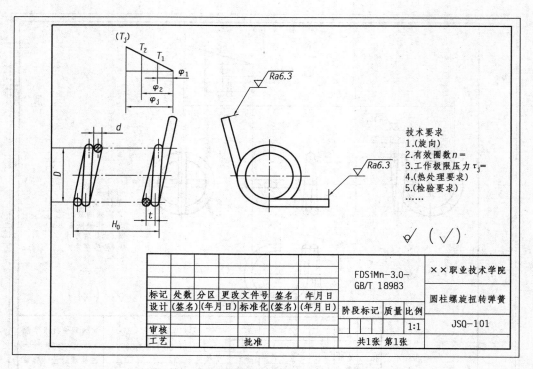

图 7.81　圆柱螺旋扭转弹簧的图样格式(二)

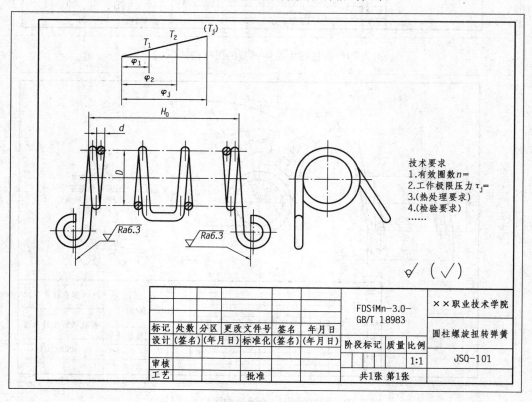

图 7.82　圆柱螺旋扭转弹簧的图样格式(三)

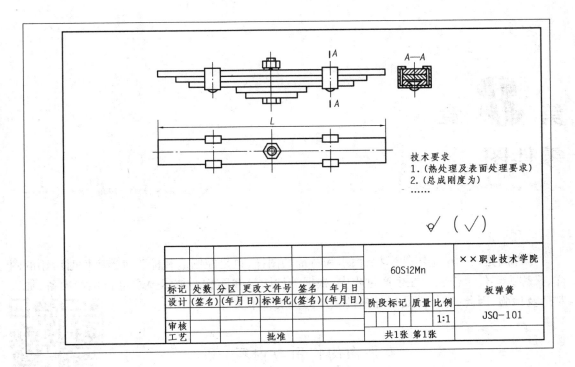

技术要求
1.（热处理及表面处理要求）
2.（总成刚度为）
……

						60Si2Mn		××职业技术学院
标记	处数	分区	更改文件号	签名	年月日			板弹簧
设计	(签名)	(年月日)	标准化	(签名)	(年月日)	阶段标记	质量	比例	
审核								1:1	JSQ-101
工艺			批准			共1张 第1张		

图 7.83　板弹簧的图样格式

弹簧的常用术语及代号一

弹簧的常用术语及代号二

第 **8** 章

零件图

零件图是表达单个零件形状、大小和特征的图样,也是在制造和检验机器零件时所用的图样,又称为零件工作图。在生产过程中,根据零件图样和图样的技术要求进行生产准备、加工制造及检验,因此,零件图是指导零件生产的重要技术文件。

机械工业产品设计和开发的基本程序

8.1 零件图的作用与内容

1)零件图的作用

①零件图反映设计者的意图,是设计、生产部门组织设计、生产的重要技术文件。

②零件图表达机器或部件对零件的要求,是制造和检验零件的依据。

2)零件图的内容

如图 8.1 所示,一张完整的零件图,应包括以下基本内容:

①一组视图。用恰当的视图、剖视图、断面图等机件表达方法,完整、清晰地表达零件各部分的结构与形状。

②完整的尺寸。包括零件制造和检验所需的全部尺寸,所标尺寸必须正确、完整、清晰和合理。

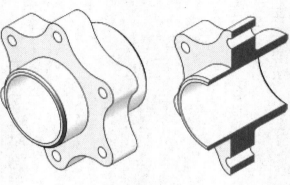

(a)轴测图

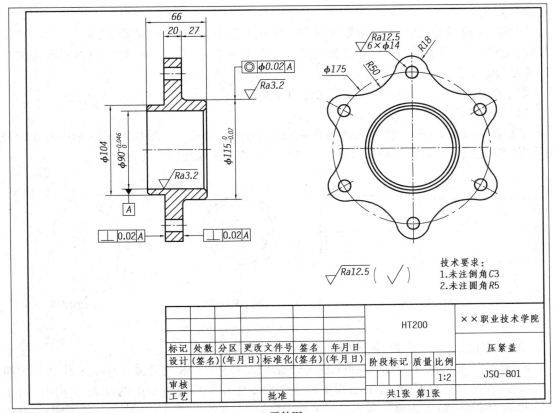

（b）零件图

图 8.1 压紧盖零件图

③技术要求。说明零件制造和检验应达到的技术指标。除用文字在图纸空白处书写出技术要求外，还包括用符号表示的技术要求，如表面粗糙度、尺寸公差、几何公差等。

④标题栏。位于图纸右下角，包括单位名称、图样名称、材料标记、比例、图样代号以及设计签名等信息。

8.2 零件图的视图选择

零件图的视图选择原则是用一组合适的图形，在正确、清晰、完整地表达零件内外结构形状和相互位置的前提下，尽量减少图形数量，便于读图和画图。

1）主视图的选择

主视图是一组图形的核心，主视图在表达零件的结构形状、画图和读图中起主导作用，因此应将主视图放在首位。

根据国家标准 GB/T 17451—1998 中的有关规定，表示物体信息量最多的那个视图应作为主视图，通常是物体的工作位置或加工位置或安装位置。这就是说，主视图的投射方向应先满足这一总原则，即应选择反映零件的信息量最大，能较明显反映零件的主要形状特征和各部分之间相对位置的那个投射方向作为主视图的投射方向，可以简称为"大信息量原则"或"形状特征原则"。

主视图其投射方向确定后,但零件的主视图及其方位仍不能完全被确定,需进一步确定主视图的安放方位,根据不同类型零件及其图样的特点,一般有两种原则,即"工作位置(安装位置)原则"或"加工位置原则"。

综上所述,选择零件图的主视图应考虑以下原则:

(1)形状特征原则

主视图的投射方向,应能清楚地反映零件的结构形状特征。如图8.2(a)所示中的 A 向视图能更清楚地反映该零件的特征,因此,应选择 A 向作为主视图的投射方向。

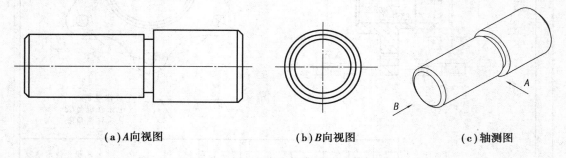

(a)A向视图   (b)B向视图   (c)轴测图

图8.2   基于形状特征原则选择主视图

(2)工作位置(安装位置)原则

工作位置(安装位置)是指零件安装在机器或部件中的安装位置或工作时的位置。按照工作位置(安装位置)原则选择的主视图便于想象零件在部件或机器中的位置和作用。对于叉架类、箱体类零件,因为通常需要经过多种工序加工,且各工序的加工位置往往不同,并且也难以确认其主次,故一般在选择零件的主视图时,尽可能地与零件的安装位置或工作位置相一致,有利于把零件图和装配图对照起来读图。

如图8.3(a)所示中的 A 向视图能反映该零件的工作位置,因此,应选择 A 向作为主视图的投射方向。

(3)加工位置原则

零件的加工位置是指零件在机床上加工时的装夹位置。主视图方位与零件主要加工工序中的加工位置相一致,便于看图、加工和检测尺寸。因此,对于主要是在车床上完成机械加工的轴套类、轮盘类等零件,一般要按加工位置即按其轴线水平放置来选择主视图投射方向。如图8.4(a)、(b)所示的微型千斤顶,顶杆零件属于轴套类零件,如图8.4(d)所示是顶杆零件的主视图,符合该零件的加工位置原则,即在车床上加工时,该零件需要按其轴线水平放置进行装夹。

零件图的主视图选择原则,对有些零件来说是可以同时满足的,但对于某些零件来说难以同时满足,因此选择主视图时应先选择好投射方向,再考虑零件的类型并兼顾其他视图的匹配、图幅的利用等具体因素来决定主视图安放的方位。

2)其他视图的选择

零件图的主视图确定后,应根据零件结构形状的复杂程度、主视图是否已表达完整和清楚等因素,来决定是否需要多少其他视图以弥补表达的不足。

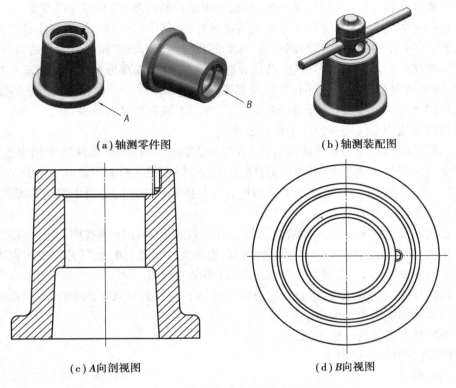

(a) 轴测零件图　　　　　　　　(b) 轴测装配图

(c) A向剖视图　　　　　　　　(d) B向视图

图 8.3　基于工作位置原则选择主视图

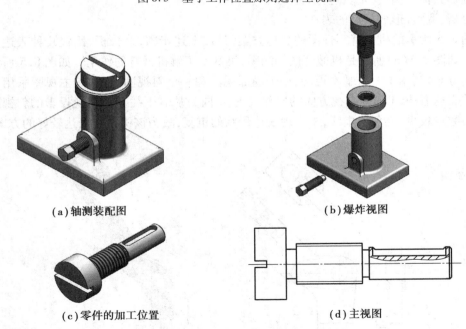

(a) 轴测装配图　　　　　　　　(b) 爆炸视图

(c) 零件的加工位置　　　　　　(d) 主视图

图 8.4　基于加工位置原则选择主视图

　　国家标准 GB/T 17451—1998 中指出,当需要其他视图(包括剖视图和断面图)时,应按下述原则选取:

①在明确表示物体的前提下,使视图(包括剖视图和断面图)的数量为最少。

要使视图的数量为最少,这与表达方法的选用有关,其中所选各个视图都应有明确的表达侧重和目的。零件的主体形状和局部形状、外部形状与内部形状应相对集中与适当分散表达。零件的主体形状应采用基本视图表达,即优先选用基本视图;局部形状如不便在基本视图上兼顾表达时,可另选用其他视图(如向视图、局部视图、断面图等)。一个较好的表达方案往往需要提前拟订多种方案,比较后选择最佳方案,使零件图的视图数量为最少。

②尽量避免使用虚线表达物体的轮廓及棱线。

零件不可见的内部轮廓和外部被遮挡(在投射方向上)的轮廓,在视图中用虚线表示,为了不用或少用虚线就必须适当选用局部视图、向视图、剖视图或断面图。但适当少量虚线的使用,又可以减少视图数量。二者之间的矛盾应在对具体零件表达的分析中权衡和解决。

③避免不必要的细节重复。

零件在同一投射方向中的内外结构形状,一般可在同一视图(剖视图)上兼顾表达,当不便在同一视图(剖视图)上表达(如内外结构形状投影发生重叠)时,也可另用视图表达。对细节表达重复的视图应舍去,力求表达简练,不出现多余的视图。

以上选择其他视图的原则,也是评定分析零件图表达方案的原则,掌握这些原则必须通过大量的识图和画图实践才能做到。

零件图的视图选择的一般步骤为:

①分析零件的结构形状。

②选择主视图。

③选择其他视图,初定表达方案。

④分析、调整,形成最后的表达方案。

如图 8.5 所示的机械臂零件图的表达方案,是按上述步骤,经分析、比较几种表达方案后确定的。如图 8.5(a)所示是机械臂的轴测图,可基本了解机械臂的作用。如图 8.5 所示的机械臂表达方案,共用了一个基本视图、一个局部视图和一个斜视图。其中,主视图采用了局部剖视图的表达方法;A 向为右视方向的局部视图;B 向为从右下往左上斜视投影的斜视图。此方案视图数量较少,避免了虚线,未出现表达形状的重复,故为该机械臂表达较好的方案。

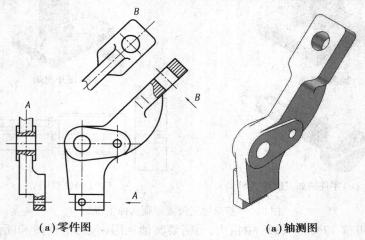

(a)零件图　　　　　　　　　　(a)轴测图

图 8.5　机械臂零件图的表达方案

8.3　零件图的尺寸标注

零件图中的图形,表达出零件的形状和结构。而零件各部分的大小及相对位置,由零件图中所标注的尺寸来确定。因此,零件图中所标注的尺寸应符合以下要求:

①正确:图中所有的尺寸数字及公差数值都必须正确无误。

②清晰:尺寸布局要层次分明,尺寸线整齐,数字、代号清晰,而且必须符合相关国家标准的规定。

③完整:零件结构形状的定形尺寸、定位尺寸和总体尺寸必须标注完整且不重复。

④合理:标注的尺寸既要满足设计要求,又要满足工艺要求、方便制造和测量检验。

为了能够合理地标注零件图的尺寸,必须对零件进行结构分析、形体分析和工艺分析,据此确定尺寸基准,选择合理的标注形式,结合零件的具体情况完成尺寸标注。要达到这一要求,需要具备一定的专业知识和生产实践经验。本章主要介绍合理标注零件图尺寸的基本知识。

8.3.1　主要尺寸和非主要尺寸

1)主要尺寸

主要尺寸是指直接影响零件的使用性能和安装精度的尺寸。主要尺寸包括零件的规格尺寸、连接尺寸、安装尺寸、确定零件相互位置的尺寸、有配合要求的尺寸等,一般都标注公差。

2)非主要尺寸

非主要尺寸是指仅满足零件的机器性能结构形状和工艺要求等方面的尺寸。非主要尺寸包括外形轮廓尺寸、非配合要求的尺寸,如倒角、凸台、凹坑、退刀槽、壁厚等,一般不标注公差。

如图 8.6 所示的端盖零件图,$\phi 40^{+0.016}_{0}$,$\phi 60^{\ 0}_{-0.046}$,$\phi 90 \pm 0.25$ 属于主要尺寸;12,24,54 等尺寸属于非主要尺寸。

8.3.2　零件图尺寸标注的基本步骤

从以上内容中可以看出,零件上有少量尺寸必须与其他零件进行配合,是重要尺寸,必须直接基于设计基准进行尺寸标注。除此之外,零件上其他大量的尺寸应尽可能地按照工艺要求进行标注,以便于零件的加工、安装和测量。在分析和标注零件图的尺寸时,还要特别注意以下几点:

①应从装配体或装配图上弄清该零件与其他零件之间的装配关系,找出零件上满足设计要求的尺寸及需要与其他零件相配合的尺寸,以便直接标注。

②对零件进行构形分析时,应先将零件分成几个大的功能结构部分,然后再对每个功能结构部分进行局部构形和形体分析,了解它们的形状,并分析其加工工艺。

③标注零件的尺寸时,必须考虑零件的加工顺序,特别是某些局部形状的加工工艺,找出合理标注尺寸的方法。

④不要漏标零件各结构部分的相对位置尺寸,对零件图来说,这些尺寸

尺寸基准

合理标注尺寸
的基本原则

都比较重要。

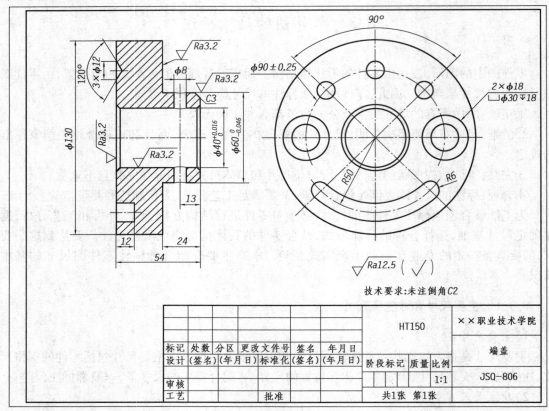

(a)零件图

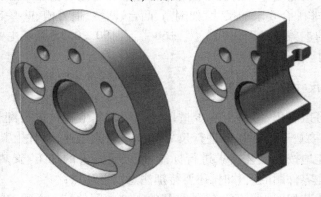

(b)轴测图

图 8.6 端盖零件图

⑤对零件中的每一处功能结构,当对该功能结构中各形体的定位尺寸及定形尺寸进行标注时,建议先标注定位尺寸再标注定形尺寸,因为定位尺寸容易被遗漏;先标注内部尺寸后标注外部尺寸,这符合"清晰"标注零件图尺寸的基本要求。

⑥完成零件图的尺寸标注后,还要按照标注尺寸的基本步骤进行认真检查:尺寸是否符合设计要求;尺寸是否符合工艺要求;是否遗漏了尺寸;是否还有多余的重复尺寸等。

⑦标注尺寸时,最忌不分析零件的结构、作用和工艺情况等就马马虎虎标注尺寸;没有按照一定的方法和步骤去标注尺寸,缺乏条理,心中无数,结果遗漏了大量的尺寸,并极有可能会标注重复性的尺寸。

如图 8.7 所示为主动齿轮轴零件图尺寸标注的过程,其尺寸标注的基本步骤如下:

(1)分析零件

如图 8.7(a)所示,分析该主动齿轮轴的结构形状和功能作用、与其他零件之间的配合关系及其加工工艺。

(2)选择基准

如图 8.7(a)所示,图中 A 处为设计基准,B 处为工艺基准。

(3)标注功能尺寸

如图 8.7(b)所示,标注零件的功能尺寸。

(4)标注其余尺寸

如图 8.7(c)所示,完成零件图中其余非功能性尺寸的标注。

(5)检查调整

检查调整,查漏补缺,完成尺寸标注。

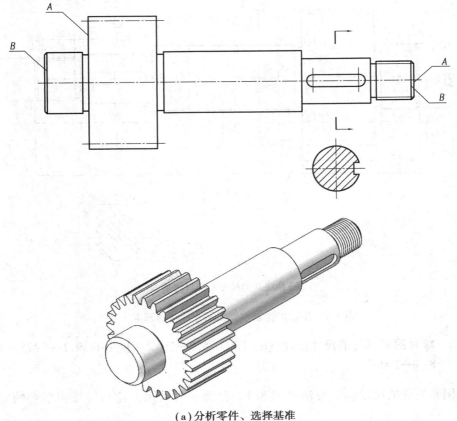

(a)分析零件、选择基准

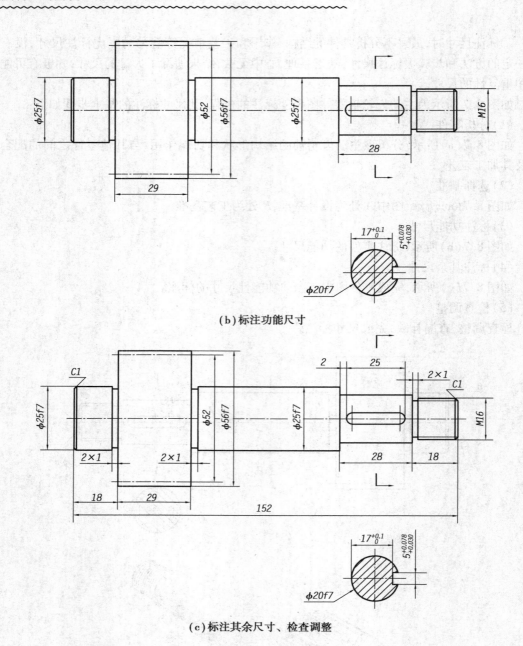

(b) 标注功能尺寸

(c) 标注其余尺寸、检查调整

图 8.7　主动齿轮轴零件图尺寸标注的基本步骤

8.3.3　零件图常见孔的尺寸标注 (GB/T 16675.2—2012, GB/T 4459.1—1995, GB/T 445 8.4—2003)

零件图常见孔的尺寸标注方法见表 8.1。各类孔可采用旁注和符号相结合的方法进行标注。

表 8.1 零件图常见孔的尺寸标注方法

名称		简化后的注法(旁注法)	简化前的注法	说明
光孔		4×φ4▽10　　4×φ4▽10	4×φ4　　10	表示直径为 φ4 mm 的 4 个光孔,孔深为 10 mm
埋头孔		4×φ7 ▽φ13×90°　　4×φ7 ▽φ13×90°	90° φ13 4×φ7	4×φ7 表示直径 φ4 mm 的 4 个孔
沉孔		4×φ6.4 ⊔φ12▽4.5　　4×φ6.4 ⊔φ12▽4.5	φ12 4.5 4×φ6.4	表示沉孔的小孔直径为 φ6.4 mm,大孔直径为 φ12 mm,深度为 4.5 mm
锪平孔		4×φ6.4 ⊔φ12　　4×φ6.4 ⊔φ12	φ12锪平 4×φ6.4	锪平面 φ20 的深度不需标注,一般锪平到不出现毛面为止
螺孔	通孔	3×M16-7H　　3×M16-7H	3×M16-7H	3×M16 表示螺纹的公称直径为 16 mm,中、顶径公差带为 7H 的 3 个螺孔
	不通孔	3×M6▽10　　3×M6▽10	3×M6　　10	表示 3 个螺孔的公称直径为 6 mm,螺孔深度为 10 mm
	一般孔	3×M6▽10 孔▽12　　3×M6▽10 孔▽12	3×M6　　10　12	如需要标注孔深时,应明确标出

8.3.4　中心孔的表示法（GB/T 4459.5—1999）

中心孔的表示法

如图 8.8～图 8.10 所示，中心孔作为工艺基准，一般用于工件的装夹、检验、装配的定位。国家标准 GB/T 4459.5—1999 规定了中心孔的表示法，它适用于在机械图样中不需要确切地表示出形状和结构的标准中心孔，非标准中心孔也可参照采用。

中心孔的表示法有以下几种：

（1）规定表示法

①对已经有相应标准规定的中心孔，在图样中可不绘制其详细结构，只需在零件轴端面绘制出对中心孔要求的符号，随后标注出其相应标记。中心孔的规定表示法示例见表 8.5。

②如需指明中心孔标记中的标准编号时，也可按照如图 8.8 所示的方法标注。

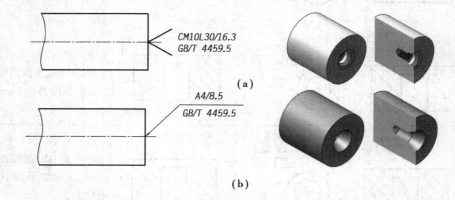

图 8.8　包含标准编号的中心孔表示法

③以中心孔的轴线为基准时，基准代号可按照如图 8.9 所示的方法标注。

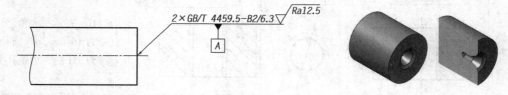

图 8.9　以中心孔的轴线为基准的表示法

④中心孔工作表面的表面粗糙度应在引出线上标出，如图 8.9 所示。

（2）简化表示法

①在不致引起误解时，可省略标记中的标准编号，如图 8.10 所示。

②若同一轴的两端中心孔相同，可只在其一端标出，但应注出其数量，如图 8.9、图 8.10 所示。

图 8.10　省略标准编号的表示法

8.4 识读典型的零件图

由于零件的用途不同,其结构形状也是多种多样的,为了便于识读零件图,根据零件的结构形状及加工过程的共性,零件大致可分为 4 类,即轴套类零件、轮盘类零件、叉架类零件和箱体类零件。

8.4.1 轴套类零件图

轴套类零件主要用来支承传动零件和传递动力。轴套类零件的基本形状是回转体,轴向尺寸大,径向尺寸小。轴套类零件沿轴线方向通常有中心孔、螺纹、轴肩、倒圆、倒角、退刀槽、砂轮越程槽和键槽等结构要素。

(1)视图

轴套类零件的主视图按加工位置将轴线水平放置,一般轴类零件采用局部剖视图的表达方法,套类零件采用全剖视图的表达方法,并尽量将键槽或销孔面向前方。其他视图可采用断面图、局部放大图等来表示键槽、退刀槽、中心孔等结构要素。

(2)尺寸

轴套类零件的径向尺寸基准是轴线,轴向尺寸以轴的端面或轴肩为尺寸基准。尺寸按加工顺序标注,主要尺寸需要直接标出。螺纹、键槽、退刀槽、倒角、倒圆、中心孔等结构需要按国家标准的有关规定进行绘制和标注尺寸。

如图 8.11 所示为主动齿轮轴零件图,如图 8.12 所示为轴套零件图。

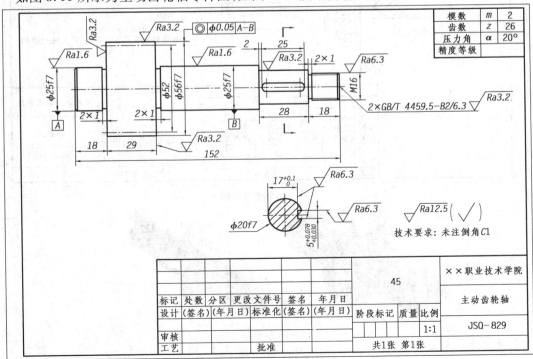

(a)主动齿轮轴零件图

273

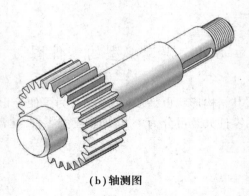

(b) 轴测图

图 8.11　轴类零件图

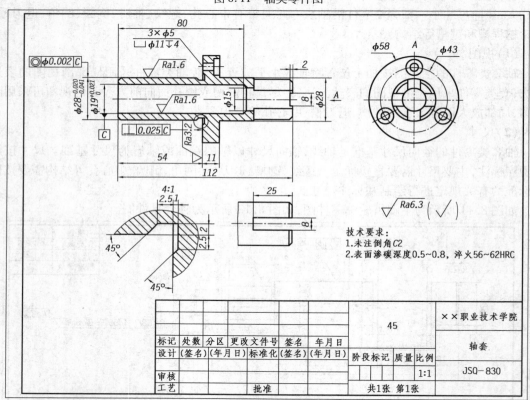

(a) 轴套零件图

(b) 轴测图

图 8.12　套类零件图

8.4.2 轮盘类零件图

轮盘类零件一般指各种轮(齿轮、带轮等)、端盖、法兰盘等。轮盘类零件的结构为多个同轴回转体或其他平板形,厚度方向尺寸小于其他两个方向尺寸。轮盘类零件多为铸件或锻件。

(1)视图

轮盘类零件的主视图按加工位置将轴线水平放置,一般通过轴线采用全剖视图的表达方法。通常选用左视图或右视图补充说明零件的外形和各种孔、肋和轮辐等结构要素。细小结构一般采用局部剖视图的表达方法,或采用国家标准有关规定的简化画法。

(2)尺寸

轮盘类零件的径向尺寸以轴线为尺寸基准标注各圆柱面的直径尺寸,这些尺寸一般标注在投影为非圆的主视图上。轴向尺寸一般以某端面为尺寸基准进行标注。尺寸按加工顺序标注,内外尺寸应分开标注。

如图 8.13 所示为法兰盘零件图。

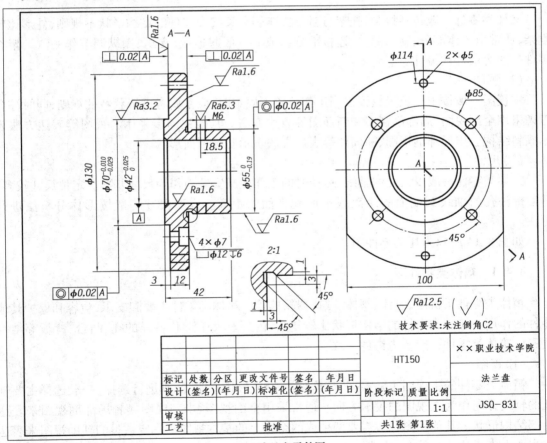

(a)法兰盘零件图

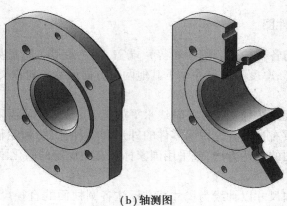

（b）轴测图

图 8.13　轮盘类零件图

8.4.3　叉架类零件图

叉架类零件一般包括拨叉、托架、连杆、支座等。叉架类零件的结构形状不规则，外形比较复杂，通常由工作部分、支架部分、连接部分组成。一般起连接、支承、操纵调节作用。叉架类零件一般为锻件或铸件。

（1）视图

主视图一般按工作位置放置。当工作位置不固定时，应主要考虑形状特征规则，同时综合考虑采用全剖视图、局部剖视图和断面图等表达方法。其他视图多采用斜视图等表达方法表示倾斜结构。用局部剖视图、断面图等表达方法表示肋板截面形状。

（2）尺寸

叉架类零件一般以大孔的轴线、运动时的工作面或安装面作为尺寸基准。定位尺寸较多，一般标注孔的轴线到端面的距离或平面到平面的距离。定形尺寸一般按形体分析法进行标注。

如图 8.14 所示为托架零件图。

8.4.4　箱体类零件图

箱体类零件指机座、泵体、阀体、减速器箱体等。箱体类零件主要起支承、包容和保护其他零件的作用。箱体类零件的结构形状比较复杂，内外有大小形状各异的孔、凸台、背板等结构要素。箱体类零件一般多为铸件。

（1）视图

箱体类零件的主视图主要根据"工作位置"和"形状特征"原则进行选择，一般选择主要轴孔的轴线方向作为主视图的投射方向。通常采用全剖视图、半剖视图或者局部剖视图来表达内部结构形状。其他视图一般需要两个或两个以上的基本视图和一定数量的辅助视图来表达主视图上未表达清楚的内、外结构。

（2）尺寸

箱体类零件通常以主要轴孔的轴线、重要端面、底面、对称面作为尺寸基准。轴孔中心距、轴孔中心线到安装面的距离、轴孔的直径等重要尺寸必须直接标注。

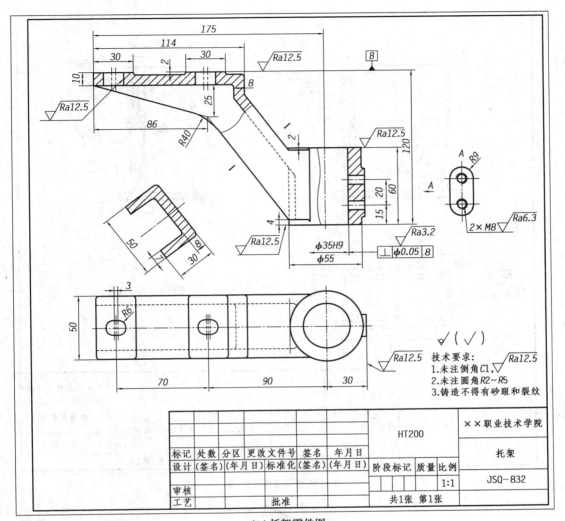

(a) 托架零件图

(b) 轴测图

图 8.14　托架类零件图

如图 8.15 所示为减速器箱体零件图。

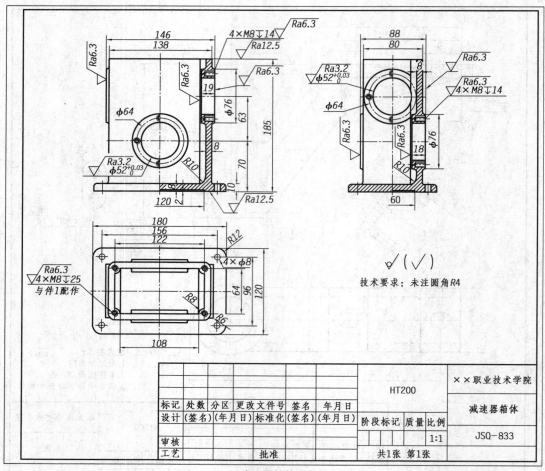

（a）减速器箱体零件图

（b）轴测图

图 8.15 箱体类零件图

8.5　零件上常见的工艺结构

机器上大多数零件都是通过铸造和机加工而成的,其结构形状除满足设计要求外,还要考虑便于安装和加工。

零件结构的工艺性是指所设计零件的结构,在一定条件下,是否适合制造、加工工艺的一系列特点,能否高质量、高产量、低成本地制造出来,以取得较好的经济效果。零件上常见的工艺结构一般分为铸造工艺结构和机械加工工艺结构。具体内容见二维码。

铸造工艺结构

8.6　表面粗糙度

零件的表面结构要求是评定机器和工业产品零件质量的重要指标之一,在工业产品零件的设计、加工生产和验收过程中是一项必不可少的质量要求。为有效提高产品的质量,科学准确地表达表面结构要求,在产品几何技术规范(GPS)系列的国家标准中,共定义并标准化了三组表面结构参数:轮廓参数、图形参数和支承率曲线参数,每组参数由不同的评定方法进行评定。

采用轮廓参数法定义的表面结构要求分为 R 轮廓(粗糙度参数)、W 轮廓(波纹度参数)和 P 轮廓(原始轮廓参数)3 种,本节主要介绍 R 轮廓(粗糙度参数)的图样表示法。具体内容见二维码。

表面粗糙度的相关知识

8.7　极限与配合

极限与配合的详细内容见二维码。

互换性

8.8　几何公差

零件在加工过程中会产生加工误差,这是由机床、夹具、刀具和工件所构成的工艺系统本身存在的各种误差,同时被加工零件的几何要素也会因受力变形、热变形、振动、刀具磨损等影响而产生各种加工误差。加工误差的表现形式包括尺寸误差、表面粗糙度和几何误差等。几何误差包括形状误差、方向误差、位置误差和跳动误差。如图 8.16 所示,圆柱体的几何形状出现了误差。如图 8.17 所示,阶梯轴各段圆柱体的轴线不共线,轴线的位置出现了误差。

在机器中某些要求较高的零件,不仅需要保证尺寸公差、表面粗糙度等要求,而且还要保证零件的几何公差要求,这样才能满足零件的使用要求和装配互换性,保证机器的工作精度和使用寿命。

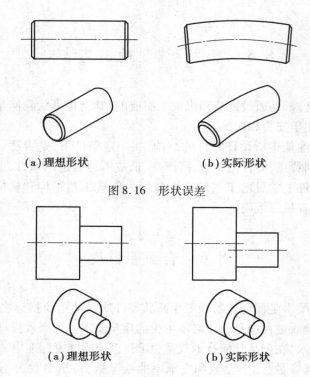

（a）理想形状　　　　　（b）实际形状

图 8.16　形状误差

（a）理想形状　　　　　（b）实际形状

图 8.17　位置误差

任何零件都是由点、线、面构成的,这些点、线、面称为要素。几何公差是指被测零件的实际几何要素相对于理想几何要素所允许的变动量。几何公差包括形状公差、方向公差、位置公差和跳动公差 4 种类型。

几何公差的基本术语、基本概念、符号及比例画法等详细内容见二维码。

几何公差的相关知识

8.9　零件测绘

8.9.1　零件测绘的概念和种类

测绘就是根据实物,通过测量,绘制出实物图样的过程。

测绘与设计不同,测绘是先有实物,再画出图样;而设计一般是先有图样后有样机。如果把设计工作看成构思实物的过程,则测绘工作可以说是一个认识实物和再现实物的过程。

测绘往往对某些零件的材料、特性要进行多方面的科学分析鉴定,甚至研制。因此,多数测绘工作带有研究的性质,基本属于产品研制范畴。

零件测绘的种类包括以下 3 类:

①设计测绘:测绘为了设计。根据需要对原有设备的零件进行更新改造,这些测绘大多是从设计新产品或更新原有产品的角度进行的。

②机修测绘:测绘为了修配。零件损坏,又无图样和资料可查,需要对坏零件进行测绘。

③仿制测绘:测绘为了仿制。为了学习先进,取长补短,常需要对先进的产品进行测绘,制

造出更好的产品。

8.9.2　零件测绘的方法和步骤

零件测绘的方法和步骤如下：

(1)认真分析零件

①了解零件的名称和用途；

②鉴定该零件是由什么材料制成的；

③对该零件进行结构、工艺分析。

(2)选择表达方案

选择主视图和其他视图，确定表达方案。

(3)绘制零件草图

①在图纸上定出各个视图的位置，徒手画出各个视图的基准线、中心线，注意尺寸和标题栏占用的空间；

②画出各个视图的主要轮廓，零件内外部结构，逐步完成各个视图的底稿；

③检查底稿，徒手加深图线，画出剖面线，注意各类图线粗细分明；

④选择尺寸基准，画出尺寸线、尺寸界线；

⑤测量尺寸并注出尺寸；

⑥确定技术要求，并标注；

⑦填写标题栏。

8.9.3　绘制零件草图的基本要求和方法

零件测绘工作常在机器设备的现场进行，受条件限制，一般先绘制出零件草图，然后根据零件草图整理出零件工作图。因此，零件草图绝不是潦草图。

徒手绘制的图样称为草图，它是不借助绘图工具，用目测来估计物体的形状和大小，徒手绘制的图样。在讨论设计方案、技术交流及现场测绘中，经常需要快速地绘制出草图，徒手绘制草图是工程技术人员必须具备的基本技能。

零件草图的内容与零件工作图相同，只是线条、字体等为徒手绘制。徒手绘制的零件草图应做到：线型分明、比例均匀、字体端正、图面整洁。

1)握笔方法

如图 8.18 所示，手握笔的位置要比用绘图仪绘图时较高些，以利于运笔和观察目标。笔杆与纸面成 45°～60°。持笔稳而有力。一般选用 HB 或 B 的铅笔，用印有方格的图纸绘图。

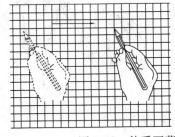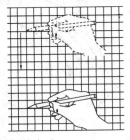

图 8.18　徒手画草图的握笔方法

2）直线的画法

画直线时，握笔的手要放松，手腕靠着纸面，沿着画线的方向移动，眼睛注意线的终点方向，便于控制图线。

如图8.19所示，画水平线时，图纸可放斜一点，将图纸转动到画线最为顺手的位置。画垂直线时，自上而下运笔。画斜线时，可以转动图纸到便于画线的位置。画短线时，常用手腕运笔；画长线时，则用手臂动作。

(a) 画水平线　　　　　　(b) 画垂直线　　　　　　(c) 画斜线

图8.19　徒手画直线

3）圆的画法

如图8.20所示，画小圆时，先定圆心，画中心线，再按半径大小在中心线上定出4个点，然后过4点分两半画出。画中等圆时，增加两条45°的斜线，在斜线上再定出4个点，然后分段画出。圆的半径很大时，可用转动纸板或转动图纸的方法画出。

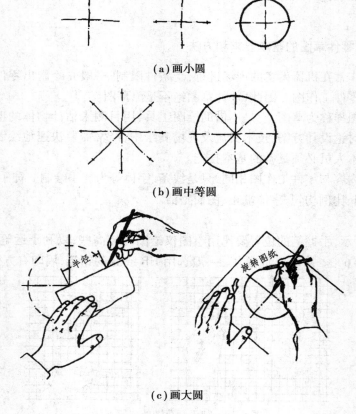

(a) 画小圆

(b) 画中等圆

(c) 画大圆

图8.20　徒手画圆

4) 特殊角度斜线的画法

如图 8.21 所示,30°,45°,60° 为常见的几种角度,可根据两直角边的近似比例关系,定出两端点,然后连接两点即为所画的角度线。10°,15° 的角度线可先画出 30° 的角度后再等分求得。

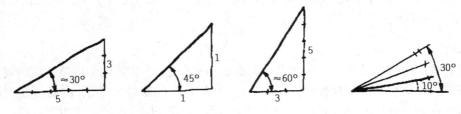

图 8.21　徒手画特殊角度的斜线

5) 圆角的画法

如图 8.22 所示,画圆角时,先将两直线徒手画成相交,然后目测,在分角线上定出圆心位置,使其与角的两边的距离等于圆角的半径大小,过圆心向两边引垂线定出圆弧的起点和终点,并在分角线上也定出一圆周点,然后徒手画圆弧把 3 点连接起来。

图 8.22　徒手画圆角

6) 椭圆的画法

如图 8.23 所示,可先根据椭圆的长、短轴,或一对共轭直径,作出椭圆的外切矩形、棱形或平行四边形,然后在此矩形、棱形或平行四边形内,作内切椭圆。注意,椭圆一定过矩形、棱形或平行四边形各边的中点。

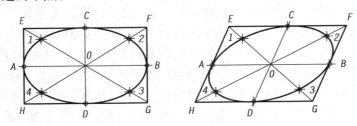

图 8.23　徒手画椭圆

8.9.4　绘制零件工作图的方法和步骤

由于零件草图是在现场测绘的,有些问题的表达可能不完善,因此,在画零件图之前,应仔细检查零件草图表达是否完整、尺寸有无遗漏、各项技术要求之间是否协调,最后确定零件的最佳表达方案。根据零件草图绘制零件工作图的方法和步骤如下:

①选择比例;

②确定幅面;

③画底稿；

④校对加深；

⑤填写标题栏。

8.9.5 零件测绘中的尺寸圆整与协调（GB/T 321—2005，GB/T 19763—2005，GB/T19764—2005）

1）优先数和优先数系

当设计者选定一个数值作为某种产品的参数指标时，这个数值就会按照一定的规律，向一切有关的制品传播扩散。如螺栓尺寸一旦确定，与其相配的螺母就定了，进而传播到加工、检验用的机床和量具，继而又传向垫圈、扳手的尺寸等。由此可见，在设计和生产过程中，技术参数的数值不能随意设定，否则，即使微小的差别，经过反复传播后，也会造成尺寸规格繁多、杂乱，以至于组织现代化生产及协作配套困难。因此，必须建立统一的标准。在生产实践中，人们总结出了一种符合科学的统一数值标准——优先数和优先数系，具体规定可参看国家标准 GB/T 321—2005，GB/T 19763—2005 和 GB/T 19764—2005。

在设计和测绘中遇到选择数值时，特别是在确定产品的参数系列时，必须按标准规定，最大限度地采用，这就是优先的含义。

2）尺寸的圆整

按实物测量出来的尺寸，往往不是整数，因此，应对所测量出来的尺寸进行处理、圆整。尺寸圆整后，可简化计算，使图形清晰，更重要的是可以采用更多的标准刀量具，缩短加工周期，提高生产效率。

尺寸圆整的基本原则是：逢 4 舍，逢 6 进，遇 5 保证偶数。例如，41.456—41.4，13.75—13.8，13.85—13.8。查阅国家标准 GB/T 321—2005 可知，数系中的尾数多为 0，2，5，8 及某些偶数值。

（1）轴向主要尺寸（功能尺寸）的圆整

可根据实测尺寸和概率论理论，考虑零件制造误差是由系统误差与随机误差造成的，其概率分布应符合正态分布曲线，故假定零件的实际尺寸应位于零件公差带中部，即当尺寸只有一个实测值时，就可将其当成公差中值，尽量将基本尺寸按国标圆整成为整数，并同时保证所给公差等级在 IT9 级以内。公差值可采用单向公差或双向公差，最好为双向公差。

例如，现有一个实测值为非圆结构尺寸 19.98，请确定基本尺寸和公差等级。

查阅国家标准 GB/T 321—2005，发现 20 与实测值接近。根据保证所给公差等级在 IT9 级以内的要求，初步定为 20IT9，查阅公差表，知其尺寸公差为 0.052。根据非圆的长度尺寸公差一般处理原则为：孔取 H，轴取 h，一般长度按 js（对称公差带）取基本偏差代号为 js，公差等级取为 9 级，则此时的上下偏差为：es = +0.026，ei = -0.026，实测尺寸 19.98 符合尺寸公差要求。

（2）配合尺寸的圆整

配合尺寸属于零件上的功能尺寸，确定是否合适，直接影响产品性能和装配精度，所以要做好以下工作：

①确定轴孔公称尺寸（方法同轴向主要尺寸的圆整）；

②确定配合性质（根据拆卸时零件之间的松紧程度，可初步判断出是有间隙的配合还是有过盈的配合）；

③确定基准制(一般取基孔制,但也根据零件的作用来决定);

④确定公差等级(在满足使用要求的前提下,尽量选择较低等级);

⑤在确定好配合后,还应具体确定选用的配合。

例如,现有一个实测值为 φ19.98,请确定基本尺寸和公差等级。

查阅国家标准 GB/T 321—2005,φ20 与实测值接近。根据保证所给公差等级在 IT9 级以内的要求,初步定为 φ20 IT9,查阅公差表,知其尺寸公差为 0.052。若取基本偏差为 f,则极限偏差为:es = -0.020,ei = -0.072。此时,φ19.98 不是公差中值,需要作调整选为 φ20h9,则其 es = 0,ei = -0.052。此时,φ19.98 基本为公差中值。再根据零件的作用校对一下,即可确定下来。

(3)一般尺寸的圆整

一般尺寸为未注公差的尺寸,公差值可按国标未注公差规定或由企业统一规定。圆整这类尺寸,一般不保留小数,圆整后的公称尺寸要符合国家标准 GB/T 321—2005 的规定。

3)尺寸的协调

在零件图上标注尺寸时,必须注意把装配在一起的有关零件的测绘结果加以比较,并确定其公称尺寸和尺寸公差,不仅相关尺寸的数值要相互协调,而且在尺寸的标注形式上也必须采用相同的标注方法。

8.9.6 零件测绘中技术要求的确定

1)确定几何公差

在测绘时,如果有原始资料,则可照搬。在没有原始资料时,由于有实物,可以通过精确测量来确定几何公差。但要注意两点:其一,选取几何公差应根据零件功用而定,不可采取只要能通过测量获得实测值的项目,都注在图样上。其二,随着国外科技水平尤其是工艺水平的提高,不少零件从功能上讲,对几何公差并无过高要求,但由于工艺方法的改进,大大提高了产品加工的精确性,使要求不甚高的几何公差提高到很高的精度。因此,在测绘中,不要盲目地追随实测值,应根据零件要求,结合我国国家标准所确定的数值合理确定。

2)表面粗糙度的确定

①根据实测值来确定。测绘中可用相关仪器测量出有关的数值,再参照我国国家标准中的数值加以圆整确定。

②根据类比法进行确定。

③参照零件表面的尺寸精度及表面几何公差值来确定。

3)热处理及表面处理等技术要求的确定

测绘中确定热处理等技术要求的前提是先鉴定材料,然后确定测绘者所测零件采用材料。注意选材恰当与否,并不是完全取决于材料的机械性能和金相组织,还要充分考虑工作条件。一般来说,零件大多要经过热处理。但并不是说,在测绘的图样上,都需要注明热处理要求,热处理要求要根据零件的作用来决定。

常用的测量工具及零件尺寸的测量方法

8.9.7 零件测绘实例

如图 8.24 所示为压盖零件的测绘步骤。

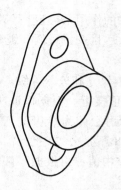

（a）认真分析零件:确定该零件名称为压盖,材料为 HT150,并对该零件进行结构和工艺分析

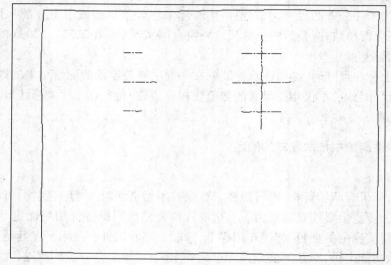

（b）选择主视图和左视图作为零件的表达方案,开始绘制零件草图:在图纸上定出各个视图的位置,
徒手画出各个视图的基准线、中心线,注意尺寸和标题栏占用的空间

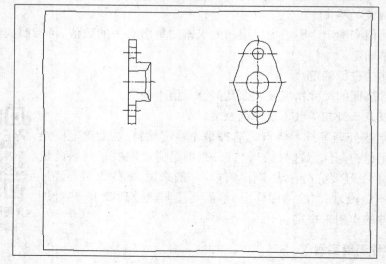

（c）画出各个视图的主要轮廓、零件内外部结构,逐步完成各个视图的底稿

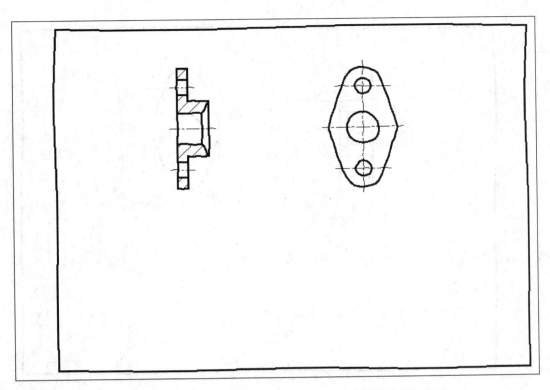

(d)检查底稿,徒手加深图线,画出剖面线,注意各类图线粗细分明

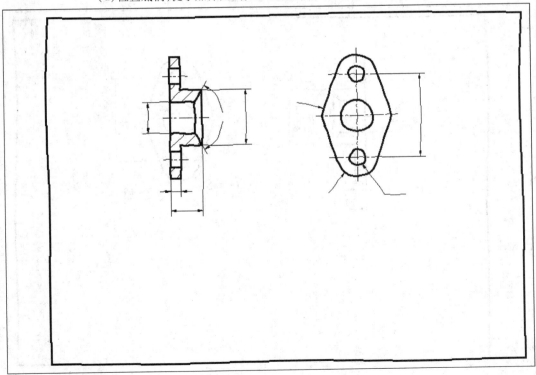

(e)选择尺寸基准,画出尺寸线、尺寸界线

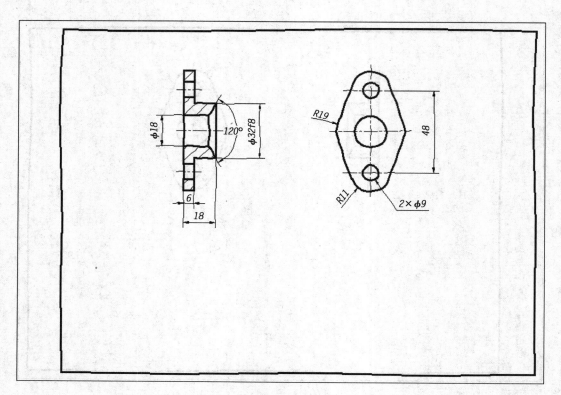

(f)测量尺寸并注出尺寸

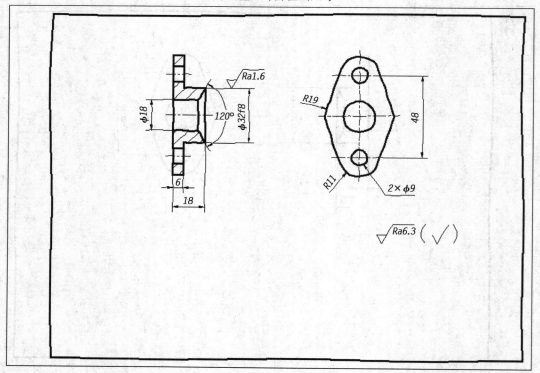

(g)确定技术要求,并标注

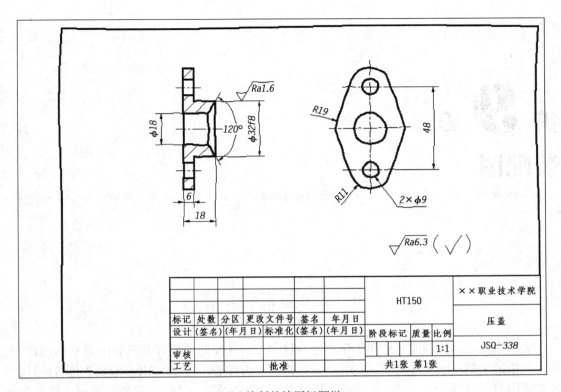

标记	处数	分区	更改文件号	签名	年月日	HT150	××职业技术学院
设计	(签名)		(年月日)	标准化	(签名)	(年月日)		压盖
审核						阶段标记	质量	比例	
工艺			批准					1:1	JSQ-338
						共1张 第1张	

（h）绘制并填写标题栏

图 8.24　零件测绘步骤

第**9**章
装配图

9.1　装配图的概述

装配图是表达机器或部件的工作原理、运动方式、零件间的连接及其装配关系的图样,它是生产中的主要技术文件之一。在生产一部新机器或者部件的过程中,一般要先进行设计,画出装配图,再由装配图拆画出零件图,然后按零件图制造零件,最后依据装配图把零件装配成机器或部件。表达一台完整机器的装配图,称为总装配图。表达机器中某个部件或组件的装配图,称为部件或组件装配图。如图9.1所示的是滑轮座部件装配图。

1)装配图的作用

①在产品或部件的设计过程中,一般是先设计画出装配图,然后再根据装配图进行零件设计,画出零件图。

②在产品或部件的制造过程中,先根据零件图进行零件加工和检验,再按照依据装配图所制定的装配工艺规程将零件装配成机器或部件。

③在产品或部件的使用、维护及维修过程中,也经常要通过装配图来了解产品或部件的工作原理及构造。

2)装配图的内容

从如图9.1所示的滑轮座部件装配图可知,一张装配图应包括以下4项内容。

(1)一组视图

一组视图能正确、完整、清晰地表达产品或部件的工作原理、各组成零件间的相互位置和装配关系及主要零件的结构形状。

(2)必要的尺寸

标注出反映产品或部件的性能、规格、外形、装配和安装所需的必要尺寸和一些重要尺寸。

(3)技术要求

在装配图中用文字或国家标准规定的符号注写出该装配体在装配、检验、使用等方面的要求。

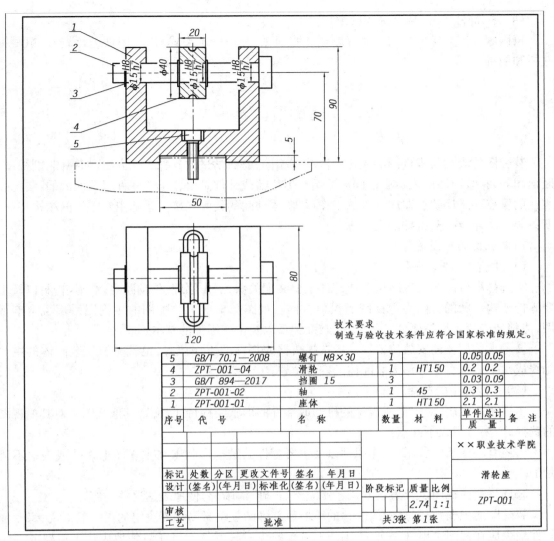

（a）装配图

5	GB/T 70.1—2008	螺钉 M8×30	1		0.05	0.05	
4	ZPT-001-04	滑轮	1	HT150	0.2	0.2	
3	GB/T 894—2017	挡圈 15	3		0.03	0.09	
2	ZPT-001-02	轴	1	45	0.3	0.3	
1	ZPT-001-01	座体	1	HT150	2.1	2.1	
序号	代 号	名 称	数量	材 料	单件 质	总计 量	备 注

技术要求
制造与验收技术条件应符合国家标准的规定。

××职业技术学院

滑轮座 ZPT-001

2.74 1:1 共3张 第1张

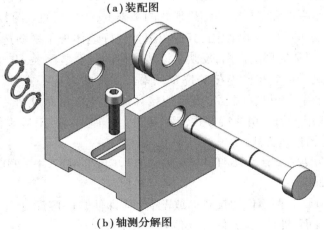

（b）轴测分解图

图 9.1 滑轮座部件装配图

(4)零、部件序号、标题栏和明细栏

按国家标准规定的格式绘制标题栏和明细栏,并按一定格式将零、部件进行编号,填写标题栏和明细栏。

9.2 装配图的表达方法

装配图的表达与零件图的表达方法基本相同,前面学过的各种表达方法,如视图、剖视图、断面图等,在装配图的表达中也同样适用。但机器或部件是由若干个零件组装而成的,装配图表达的重点在于反映机器或部件的工作原理、零件间的装配连接关系和主要零件的结构特征,所以装配图还有一些特殊的表达方法。

1)装配图的视图选择

(1)主视图选择原则

①选择尽可能多的反映机器或部件主要装配关系、工作原理、传动路线、润滑、密封以及主要零件结构形状的方向为主视图的投射方向。如图9.1所示装配图的主视图采用了全剖视图,清楚地表达了滑轮座的工作原理、装配关系以及主要零件的基本形状。

②考虑装配体的安放位置。一般选择机器或部件的工作位置,也就是要使装配体的主要轴线成水平或垂直位置作为装配体的安放位置。

(2)其他视图的选择

主视图确定后,应根据所表达的机器或部件的形状结构特征,配置其他视图。对其他视图的选择,主要考虑以下几点:

①还有哪些装配关系、工作原理以及主要零件的结构形状未在主视图上表达或表达不清楚的。

②选择哪些视图以及表达方式才能完整、正确、清晰、简便地表达这些内容。

装配图的视图数量,是由所表达的机器或部件的复杂难易程度决定的。一般来说,每一种零件最少应在视图中出现一次,否则图上就会缺少一种零件。但在清楚地表达了机器或部件的装配关系、工作原理和主要零件结构形状的基础上,所选用的视图数量应尽量少些。

如图9.2所示的联轴器装配图,其视图配置较好地体现了视图选择的原则。装配图的主视图采用全剖视图和局部剖视图,反映了该装配体的主要装配关系。左视图采用了基本视图的表达方法,反映了4个螺栓连接的位置关系。主视图表达了4号零件(左轴)和1号零件(左轴件)之间使用了开槽锥端紧定螺钉连接和键连接的方式,9号零件(右轴)和11号零件(右轴件)之间使用了圆锥销连接方式,1号零件(左轴件)和11号零件(右轴件)之间使用了螺栓连接和圆柱销连接方式。

2)装配图的规定画法(GB/T 4457.5—2013,GB/T 4457.4—2002,GB/T 4458.1—2002,GB/T 4458.6—2002)

①如图9.3所示,两零件的接触面或配合面(即使是间隙配合),规定只画一条线。对于非接触面、非配合面,即使间隙再小,也必须画两条线。

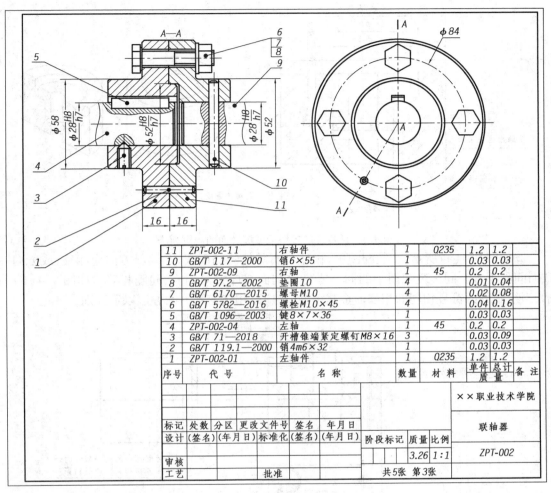

11	ZPT-002-11	右轴件	1	Q235	1.2	1.2	
10	GB/T 117—2000	销6×55	1		0.03	0.03	
9	ZPT-002-09	右轴	1	45	0.2	0.2	
8	GB/T 97.2—2002	垫圈10	4		0.01	0.04	
7	GB/T 6170—2015	螺母M10	4		0.02	0.08	
6	GB/T 5782—2016	螺栓M10×45	4		0.04	0.16	
5	GB/T 1096—2003	键8×7×36	1		0.03	0.03	
4	ZPT-002-04	左轴	1	45	0.2	0.2	
3	GB/T 71—2018	开槽锥端紧定螺钉M8×16	3		0.03	0.09	
2	GB/T 119.1—2000	销4m6×32	1		0.03	0.03	
1	ZPT-002-01	左轴件	1	Q235	1.2	1.2	
序号	代 号	名 称	数量	材料	单件	总计	备注
					质 量		

						××职业技术学院		
标记	处数	分区	更改文件号	签名	年月日		联轴器
设计	(签名)	(年月日)	标准化	(签名)	(年月日)	阶段标记	质量	比例
审核							3.26	1:1	ZPT-002
工艺			批准			共5张 第3张	

(a) 装配图

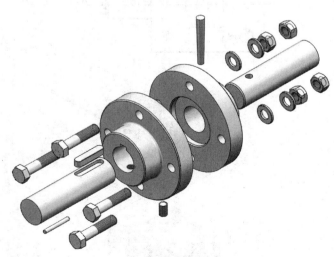

(b) 轴测分解图

图 9.2 联轴器部件装配图

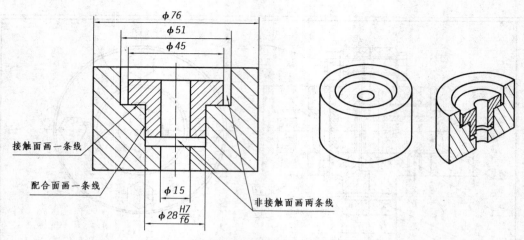

接触面画一条线

配合面画一条线

非接触面画两条线

$\phi76$

$\phi51$

$\phi45$

$\phi15$

$\phi28\dfrac{H7}{f6}$

图9.3 两零件的接触面或配合面的规定画法

②如图9.4(a)所示,在装配图中,相邻金属零件的剖面线,其倾斜方向应相反,或方向一致而间隔不等。同一装配图中的同一零件的剖面线应方向相同、间隔相等。如图9.4(b)所示,当绘制剖面符号相同的相邻非金属零件时,应采用疏密不一的方法以示区别。

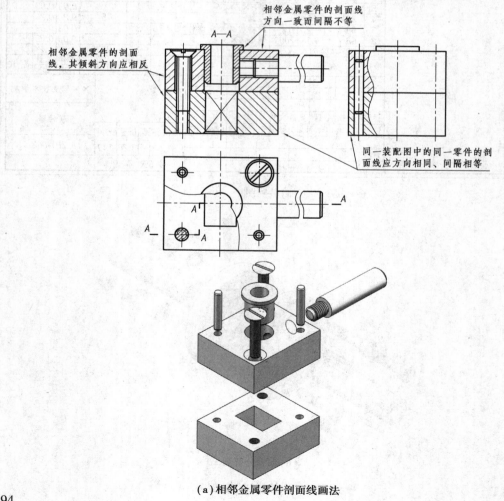

相邻金属零件的剖面线方向一致而间隔不等

相邻金属零件的剖面线,其倾斜方向应相反

同一装配图中的同一零件的剖面线应方向相同、间隔相等

(a)相邻金属零件剖面线画法

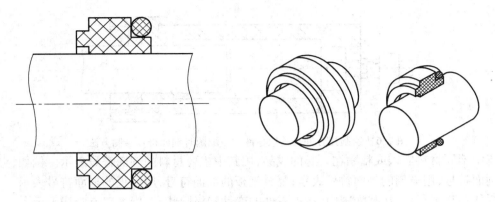

(b)相同的相邻非金属零件剖面符号画法

图 9.4　相邻零件的剖面符号的规定画法

③如图 9.5 所示,当绘制接合件的图样时,各零件的剖面符号应按上一条规定绘制。如图 9.6 所示,当绘制接合件与其他零件的装配图时,如接合件中各零件的剖面符号相同,一般可作为一个整体画出。如不相同,应分别画出。

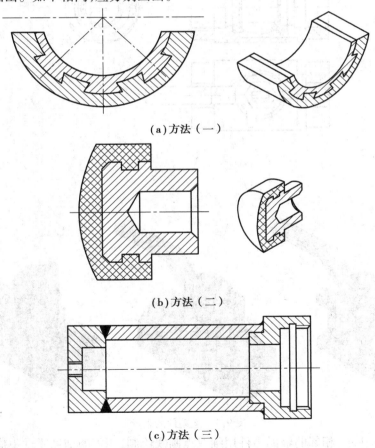

(a)方法（一）

(b)方法（二）

(c)方法（三）

图 9.5　接合件图中各零件的剖面符号绘制方法

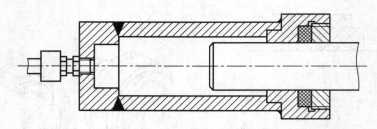

图 9.6　绘制接合件与其他零件的装配图时剖面符号绘制方法

④由不同材料嵌入或粘贴在一起的成品,用其中主要材料的剖面符号表示。例如,夹丝玻璃的剖面符号,用玻璃的剖面符号表示;复合钢板的剖面符号,用钢板的剖面符号表示。

⑤如图 9.7 所示,在装配图中,运动零件的变动和极限状态,用细双点画线表示。

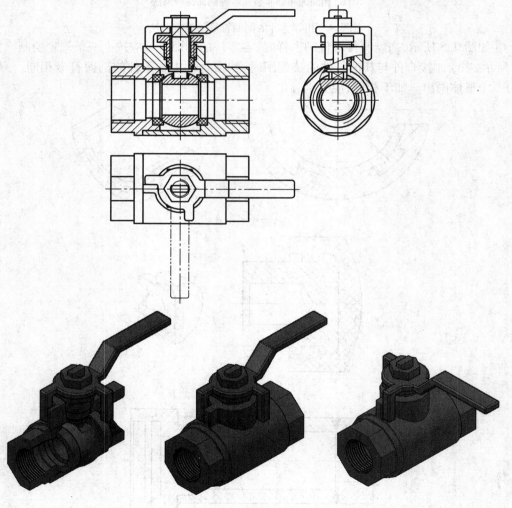

图 9.7　运动件的表示

⑥如图 9.8 所示,相邻的辅助零件用细双点画线绘制,相邻的辅助零件不应覆盖为主的零件,但可以被为主的零件遮挡。相邻的辅助零件或部件不画剖面符号。

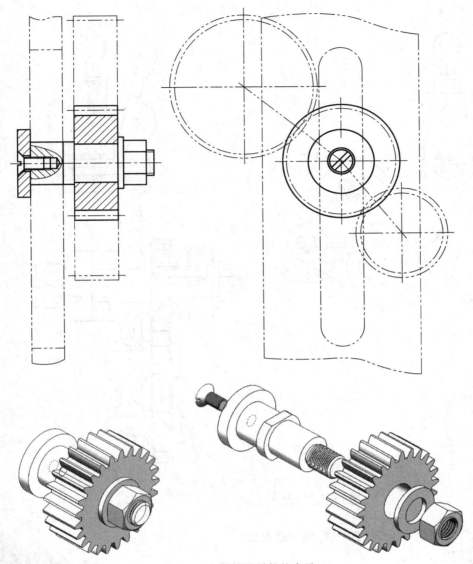

图 9.8　相邻辅助零件的表示

⑦采用展开画法绘制,此时应标注"X—X 展开",如图 9.9 所示。

⑧在装配图中,宽度小于或等于 2 mm 的狭小面积的剖面区域,可用涂黑代替剖面符号,如图 9.10(a)所示。如果是玻璃或其他材料,而不宜涂黑时,可不画剖面符号。当两邻接剖面区域均涂黑时,两剖面区域之间宜留出不小于 0.7 mm 的空隙,如图 9.10(b)所示。

3)装配图的简化表示法(GB/T 16675.1—2012)

①如图 9.11 所示,对装配图中若干相同的零、部件组,可仅详细画出一组,其余只需用细点画线表示出其位置,并给出零、部件组的总数。

②在装配图中,滚动轴承的保持架及倒角等可省略不画,一般在轴的一侧使用规定画法进行绘制,另一侧按通用画法绘制,如图 9.11 所示。

③在装配图中,零件的剖面线、倒角、肋、滚花或拔模斜度及其他细节等可不画出,如图 9.11所示。

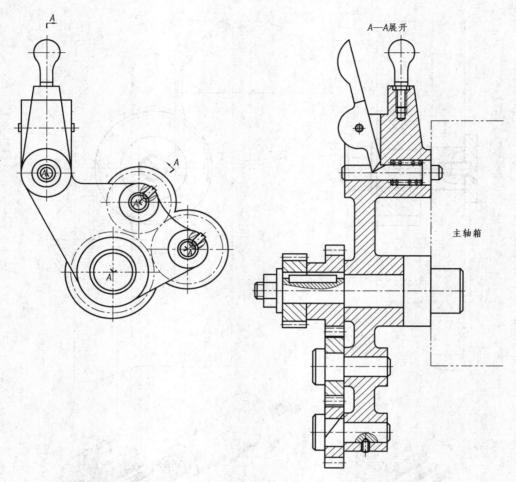

图 9.9　展开画法

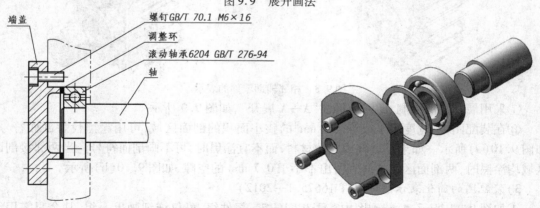

(a) 装配图中狭小面积的剖面可用涂黑代替剖面符号

(b) 两邻接剖面区域均涂黑时的画法

图 9.10　装配图中狭小面积的剖面符号的画法

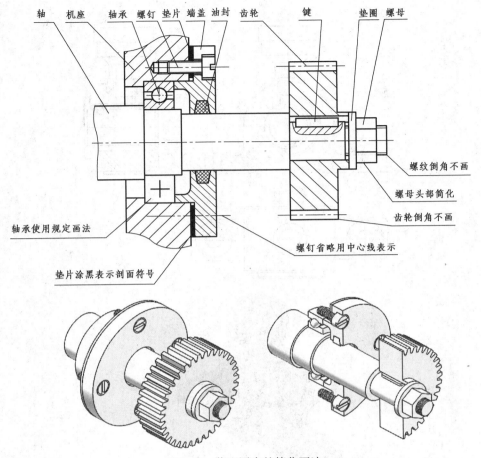

图 9.11 装配图中的简化画法

④被网状物挡住的部分均按不可见轮廓线绘制。由透明材料制成的物体,均按不透明物体绘制。对于供观察用的刻度、字体、指针、液面等可按可见轮廓线绘制,如图9.12所示。

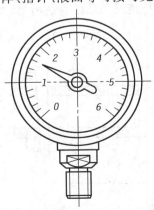

图 9.12 供观察用的刻度简化画法

⑤在装配图中,当剖切平面通过的某些部件为标准件产品或该部件已由其他图形表示清楚时,可按不剖绘制。如图 9.13 所示主、左视图中的油杯是按不剖绘制的。

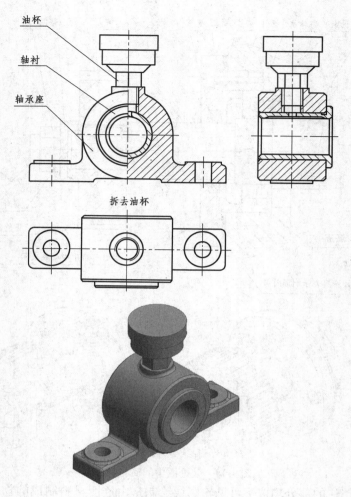

油杯

轴衬

轴承座

拆去油杯

图 9.13　部件按不剖绘制的简化画法

⑥如图 9.14 所示,在装配图中,装配关系已表达清楚时,较大面积的剖面可只沿周边画出剖面符号或沿周边涂色。

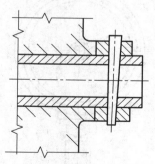

图 9.14　较大面积的剖面简化画法

⑦如图 9.15 所示,在装配图中,对于紧固件以及轴、连杆、球、钩子、键、销等实心零件,若按纵向剖切且剖切平面通过其对称平面或轴线时,则这些零件均按不剖绘制。若需特别表明零件的构造,如凹槽、键槽、销孔等则可用局部剖视表示。

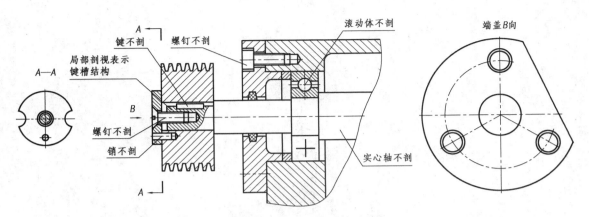

图 9.15 紧固件和实心零件在装配图中的规定画法

⑧在装配图中可单独画出某一零件的视图,但必须在所画视图的上方标出该零件的视图名称,在相应视图的附近用箭头指明投影方向,并注上同样的字母,如图9.15所示的端盖B向视图。

⑨如图9.16所示,在装配图中可假想将某些零件拆卸后绘制,需要说明时,可加标注"拆去××等"。

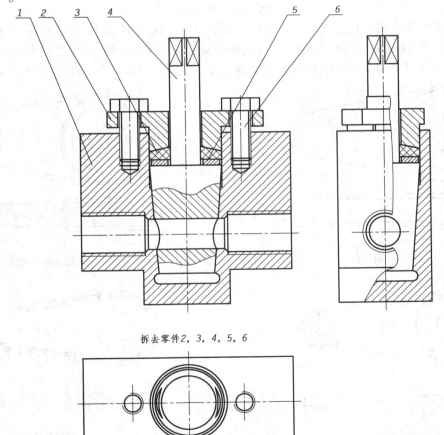

拆去零件2, 3, 4, 5, 6

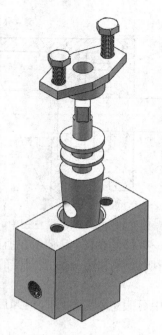

图 9.16　拆卸画法

⑩在装配图中可假想沿某些零件的结合面剖切后绘制,如图 9.15 所示的 *A—A* 剖视图。

⑪如图 9.17 所示,在装配图中,可用粗实线表示带传动中的带;用细点画线表示链传动中的链。必要时可在粗实线或细点画线上绘制出表示带类型或链类型的符号,见 GB/T 4460。

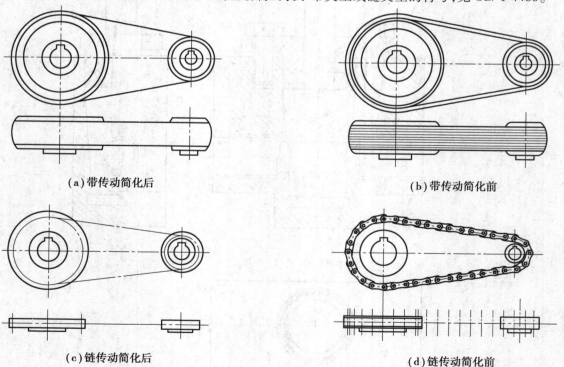

（a）带传动简化后　　　　　　　　　　　　　　（b）带传动简化前

（c）链传动简化后　　　　　　　　　　　　　　（d）链传动简化前

图 9.17　带传动和链传动的简化画法

⑫如图 9.18 所示,已在一个视图中表示清楚的产品组成部分,在其他视图中可只画出其外形轮廓。

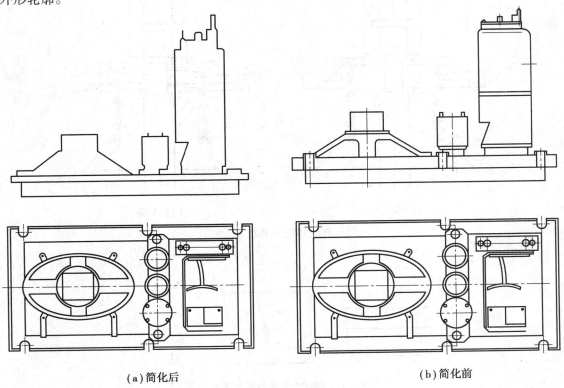

(a) 简化后　　　　　　　　　　　　　　　(b) 简化前

图 9.18　仅画出外形轮廓的简化画法

⑬如图 9.19 所示,在能够清楚表达产品特征和装配关系的条件下,装配图可仅画出其简化后的轮廓。

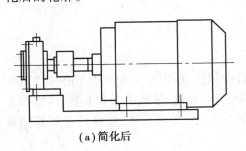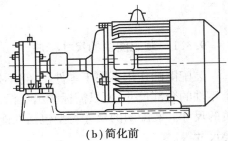

(a) 简化后　　　　　　　　　　　　　　　(b) 简化前

图 9.19　电机的简化画法

⑭如图 9.20 所示,在装配图的剖视图中,螺旋弹簧仅需画出其端面,被弹簧挡住的结构一般不画出。

⑮如图 9.21 所示,在装配图中可省略螺栓、螺母、销等紧固件的投影,而用细点画线和指引线指明它们的位置。此时,表示紧固件组的公共指引线应根据其不同类型从被连接件的某一端引出,如螺钉、螺柱、销连接从其装入端引出,螺栓连接从其装有螺母的一端引出。

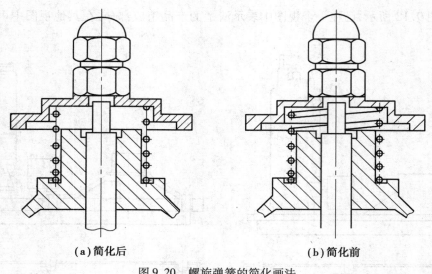

（a）简化后　　　　　　　　　　　　　　　（b）简化前

图 9.20　螺旋弹簧的简化画法

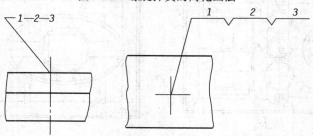

图 9.21　省略紧固件投影的简化画法

9.3　装配图的尺寸标注和技术要求

9.3.1　装配图中的尺寸标注

装配图的作用不同于零件图，它不是作为制造零件的依据，所以在装配图中不必标注出每个零件的全部尺寸，而只需标注出与机器或部件的性能、工作原理、装配关系和安装、运输等有关的尺寸。装配图的尺寸类型包括性能与规格尺寸、装配尺寸、安装尺寸、总体尺寸和其他重要尺寸等。

1）性能与规格尺寸

性能与规格尺寸是表示产品或部件的性能、规格特征的重要尺寸，它是设计机器、了解和使用机器的重要参数。如图 9.22 所示的尺寸 M20，它反映了 2 号零件顶杆的螺纹标记。

2）装配尺寸

（1）配合尺寸

配合尺寸是表示零件之间的配合性质的尺寸。如图 9.22 所示的尺寸 $\phi16\dfrac{H9}{f9}$ 表示 2 号零件顶杆和 1 号零件底座之间的配合尺寸，其配合制是基孔制，属于间隙配合。

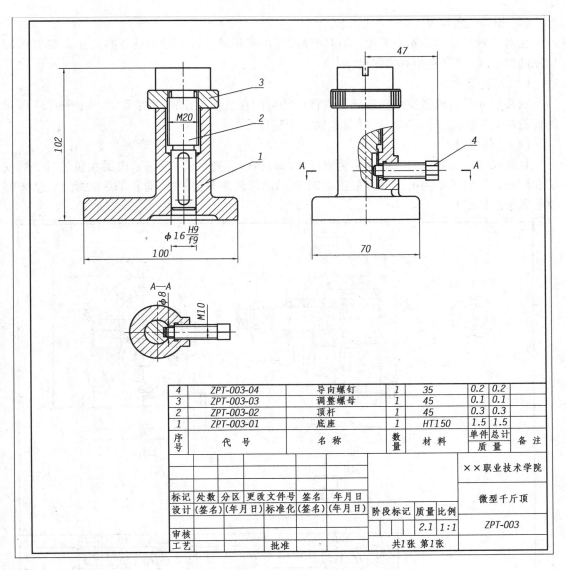

4	ZPT-003-04	导向螺钉	1	35	0.2	0.2	
3	ZPT-003-03	调整螺母	1	45	0.1	0.1	
2	ZPT-003-02	顶杆	1	45	0.3	0.3	
1	ZPT-003-01	底座	1	HT150	1.5	1.5	
序号	代　号	名　称	数量	材　料	单件	总计	备注
					质量		

							××职业技术学院		微型千斤顶
标记	处数	分区	更改文件号	签名	年月日				
设计	(签名)	(年月日)	标准化	(签名)	(年月日)	阶段标记	质量	比例	
							2.1	1:1	ZPT-003
审核									
工艺			批准			共1张 第1张			

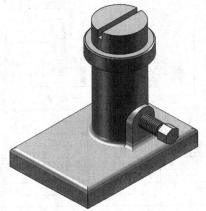

图 9.22　微型千斤顶装配图

305

（2）相对位置尺寸

相对位置尺寸是表示在装配、调试时保证零件间相对位置所必须具备的尺寸。如图9.22所示的尺寸47就属于相对位置尺寸。

（3）安装尺寸

安装尺寸是将机器安装在基础上或将部件装配在机器上所使用的尺寸。如图9.23所示的齿轮油泵装配图,尺寸G1/4、70就是属于安装尺寸。

（4）总体尺寸

总体尺寸是机器或部件的外形轮廓尺寸,即总长、总宽和总高,它是机器在包装、运输、安装和厂房设计时所必需的尺寸。如图9.23所示的齿轮油泵装配图,总长110,总宽85,总高95就是属于总体尺寸。

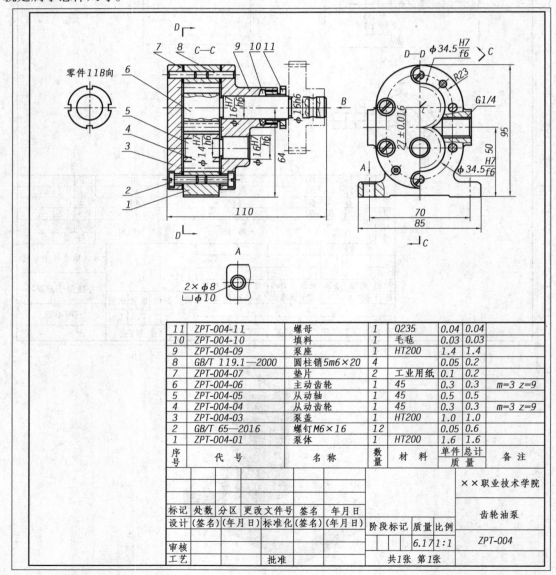

11	ZPT-004-11	螺母	1	Q235	0.04	0.04	
10	ZPT-004-10	填料	1	毛毡	0.03	0.03	
9	ZPT-004-09	泵座	1	HT200	1.4	1.4	
8	GB/T 119.1—2000	圆柱销5m6×20	4		0.05	0.2	
7	ZPT-004-07	垫片	2	工业用纸	0.1	0.2	
6	ZPT-004-06	主动齿轮	1	45	0.3	0.3	m=3 z=9
5	ZPT-004-05	从动轴	1	45	0.5	0.5	
4	ZPT-004-04	从动齿轮	1	45	0.3	0.3	m=3 z=9
3	ZPT-004-03	泵盖	1	HT200	1.0	1.0	
2	GB/T 65—2016	螺钉M6×16	12		0.05	0.6	
1	ZPT-004-01	泵体	1	HT200	1.6	1.6	
序号	代 号	名 称	数量	材 料	单件	总计	备注
					质量		

				××职业技术学院	
标记	处数	分区	更改文件号	签名	年月日		齿轮油泵	
设计	(签名)	(年月日)	标准化	(签名)	(年月日)	阶段标记	质量	比例	ZPT-004
审核							6.17	1:1	
工艺			批准			共1张 第1张			

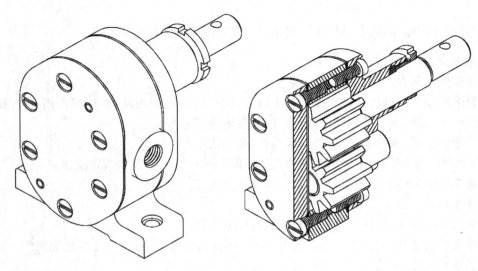

图 9.23　齿轮油泵装配图

（5）其他重要尺寸

其他重要尺寸是指在设计中经过计算而确定的尺寸,但不包括在以上四类尺寸之中,如运动极限位置尺寸,齿轮中心距等。如图 9.23 所示的齿轮油泵装配图,齿轮中心距尺寸 27 ± 0.016 属于其他重要尺寸。

以上几类尺寸是相互关联的,要根据实际需要来标注,并不是在每张装配图上都要全部注出,有时一个尺寸可能有几种含义。

9.3.2　装配图中的技术要求

装配图上所注写的技术要求一般包括下列内容:

①装配过程中的注意事项和对加工要求的说明,装配后应满足配合要求。

②装配后必须保证的各种几何公差要求等。

③装配过程中的特殊要求(如零件清洗、上油等)的说明,指定的装配方法等。

④检验、调试的条件和要求及检验方法等。

⑤操作方法和使用注意事项(如维护、保养等)。

以上要求在装配图中并不一定样样俱全,随装配体的需要而定。这些要求可以用符号直接标注在图上(如配合代号),也可以用文字标注在明细栏的上方或左边空白处。对较复杂的机器或部件,可另行编写技术要求说明书。

9.4　装配图的零、部件序号和明细栏

为了便于读图和图样资料的管理,必须对装配图中的每种零部件编写序号,同时在标题栏上方的明细栏内列出零件序号以及它们的名称、材料、数量等。

9.4.1 装配图中零、部件序号及其编排方法(GB/T 4458.2—2003)

1)基本要求

①装配图中所有的零、部件均应编号。

②装配图中一个部件可以只编写一个序号;同一装配图中相同的零、部件用一个序号,一般只标注一次;多处出现的相同的零、部件,必要时也可重复标注。

③装配图中零、部件的序号,应与明细栏(表)中的序号一致。

④装配图中所用的指引线和基准线应按 GB/T 4457.2—2003 的规定绘制。

⑤装配图中字体的写法应符合 GB/T 14691 的规定。

2)序号的编排方法

装配图中编写零、部件序号的表示方法有以下 3 种:

①在水平的基准(细实线)上或圆(细实线)内注写序号,序号字号比该装配图中所注尺寸数字的字号大一号,如图 9.24(a)所示。

②在水平的基准(细实线)上或圆(细实线)内注写序号,序号字号比该装配图中所注尺寸数字的字号大一号或两号,如图 9.24(b)所示。

③在指引线的非零件端的附近注写序号,序号字高比该装配图中所注尺寸数字的字号大一号或两号,如图 9.24(c)所示。

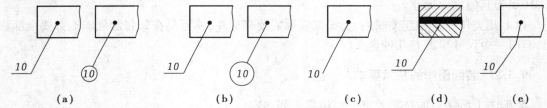

图 9.24 零、部件序号的表示方法

在装配图中编写零、部件序号时,还应遵循国家标准 GB/T 4458.2—2003 中的其他相关规定:

①同一装配图中编排序号的形式应一致。

②相同的零、部件用一个序号,一般只标注一次。多处出现的相同的零、部件,必要时也可重复标注。

③指引线应自所指部分的可见轮廓内引出,并在末端画一圆点,如图 9.24(a)、(b)、(c)所示。若所指部分(很薄的零件或涂黑的剖面)内不便画圆点时,可在指引线的末端画出箭头,并指向该部分的轮廓,如图 9.24(d)所示。

④指引线不能相交。当指引线通过有剖面线的区域时,它不应与剖面线平行。

⑤指引线可以画成折线,但只可曲折一次,如图 9.24(e)所示。

⑥一组紧固件以及装配关系清楚的零件组,可采用公共指引线,如图 9.25 所示。

装配图中序号应按水平或竖直方向排列整齐,可按下列两种方法编排:

①按顺时针或逆时针方向顺次排列,在整个图上无法连续时,可只在每个水平或竖直方向顺次排列,如图 9.25 所示。

②也可按装配图明细栏(表)中的序号排列,采用此种方法时,应尽量在每个水平或竖直

方向顺次排列。

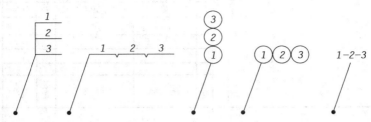

图 9.25　公共指引线的编注形式

9.4.2　明细栏（GB/T 10609.2—2009）

1）基本要求

①装配图中一般应有明细栏。明细栏一般配置在装配图中标题栏的上方，按由下而上的顺序填写，其格数应根据需要而定。当由下而上延伸位置不够时，可紧靠在标题栏的左边自下而上延续，如图 9.26、图 9.27 所示。

②当装配图中不能在标题栏的上方配置明细栏时，可作为装配图的续页按 A4 幅面单独给出。其顺序应是由上而下延伸的。还可连续加页，但应在明细栏的下方配置标题栏，如图 9.28、图 9.29 所示。

③当有两张或两张以上同一图样代号的装配图，而又按照如图 9.26、图 9.27 所示配置明细栏时，明细栏应放在第一张装配图上。

④明细栏中的字体应符合 GB/T 14691 中的要求。

⑤明细栏中的线型应按 GB/T 17450 和 GB/T 4457.4 中规定的粗实线和细实线的要求绘制。

⑥需缩微复制的图样，其明细栏应满足 GB/T 10609.4 的规定。

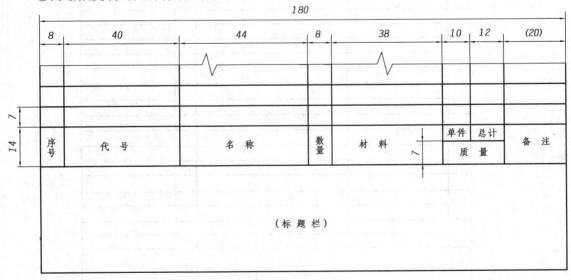

图 9.26　明细栏的格式（一）

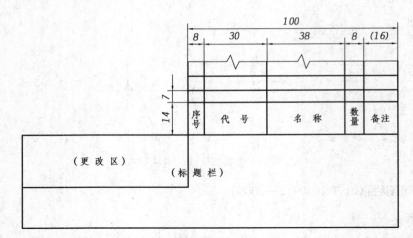

图 9.27　明细栏的格式(二)

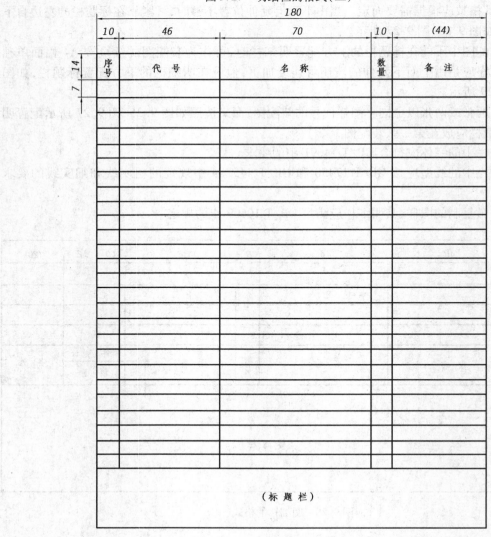

图 9.28　明细栏的格式(三)

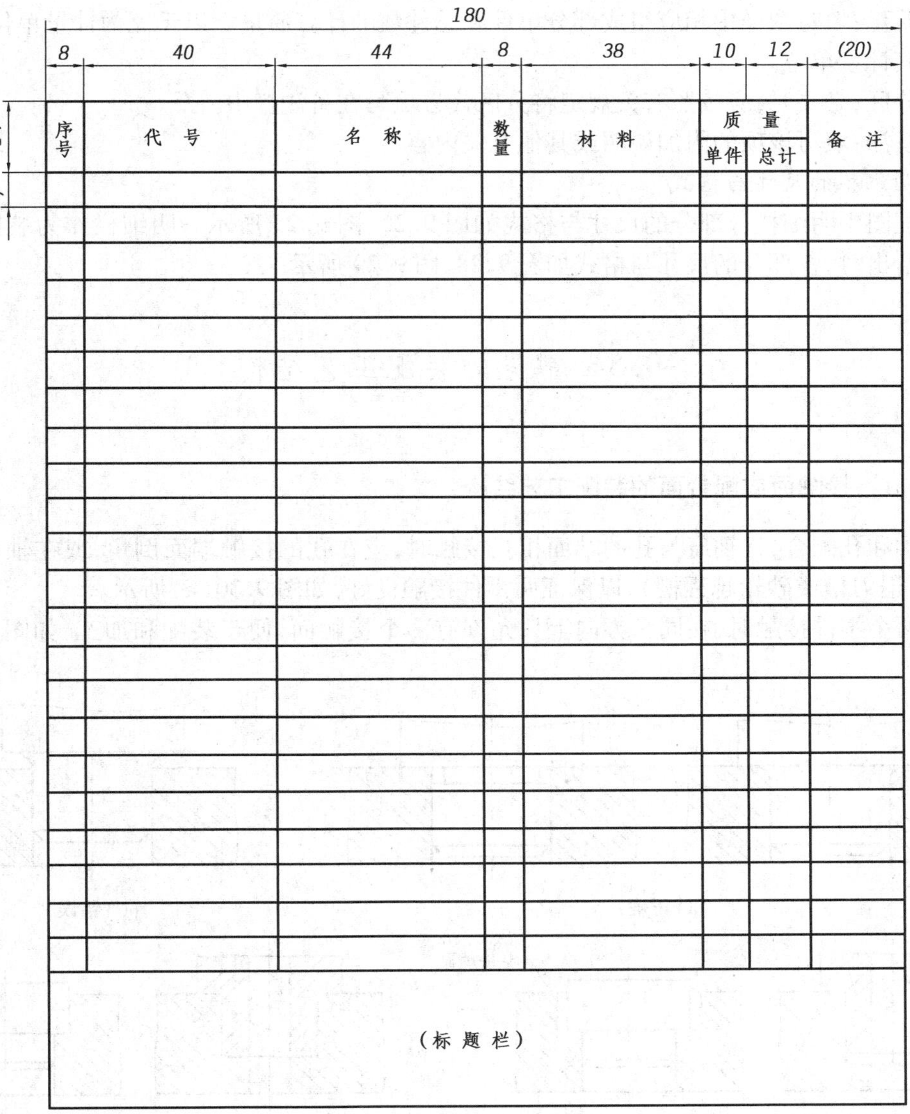

序号	代　号	名　称	数量	材　料	质　量		备　注
					单件	总计	

（标　题　栏）

图 9.29　明细栏的格式（四）

2）明细栏的内容

（1）明细栏的组成

明细栏一般由序号、代号、名称、数量、材料、质量（单件、总计）、分区、备注等组成，也可按实际需要增加或减少。

（2）明细栏的填写

①序号：填写图样中相应组成部分的序号。

②代号：填写图样中相应组成部分的图样代号或标准编号。

③名称：填写图样中相应组成部分的名称。必要时，也可写出其形式与尺寸。

④数量：填写图样中相应组成部分在装配中的数量。

⑤材料：填写图样中相应组成部分的材料标记。

⑥质量:填写图样中相应组成部分单件和总件数的计算质量。以千克为计量单位时,允许不写出其计量单位。

⑦分区:必要时,应按照有关规定将分区代号填写在备注栏中。

⑧备注:填写该项的附加说明或其他有关内容。

3)明细栏的尺寸与格式

装配图中明细栏各部分的尺寸与格式如图 9.26、图 9.27 所示。明细栏作为装配图的续页单独给出时,各部分的尺寸与格式如图 9.28、图 9.29 所示。

9.5　常见的装配工艺结构

9.5.1　接触面或配合面的装配工艺结构

①轴和孔配合,且轴肩与孔的端面相互接触时,应在孔的接触端面倒角,或在轴肩处倒圆或切槽(退刀槽或砂轮越程槽),以保证两零件接触良好,如图 9.30(a)所示。

②两个零件接触时,在同一方向上只允许有一个接触面,便于装配和加工,如图 9.30(c)所示。

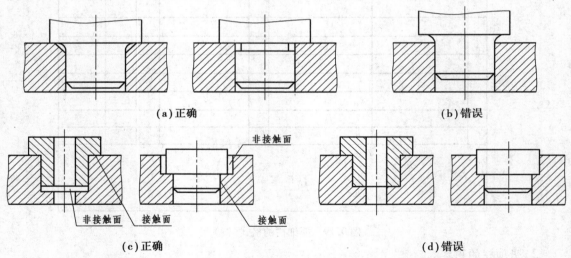

图 9.30　常见接触面及配合面结构

③为了保证两零件在装拆前后不降低装配精度,通常用圆柱销或圆锥销将两零件定位。为了加工和拆装的方便,在可能的条件下,最好将销孔做成通孔,如图 9.31 所示。

9.5.2　螺纹连接有关的装配工艺结构

①为了保证螺纹旋紧,应在螺纹尾部加工退刀槽或在螺纹端部加工凹坑或倒角等螺纹装配工艺结构,如图 9.32 所示。

②为了保证连接件与被连接件之间的良好接触,被连接件上应做成沉孔或凸台。为了便于装配,被连接件通孔的直径应大于螺纹大径或螺杆直径,如图 9.33 所示。

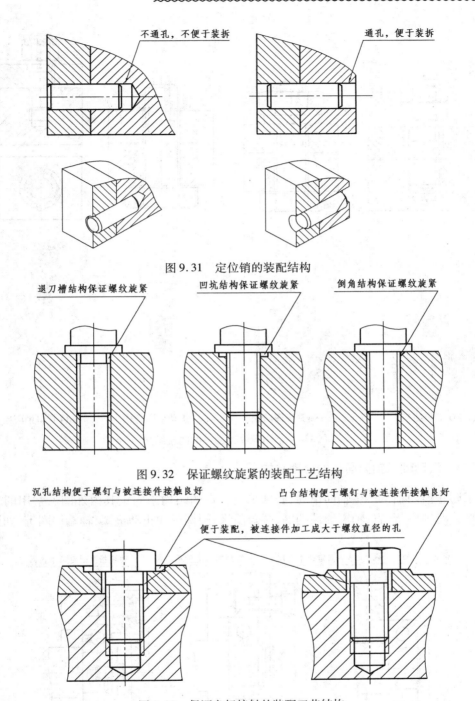

图 9.31 定位销的装配结构

图 9.32 保证螺纹旋紧的装配工艺结构

图 9.33 保证良好接触的装配工艺结构

9.5.3 螺纹紧固件的防松结构

机器在运转过程中,由于受到震动或冲击,螺纹紧固件可能发生松动或脱落,这不仅妨碍机器的正常工作,有时还会造成严重事故,因此,需要加防松装置。常用螺纹紧固件的防松结构有双螺母、弹簧垫圈、止动垫圈、开口销等,如图 9.34 所示。

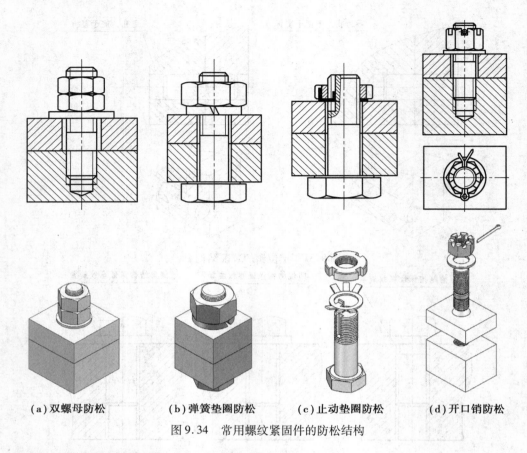

(a) 双螺母防松   (b) 弹簧垫圈防松   (c) 止动垫圈防松   (d) 开口销防松

图 9.34   常用螺纹紧固件的防松结构

9.5.4   滚动轴承轴向固定的合理结构

为了防止滚动轴承产生轴向窜动,必须采用一定的结构来固定其内外圈。常用的轴向固定结构形式有轴肩、台肩、轴用弹性挡圈、端盖凸缘、圆螺母和止动垫圈、轴端挡圈等,如图9.35所示。

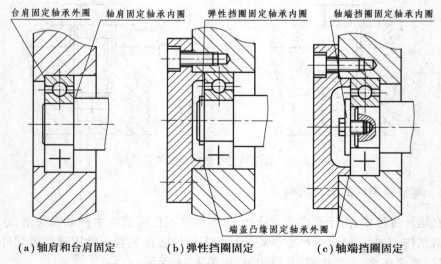

(a) 轴肩和台肩固定   (b) 弹性挡圈固定   (c) 轴端挡圈固定

图 9.35   常用滚动轴承轴向固定的结构形式

9.5.5 密封或防漏结构

机器或部件上的轴或滑动杆的伸出处,应有密封或防漏装置,用于阻止工作介质(液体或气体)泄漏或渗漏,并防止外界的灰尘杂质进入机器内部。

(1)滚动轴承的密封

为了防止外界的杂质和水分进入轴承以及轴承润滑剂渗漏,滚动轴承应进行密封,常用的密封方式如图9.36所示。

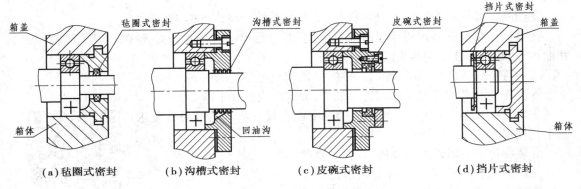

(a)毡圈式密封 (b)沟槽式密封 (c)皮碗式密封 (d)挡片式密封

图9.36 常用滚动轴承的密封结构

(2)密封、防漏和防尘结构

在机器的旋转或滑动杆(阀杆、活塞杆等)伸出阀体或箱体的地方,做成一填料箱,填入具有特殊性质的软性材料(如石棉绳等),用压盖或螺母将填料压紧,使填料紧贴在轴(杆)上,起密封、防漏和防尘的作用,如图9.37所示。

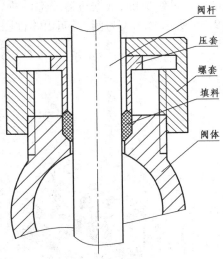

图9.37 阀体的密封、防漏和防尘结构

9.6 机械产品装配的通用技术要求(JB/T 5994—1992)

机械装配应满足以下几个方面的基本要求:

①产品必须严格按照设计、工艺要求及本标准和与产品有关的标准规定进行装配。

②装配环境必须清洁。高精度产品的装配环境温度、湿度、降尘量、照明、防震等必须符合有关规定。

③产品零部件(包括外购、外协件)必须具有检验合格证方能进行装配。

④零件在装配前必须清理和清洗干净,不得有毛刺、飞边、氧化皮、锈蚀、切屑、砂粒、灰尘和油污等,并应符合相应的清洁度要求。

⑤除有特殊要求外,在装配前零件的尖角和锐边必须倒钝。

⑥配作表面必须按有关规定进行加工,加工后应清理干净。

⑦用修配法装配的零件,修整后的主要配合尺寸必须符合设计要求或工艺规定。

⑧装配过程中零件不得磕碰、划伤和锈蚀。

⑨油漆未干的零、部件不得进行装配。

机械产品装配的通用技术要求的详见二维码。

各种连接方法的装配要求

9.7 画装配图

机器或部件是由一定数量的零件组成的,根据机器或部件所属的零件图,就可拼画成机器或部件的装配图。现以如图 9.38 所示的球阀为例,说明由零件图画装配图的步骤和方法。

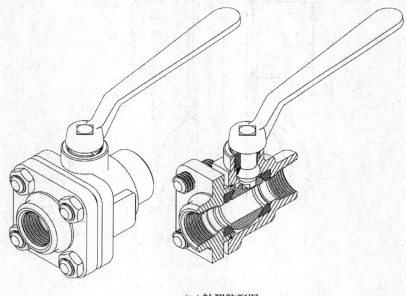

(a)轴测装配图

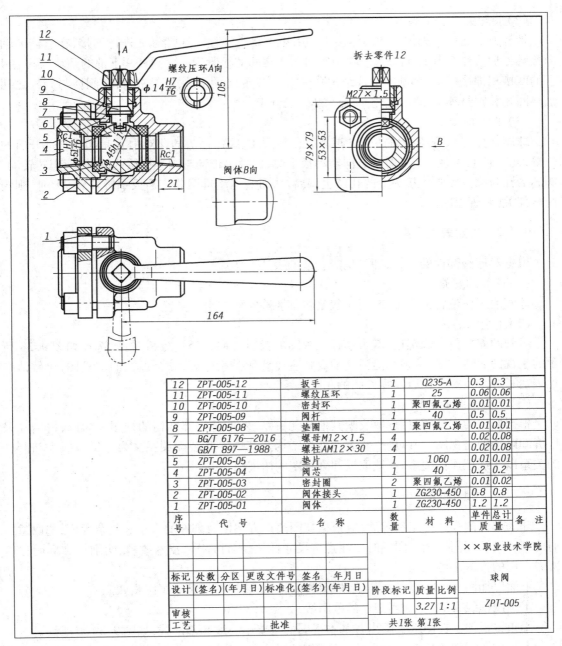

12	ZPT-005-12	扳手	1	Q235-A	0.3	0.3	
11	ZPT-005-11	螺纹压环	1	25	0.06	0.06	
10	ZPT-005-10	密封环	1	聚四氟乙烯	0.01	0.01	
9	ZPT-005-09	阀杆	1	40	0.5	0.5	
8	ZPT-005-08	垫圈	1	聚四氟乙烯	0.01	0.01	
7	BG/T 6176—2016	螺母M12×1.5	4		0.02	0.08	
6	GB/T 897—1988	螺柱AM12×30	4		0.02	0.08	
5	ZPT-005-05	垫片	1	1060	0.01	0.01	
4	ZPT-005-04	阀芯	1	40	0.2	0.2	
3	ZPT-005-03	密封圈	2	聚四氟乙烯	0.01	0.02	
2	ZPT-005-02	阀体接头	1	ZG230-450	0.8	0.8	
1	ZPT-005-01	阀体	1	ZG230-450	1.2	1.2	
序号	代 号	名 称	数量	材 料	单件 质量	总计	备 注

标记	处数	分区	更改文件号	签名	年月日		××职业技术学院	
设计	(签名)	(年月日)	标准化	(签名)	(年月日)	阶段标记	质量	比例	球阀
审核							3.27	1:1	ZPT-005
工艺			批准			共1张 第1张		

(b)装配图

图 9.38　球阀

9.7.1　了解部件的装配关系和工作原理

对照球阀部件的实体或装配图,进行仔细观察分析,了解球阀的工作原理和装配关系。

（1）球阀的用途

球阀安装在管道中,用于启闭和调节流体流量。

（2）装配关系

带有方形凸缘的阀体 1 和阀体接头 2 用 4 个双头螺柱 6 和螺母 7 进行连接，在它们的轴向接触处加垫片 5，用以调节阀芯 4 与密封圈 3 之间的松紧程度。阀杆 9 下部的凸块与阀芯 4 上的凹槽相榫接，其上部的四棱柱结构套进扳手 12 的方孔内。为了密封，在阀体与阀杆之间加垫圈 8 和密封环 10，为防止松动旋入螺纹压环 11。

（3）工作原理

球阀在如图 9.38 所示的位置（阀芯通孔与阀体、阀体接头的孔对中），是阀门全部开启的位置，此时管道畅通。当顺时针方向转动扳手时，由扳手带动与阀芯榫接的阀杆，使阀芯转动，阀芯的孔与阀体和阀体接头上的孔产生偏离，从而实现流量调节。当扳手旋转到 90° 时，则阀门全部关闭，管道断流。

9.7.2 确定表达方案

根据对球阀部件的分析，即可确定合适的表达方案。

（1）球阀的安放

球阀的工作位置情况多变，但一般是将其通路安放成水平位置。

（2）主视图的选择

球阀的安放位置确定后，就可选择主视图的投射方向。经过分析对比，选择如图 9.38 所示的主视图表达方案，该视图能清楚地反映主要装配关系原理，结合适当的剖视图，比较清晰地表达了各个主要零件以及零件间的相互关系。

（3）其他视图的选择

根据确定的主视图，再选取反映其他装配关系、外形及局部结构的视图。为此，再增加采用拆卸画法的左视图，用以进一步表达外形结构及其他一些装配关系。为了反映扳手与阀杆的关系以及螺柱连接关系，再选取局部剖视图的俯视图。

9.7.3 画装配图

球阀部件的表达方案确定后，应根据视图表达方案以及部件的大小和复杂程度，选取适当的比例和图纸幅面。确定图幅时要注意将尺寸标注、零件序号、技术要求、明细栏和标题栏等所需占用的位置也考虑在内。

下面以如图 9.38 所示的球阀装配图为例，讨论装配图的具体画图步骤。

①画图框线、标题栏和明细栏的范围线，如图 9.39（a）所示。

②布置视图。在图纸上画出各基本视图的主要中心线和基准线，如图 9.39（b）所示。

③画主要零件的投影。应先从主视图入手，几个视图一起画，这样可以提高绘图速度，减小作图错误。画剖视图时，尽量从主要轴线开始，围绕装配干线由里向外画出各个零件，如图 9.39（c）所示。

④画其余零件。按装配关系及零件的相对位置将其他零件逐个画出，如图 9.39（d）所示。

⑤检查、描深并画剖面线。底稿完成后，要检查和校核，擦去多余的图线并完成图线描深。在断面上画出剖面线、尺寸界线、尺寸线和箭头，如图 9.39（e）所示。

⑥标注尺寸数字，编写零件序号，绘制并填写标题栏和明细栏，编写技术要求。校核后即可完成全图，如图 9.38（b）所示。

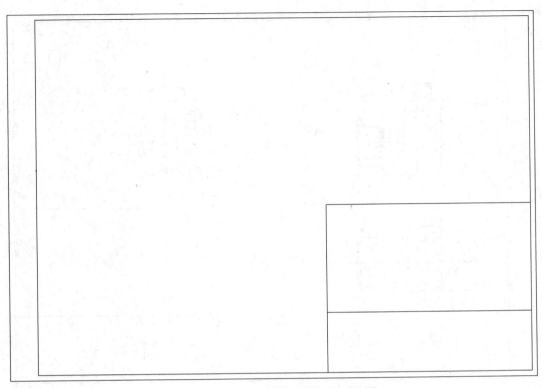

(a) 画图框线、标题栏和明细栏的范围线

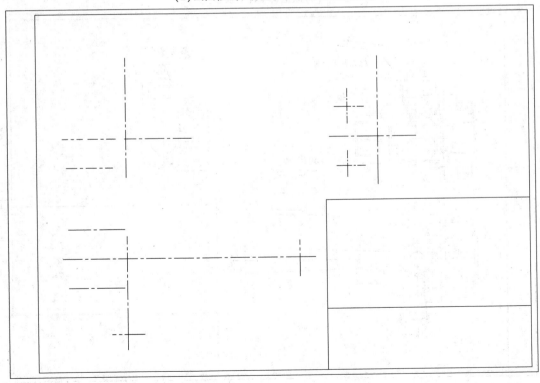

(b) 布置视图

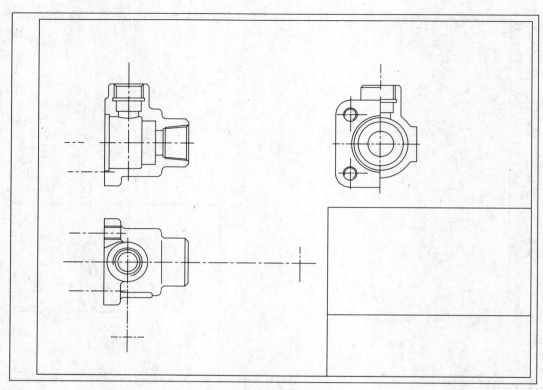

(c)画主要零件的投影

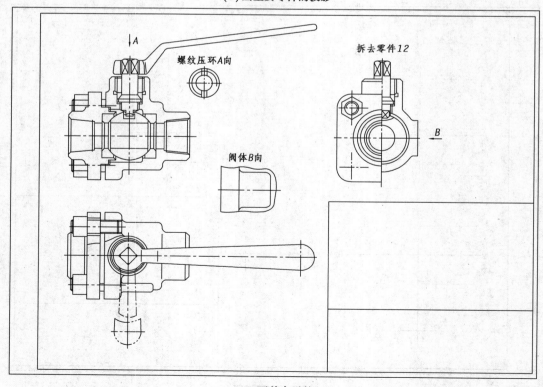

螺纹压环A向

拆去零件12

阀体B向

(d)画其余零件

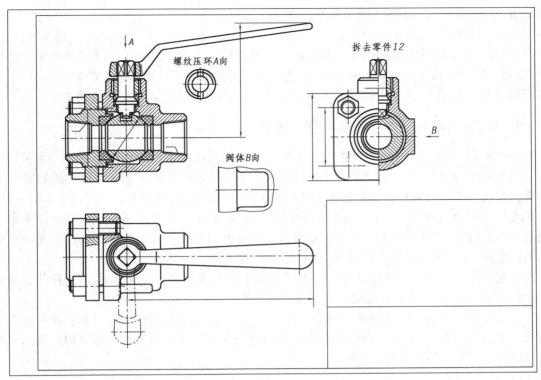

螺纹压环 A 向

拆去零件 12

阀体 B 向

（e）检查、描深并画剖面线

图 9.39　球阀装配图的画图步骤

9.8　识读装配图

在机器或部件的设计、装配、检验和维修工作中，或者在进行技术革新、技术交流的过程中，都需要识读装配图。工程技术人员必须具备熟练识读装配图的能力。识读装配图的基本要求如下：

①了解机器或部件的性能、作用和工作原理。

②了解各零件间的装配关系、拆装顺序以及各零件的主要结构形状和作用。

③了解其他组成部分，了解主要尺寸、技术要求和操作方法等。

现以图 9.23 所示的齿轮油泵为例，介绍识读装配图的方法与步骤。

9.8.1　概括了解机器或部件的作用和组成

识读装配图时，首先由标题栏了解该机器或部件的名称；由明细栏了解组成机器或部件的各种零件的名称、数量、材料及标准件的规格，预估该机器或部件的复杂程度；由画图比例、视图大小和外形尺寸，了解机器或部件的大小。由产品说明书和有关资料，联系生产实践知识，了解机器部件的性能、功用等，从而对装配图和内容有一个概括地了解。

如图 9.23 所示，从标题栏可知该部件名称为齿轮油泵；对照图上的序号和明细栏，可知该部件由 10 种零件组成,其中 1 种为标准件,9 种为非标准件。

齿轮油泵的工作原理如图 9.23 所示。当主动齿轮做逆时针方向旋转时,带动从动齿轮作顺时针方向旋转,齿轮啮合区内右侧两齿轮的齿退出啮合,空间增大,压力降低而产生局部真空,油箱内的油在大气压的作用下,由入口进入齿轮泵的低压区。随着齿轮的旋转,齿槽中的油不断送至左边,由于该区压力不断增大,从而将由从此处压出送到机器中各润滑部位。

9.8.2　分析视图,了解装配关系和传动路线

如图 9.23 所示的齿轮油泵装配图是用两个基本视图和两个局部视图表达的。主视图采用了全剖视图的表达方法,表达了组成齿轮油泵各个零件间的装配关系。泵体内腔容纳一对起吸油和压油作用的齿轮 4 和齿轮 6,其中齿轮 6 是与齿轮轴做成一体的。齿轮装入后,两侧有泵盖 3、泵座 9 支承这一对齿轮轴的旋转运动。泵盖 3、泵座 9 与泵体的定位是由销 8 来实现的,并通过螺钉 2 进行连接。为了防止泵盖 3、泵座 9 与泵体 1 的结合面处以及主动轴 6 伸出端的泄露,分别采用了垫片 7、填料 10 和螺母 11 进行密封。

齿轮油泵的动力是由传动齿轮传递的,当传动齿轮按逆时针方向转动时,将扭距传递给主动齿轮 6,经过齿轮啮合带动从动齿轮 4、从动轴 5 作顺时针方向转动。

左视图采用了沿结合面的剖切画法,从图中可清楚分析出其工作原理。同时,该视图上还反映了泵盖 3、泵体 1 的结构形状,所采用的局部剖视图则反映了油口的内部结构形状。左视图还反映了螺钉 2 和销 8 的分布情况。

9.8.3　分析尺寸及技术要求

装配图的尺寸类型包括性能与规格尺寸、装配尺寸、安装尺寸、总体尺寸和其他重要尺寸等。通过对这些尺寸的标注及技术要求分析,可进一步了解装配关系和工作原理。

①主动齿轮、从动齿轮的齿顶圆与泵体内腔的配合尺寸为 $\phi 34.5 \frac{H7}{f6}$,属于基孔制的间隙配合。

②主动齿轮 6 和泵座 9 在支撑处的配合尺寸为 $\phi 16 \frac{H7}{h6}$,这是基孔制(或基轴制)的间隙配合。

③从动齿轮 4 和从动轴 5 一起转动,其配合尺寸为 $\phi 14 \frac{H7}{k6}$,属于基孔制的过渡配合。

④从动轴 5 和泵座 9 之间的配合尺寸为 $\phi 16 \frac{H7}{f6}$,属于基孔制的间隙配合。

⑤吸、压油口的尺寸 G1/4 和两个螺栓孔之间的尺寸 70 是安装尺寸,标注这两个尺寸的目的是便于在齿轮油泵安装之前准备好与之对接的油管和做好安装的基座。

⑥尺寸 110,85 和 95 是齿轮油泵的总体尺寸。

⑦尺寸 27±0.016 两个齿轮的中心距,它是一个重要尺寸。中心距尺寸的准确与否将会对齿轮的啮合产生很大的影响,是必须要保证的。尺寸 64 是主动齿轮轴线距离泵体安装底面的高度尺寸,也是一个重要尺寸。

9.8.4　归纳总结

在对机器或部件的工作原理、装配关系和各零件的结构形状进行分析，又对尺寸和技术要求进行分析研究后，就了解了机器或部件的设计意图和拆装顺序。在分析基础上，开始对所有的分析进行归纳总结，最终便可想象出一个完整的装配体形状（图 9.23），从而完成识读装配图的全过程，并为拆画零件图打下基础。

9.9　由装配图拆画零件图

由装配图拆画零件图是设计过程中的重要环节，是产品设计加工的重要手段。必须在全面看懂装配图的基础上，按照零件图的内容和要求拆画零件图。下面介绍由装配图拆画零件图的一般方法步骤。

9.9.1　零件的分类处理

拆画零件图前，要对装配图所示的机器或部件中的零件进行分类处理，以明确拆画对象。按零件的不同情况可分以下几类。

（1）标准件

大多数标准件属于外购件，故只需列出汇总表，填写标准件的规定标记、材料及数量即可，不需拆画其零件图。

（2）借用零件

借用零件是指借用定型产品中的零件，可利用已有的零件图，不必另行拆画其零件图。

（3）特殊零件

特殊零件是设计时经过特殊考虑和计算所确定的重要零件，如汽轮机的叶片、喷嘴等。这类零件应按给出的图样或数据资料拆画零件图。

（4）一般零件

一般零件是拆画的主要对象，应按照在装配图中所表达的形状、大小和有关技术要求来拆画零件图。

如图 9.23 所示的齿轮油泵装配图，共 11 种零件，除去 2 号、8 号标准件外，其余 9 种零件为一般零件，需拆画其零件图。此部件中无借用零件和特殊零件。

9.9.2　看懂装配图，分离零件

按本章所述识读装配图的方法步骤看懂装配图，在弄清机器或部件的工作原理、装配关系、各零件的主要形状及功能的基础上，将所要拆画的零件从装配图中分离出来。现以图 9.23 所示的齿轮油泵装配图中的泵体 1 为例，说明分离零件的方法。

（1）利用序号指引线

在主视图中从序号 1 的指引线起端圆点，可找到泵体的位置和大致范围。

（2）利用剖面线方向、间隔、配合代号

从主视图上可以看出，泵体 1 两边的剖面线方向，左边相反的为零件泵盖 3，右边相反的

是零件泵座 9,这样就确定了泵体 1 的位置。借助主动齿轮 6 和传动齿轮 4 的剖面线方向,以及齿轮的啮合关系,再借助左视图上的配合代号 $\phi34.5\dfrac{H7}{f6}$,即可大致确定泵体的形状并对其位置做进一步确定。

(3)利用投影关系和形体分析法

在主视图上只能确定泵体的位置,不能很好地反映其形状。左视图采用沿结合面剖切画法,并增加了局部剖视图,不仅反映了泵体的外形,还反映了油口的内部结构。

综合上述方法和分析过程,便可完整地想象出泵体轮廓形状和其上 6 个螺孔、两个销孔的形状及相对位置,这样就可以将泵体从装配图中分离出来。用同样的方法可将其他零件从装配图中分离出来。

9.9.3 确定零件的表达方案

装配图的表达方案是从整个机器或部件的角度考虑的,重点是表达机器或部件的工作原理和装配关系。而零件的表达方案则是从零件的设计和工艺要求出发,并根据零件的结构形状来确定的。零件图必须把零件的结构形状表达清楚,但零件在装配图中所体现的视图方案不一定适合零件的表达要求,因此,一般不宜照搬零件在装配图中的表达方案,应重新全面考虑。其方案的选择按四大类典型零件表达的方法原则进行。通常应注意以下几点:

(1)主视图的选择

箱体类零件的主视图应与装配图中的工作位置一致,轴套类零件应按工作位置或摆正后选择主视图。

(2)其他视图的选择

根据零件结构形状的复杂程度和特点,选择适当的视图和表达方法。

(3)零件未表示结构的补画

由于装配图不侧重表达零件的结构形状,因此,某些零件的个别结构在装配图中可能表达不清或未给出形状。另外,零件上的标准结构要素如倒角、圆角、退刀槽、砂轮越程槽和拔模斜度等,在装配图中允许省略不画,在拆画零件时,对这些在装配图中未表示或省略的结构应结合设计和工艺要求,将其补画出来,以便满足零件图的要求。

在如图 9.23 所示的齿轮油泵装配图中,泵体 1 属于箱体类零件。根据前面所述,其主视图就选取它在装配图中的视图,不需重新选取。增加一个表达外形的左视图,在其上增加适当的局部剖视图,可反映进、出油口和螺钉孔的形状及位置。为了表达齿轮油泵底板上安装孔的位置,增加了一个 B 向局部视图。如图 9.40 所示的泵体 1 的表达方案,可以完整、清楚、简洁地表达泵体的结构形状,属于较好的表达方案。

9.9.4 确定零件图上的尺寸

零件图上的尺寸应按正确、完整、清晰、合理的要求进行标注。对于拆画的零件图,其尺寸来源可以从以下几个方面确定:

(1)抄注

凡是装配图上已标注的尺寸都是比较重要的尺寸,这些尺寸数值甚至包括公差代号、偏差数值都可直接抄注到相应的零件图上。例如,图 9.40 中的尺寸 $\phi34.5H7$,$G1/4$ 都是直接从齿轮油泵装配图中抄注而来的。

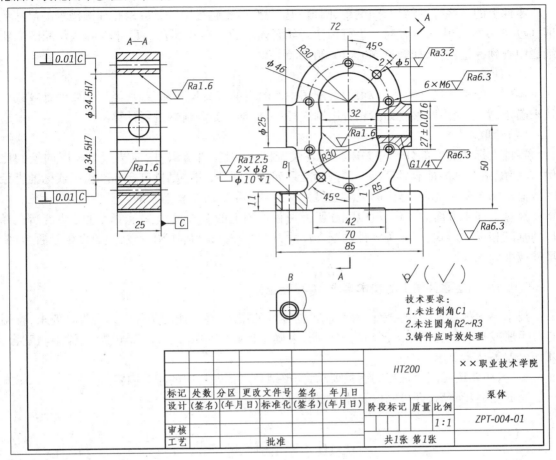

技术要求：
1. 未注倒角C1
2. 未注圆角R2~R3
3. 铸件应时效处理

								HT200	××职业技术学院
									泵体
标记	处数	分区	更改文件号	签名	年月日				
设计	(签名)	(年月日)	标准化	(签名)	(年月日)	阶段标记	质量	比例	
审核								1:1	ZPT-004-01
工艺			批准			共1张 第1张			

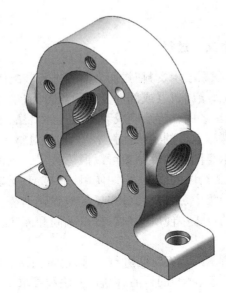

图9.40　泵体零件图

（2）查取

零件上的一些标准结构,如倒角、圆角、退刀槽、砂轮越程槽、螺纹、销孔和键槽等的尺寸数值,应从有关标准中查取核对后进行标注。如泵体上的销孔和螺孔的尺寸均可从装配图的明细栏中查到标记代号,如螺钉 M6×16、销 5m6×20。

（3）计算

零件上的某些尺寸数值,应根据装配图中所给定的有关尺寸和参数,经过必要的计算或校核来确定,并不允许圆整。如齿轮分度圆直径,可根据模数和齿数进行计算。

（4）量取

零件上标注的大部分尺寸并未标注在装配图上,对这部分尺寸,应按照装配图的绘制比例,在装配图上直接量取后算出。并按标准系列适当圆整,使之尽量符合标准长度或标准直径的数值。如图 9.40 所示标注的大多数尺寸都是经过量取后换算而来的。

经过上述 4 方面的工作,可以配齐所拆画零件图上的全部尺寸。标注尺寸时要恰当选择尺寸基准和标注形式,与相关零件的配合尺寸、相对位置尺寸应协调一致,避免发生矛盾,重要尺寸应准确无误。

9.9.5　确定零件图上的技术要求,填写标题栏

技术要求包括数字和文字两种。应根据零件的作用,在可能的条件下结合设计要求,查阅有关手册或参阅同类及相近产品的零件图,来确定拆画零件图上的表面粗糙度、极限与配合、几何公差等技术要求。

最后,还要按照国家标准的有关要求,完整地填写标题栏中的相关内容。

完成上述步骤后,即可完成泵体的零件图。

9.10　装配体测绘

9.10.1　装配体测绘的意义和过程

在产品设计、改进设计或积累技术资料时,通常需要进行装配体测绘。测绘过程是在了解机器或部件工作原理的基础上,绘出机器或部件装配示意图,测量并绘制出所有非标准零件的草图,然后由零件草图及装配示意图整理绘制成装配图,再由装配图拆画出全套零件工作图。

装配体测绘是机械制图课程重要的实践性教学环节,是对整个机械制图学习内容的综合训练。前期的绘制部件装配示意图和零件草图可以锻炼徒手绘图的能力;中期使用尺规等绘图仪器画装配图,可以锻炼手工绘图的能力;后期使用 AutoCAD 等软件画零件工作图,可以锻炼计算机绘图能力。通过这一集中、系统、大量和反复地强化训练,可以将所学知识运用于实际工作中,学用结合,并在用的过程中使所学知识得以巩固和深化,最终起到提高绘图能力和实际工作能力的作用。

装配体测绘建议按如下所示的 7 天时间进行安排,也可根据装配体的复杂程度灵活处理。

①教师讲授装配体工作原理、测绘的目的、内容、方法和要求。（0.5 天）

②熟悉装配体工作原理,画装配体示意图。（0.5 天）

③画零件草图。(1天)

④画装配草图和装配图。(2天)

⑤画零件工作图。(2天,上机)

⑥写设计小结并提交全部图纸。(1天)

9.10.2　装配体测绘的目的和要求

装配体测绘的目的和要求如下:

①学习装配体测绘的基本方法。

②对机械制图课程的内容进行综合训练,巩固课堂知识,加深理解。

③进一步培养认真负责的工作态度和严谨细致的工作作风。

④通过自己动手拆、装装配体,测量零件,提高动手能力。

⑤通过绘制零件草图、装配图和零件工作图,训练徒手作图、尺规作图和计算机绘图的能力。

⑥分组完成装配体测绘工作,培养团队协作精神。

9.10.3　画装配体示意图(GB/T 4460—2013)

装配体示意图是用规定符号和简单图线画出组成装配体各零件的大致轮廓,用以说明装配体的工作原理及零件之间的装配关系和相对位置,可作为画装配图时的参考资料。学画装配示意图可以锻炼和提高学生处理问题时,抓重点、抓关键和高度概括的能力。

画装配示意图时应注意以下几点:

①装配示意图是将装配体假设为透明体画出的,因此,外形轮廓和内部结构均可反映出来。

②每个零件只画大致轮廓,或用单线表示。

③常用零件的规定符号见《机械制图　机构运动简图用图形符号》(GB/T 4460—2013)。

④装配示意图一般只画一两个视图。两个零件的接触面要留出空隙,以便区分零件。

⑤如图9.41所示,装配示意图应编出零件序号,列表写出零件的名称、数量、材料等项目。

如图9.42所示,简单装配体的装配示意图也可直接把零件名称、序号注写在示意图上。

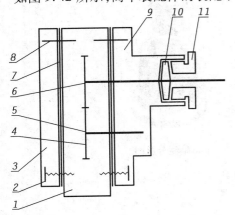

11	ZPT-004-11	螺母	1	Q235	0.04	0.04	
10	ZPT-004-10	填料	1	毛毡	0.03	0.03	
9	ZPT-004-09	泵座	1	HT200	1.4	1.4	
8	GB/T 119.1—2000	圆柱销5m6×20	4		0.05	0.2	
7	ZPT-004-07	垫片	2	工业用纸	0.1	0.2	
6	ZPT-004-06	主动齿轮	1	45	0.3	0.3	$m=3\ z=9$
5	ZPT-004-05	从动轴	1	45	0.5	0.5	
4	ZPT-004-04	从动齿轮	1	45	0.3	0.3	$m=3\ z=9$
3	ZPT-004-03	泵盖	1	HT200	1.0	1.0	
2	GB/T 65—2016	螺钉M6×16	12		0.05	0.6	
1	ZPT-004-01	泵体	1	HT200	1.6	1.6	
序号	代　号	名　称	数量	材　料	单件质量	总计质量	备　注

(a)装配示意图

(b) 轴测分解图

图9.41　齿轮油泵装配示意图

⑥构成机械运动简图用图形符号的图线应符合 GB/T 4457.4 和 GB/T 17450 的规定。图形符号中的表示轴、杆符号的图线应用两倍粗实线($2d$, d 为粗实线线宽)表示。

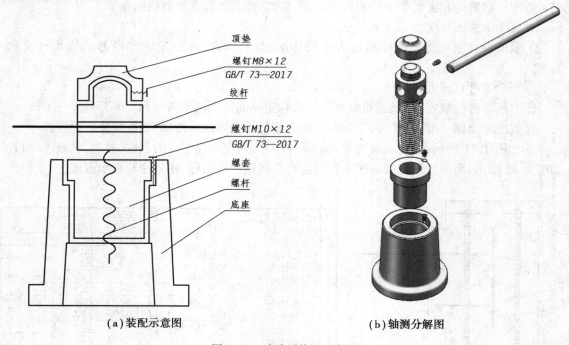

(a) 装配示意图　　　　　　　　　(b) 轴测分解图

图9.42　千斤顶装配示意图

9.10.4　零件测绘

零件测绘是对装配体中的零件实物进行绘图、测量和确定技术要求的过程。一般零件应绘制零件草图,并测量标注全部尺寸和技术要求。标准件如螺纹紧固件、滚动轴承、键、销等,只需测量出规格尺寸并定出其标准代号,注写在示意图上或列表表示。零件测绘的方法、步骤及尺寸的测量方法等可参照本书第 8 章中的相关内容。

零件测绘时应注意以下事项:

①为保证安全和不损坏机件,拆装前要研究好拆装顺序,再动手拆装。零件按顺序拆下,在桌上摆放整齐,轻拿轻放,可按拆装顺序把零件编上号码,小零件要妥善保管,以防丢失或发生混乱。要注意保护零件的加工面和配合面。测绘完成后,要将装配体装配好。

②零件的制造缺陷,如砂眼、气孔、刀痕等,以及长期使用所造成的磨损,都不应画出。

③零件上因制造、装配的需要而形成的工艺结构,如铸造圆角、倒角、倒圆、退刀槽、凸台、凹坑等都必须画出,不能忽略。

④先画零件草图,按尺寸标注及表面粗糙度的要求画出尺寸界限、尺寸线和粗糙度符号。

⑤测量读数时,配合尺寸应保持一致,其他尺寸圆整为整数,与标准件配合的尺寸应按标准件的尺寸选取(如与轴承配合的轴或孔)。

⑥对螺纹、键槽、齿轮的轮齿等标准结构的尺寸,应将测量结果与标准值进行核对,一般均采用标准结构尺寸,以利于制造。

9.10.5　画装配图

根据测绘的零件草图、标准件和装配示意图可画出装配图。装配图应表达装配体的工作原理和装配关系。装配图的画图方法和步骤可参照本章中的相关内容。

9.10.6　画零件工作图

根据装配图,参考零件草图,可拆绘零件图。零件图是测绘中最后需要完成的技术图样,包括视图的选择、尺寸标注和技术要求的制订,同时还应对零件草图中不合理的部分进行认真修改。画完零件图后应进行检查,要求整套零件图和装配图中无错误。

绘制零件工作图的方法和步骤可参照本书第 8 章中的相关内容。

第 10 章
第三角画法

10.1 第三角画法简介（GB/T 16948—1997）

世界各国的工程图样有两种体系，即第一角投影法（又称"第一角画法"）和第三角投影法（又称"第三角画法"）。中国、英国、德国和俄罗斯等国家采用第一角投影，美国、日本、新加坡等国家及中国港台企业采用第三角投影。

（1）分角

按照国家标准 GB/T 16948—1997 中的有关规定，分角是指用水平和铅垂的两投影面将空间分成的 4 个区域，并按顺序编号，如图 10.1 所示。

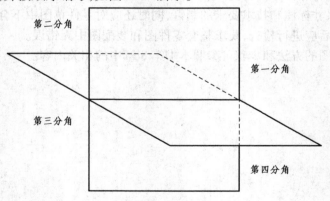

图 10.1 分角

（2）第一角画法的定义

按照国家标准 GB/T 16948—1997 中的有关规定，第一角画法是指将物体置于第一分角内，并使其处于观察者与投影面之间而得到的多面正投影。

（3）第三角画法的定义

按照国家标准 GB/T 16948—1997 中的有关规定，第三角画法是指将物体置于第三分角内，并使投影面处于观察者与物体之间而得到的多面正投影。

10.2　三视图的形成及其投影规律（GB/T 14692—2008）

10.2.1　三视图的形成

如图 10.2(a)所示,从前向后投射,在 V 面上得到的视图称为主视图;从上向下投射,在 H 面上所得到的视图称为俯视图;从右向左投射,在 W 面上得到的视图称为右视图。

如图 10.2(b)所示,将 V 面保持不动,把 H 面向上旋转,W 面向右(前)旋转,使得 H,W 面和 V 面展开成一个平面,即得到第三角画法的三视图,如图 10.2(c)所示。

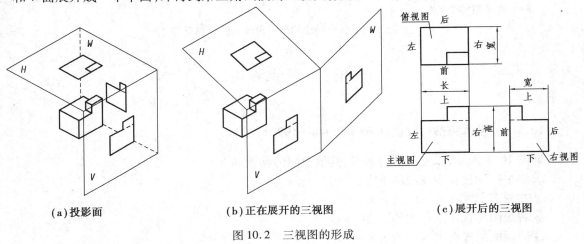

(a)投影面　　　　　　　(b)正在展开的三视图　　　　　　(c)展开后的三视图

图 10.2　三视图的形成

10.2.2　三视图的方位关系

任何一个物体的空间位置可包括上下、左右和前后的方位关系,物体的尺寸包括长、宽和高。如图 10.2(c)所示,主视图反映物体的长、高尺寸和上下、左右位置关系;俯视图反映物体的长、宽尺寸和左右、前后位置关系;右视图反映物体的高、宽尺寸和前后、上下位置关系。

10.2.3　三视图的投影规律

三视图的投影规律,是指 3 个视图之间的关系,从三面投影体系和三视图的展开过程中可以看出,三视图是在物体安放位置不变的情况下,从 3 个不同的方向投影所得,它们共同表达一个物体,并且每两个视图中就有一个共同尺寸,所以三视图之间存在如下的度量关系:

①主视图和俯视图"长对正",即长度相等且左右对正。

②主视图和右视图"高平齐",即高度相等且上下平齐。

③俯视图和右视图"宽相等",即在作图中俯视图的竖直方向与右视图的水平方向对应相等。

"长对正、高平齐、宽相等",即三视图之间的投影规律,如图 10.2(c)所示。这是画图和读图的基本规律,无论是物体的整体还是局部,都必须符合这一规律。

10.2.4　第三角画法的投影识别符号

采用第三角画法时,必须在图样中画出第三角投影的识别符号。必要时,第一角画法也可画出投影识别符号,如图 10.3 所示。

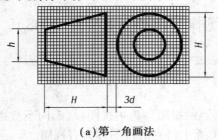 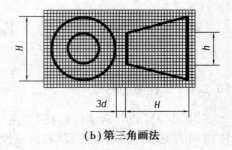

(a)第一角画法　　　　　　　　　　(b)第三角画法

参数说明:

h——图中尺寸字体高度(*H*=2*h*);

d——图中粗实线宽度。

图 10.3　第一角画法和第三角画法的识别符号

10.3　基　本　视　图

10.3.1　基本视图的配置(GB/T 16948—1997)

如图 10.4 所示,以主视图为基准,其他视图的配置如下:

①俯视图配置在主视图的上方;

②左视图配置在主视图的左方;

③右视图配置在主视图的右方;

④仰视图配置在主视图的下方;

⑤后视图配置在主视图的右方。

10.3.2　基本视图的展开方法(GB/T 14692—2008)

6 个基本投影面的展开方法如图 10.4(b)所示,各视图的配置如图 10.4(c)所示。在同一张图纸内按图 10.4(d)配置视图时,一律不注释图名称。

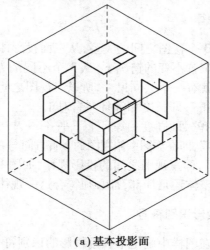

(a)基本投影面

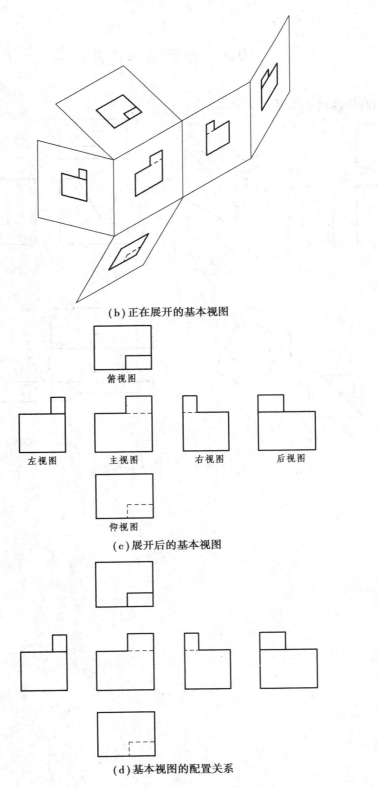

(b) 正在展开的基本视图

俯视图

左视图　　主视图　　右视图　　后视图

仰视图

(c) 展开后的基本视图

(d) 基本视图的配置关系

图 10.4　基本投影面的展开方法(第三角画法)

10.4 第三角画法范例

第三角画法范例如图 10.5 所示。

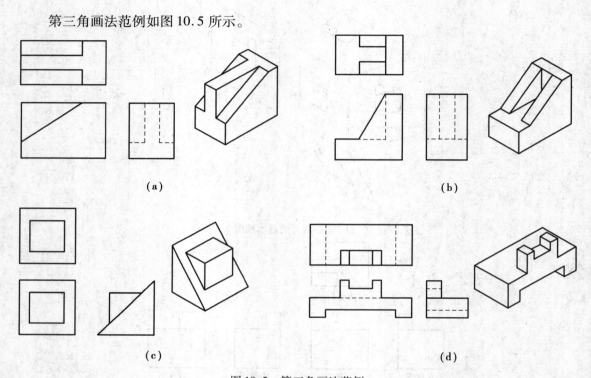

图 10.5 第三角画法范例

第**11**章
计算机辅助三维设计

11.1 机械工程 CAD 制图规则（GB/T 14665—2012）

11.1.1 基本规则

凡在计算机及其外围设备中绘制机械工程图样时,如涉及 GB/T 14665—2012 标准中未规定的内容,应符合有关标准和规定。

在机械工程制图中用 CAD 绘制的机械工程图样,首先应考虑表达准确,看图方便。在完整、清晰、准确地表达机件各部分形状的前提下,力求制图简便。用 CAD 绘制机械图样时,尽量采用 CAD 新技术。

11.1.2 图线

在机械工程的 CAD 制图中,所用图线,除按照 GB/T 14665—2012 的规定外,还应遵循 GB/T 17450 和 GB/T 4457.4 中的规定。

1）图线组别

为了便于机械工程的 CAD 制图,将 GB/T 4457.4 中规定的线型分为 5 组,见表 11.1。

表 11.1 图线组别

（摘自 GB/T 14665—2012）

分组					一般用途
组别	1	2	3	4	5	
线宽	2.0	1.4	1.0	0.7	0.5	粗实线、粗点画线、粗虚线
/mm	1.0	0.7	0.5	0.35	0.25	细实线、波浪线、双折线、细虚线、细点画线、细双点画线

2）图线的结构

（1）双折线

双折线的尺寸如图 11.1 所示。

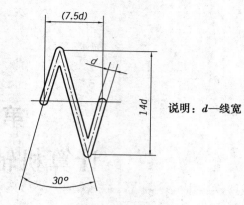

说明：d—线宽

图 11.1　双折线

（2）虚线

虚线的尺寸如图 11.2 所示。

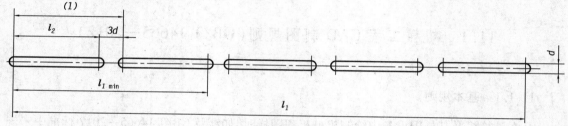

图中：(1)为线的分段长度；d为线宽

图 11.2　虚线

（3）点画线

点画线的尺寸如图 11.3 所示。

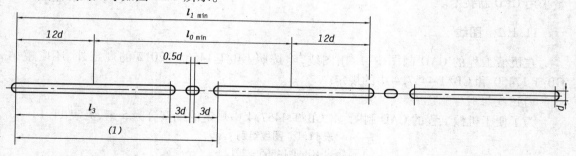

图中：(1)为线的分段长度；d为线宽

图 11.3　点画线

（4）双点画线

双点画线的尺寸如图 11.4 所示。

3）重合图线的优先顺序

当两个以上不同类型的图线重合时,应遵守以下优先顺序：

①可见轮廓线和棱线（粗实线）；

②不可见轮廓线和棱线（细虚线）；

③剖切线（细点画线）；

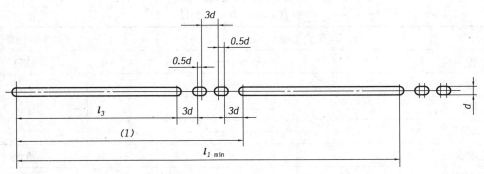

图中：(1)为线的分段长度；d为线宽

图 11.4　双点画线

④轴线和对称中心线(细点画线)；

⑤假想轮廓线(细双点画线)；

⑥尺寸界线和分界线(细实线)。

4)非连续线的画法

(1)相交线

图线应尽量相交在画上。绘制圆时,可画出圆心符号,如图 11.5 所示。

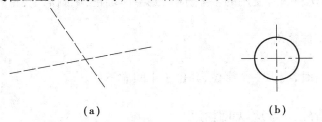

(a)　　　　　　　　　　　　　　(b)

图 11.5　相交线的画法

(2)接触与连接线和转弯线的画法

图线在接触与连接线和转弯线时应尽可能地在画上相连,如图 11.6 所示。

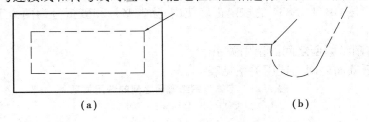

(a)　　　　　　　　　　　　　　(b)

图 11.6　接触与连接线和转弯线的画法

5)图线的颜色

屏幕上显示图线,一般应按表 11.2 中提供的颜色显示,并要求相同类型的图线应采用同样的颜色。

表 11.2　图线的颜色
（摘自 GB/T 14665—2012）

图线类型		屏幕上颜色
粗实线	————————	白色
细实线	————————	绿色
波浪线	～～～～～	
双折线	∿∿∿	
细虚线	- - - - - - - - -	黄色
粗虚线	▬ ▬ ▬ ▬ ▬	白色
细点画线	—·—·—	红色
粗点画线	—·—·—	棕色
细双点画线	—··—··—	粉红色

11.1.3　字体

机械工程的 CAD 制图所使用的字体,应做到字体端正,笔画清楚,排列整齐,间隔均匀。

（1）数字

数字一般应以正体输出。

（2）小数点

小数点进行输出时,应占一个字位,并位于中间靠下处。

（3）字母

字母除表示变量外,一般应以正体输出。

（4）汉字

汉字在输出时一般采用正体,并采用国家正式公布和推行的简化字。

（5）标点符号

标点符号应按 GB/T 15834 的规定正确使用,除省略号和破折号为两个字位外,其余均为一个符号一个字位。

（6）字体与图纸幅面之间的选用关系

字体与图纸幅面之间的选用关系见表 11.3。

表 11.3　字体与图纸幅面之间的选用关系
（摘自 GB/T 14665—2012）

单位:mm

字符类别	图幅				
	A0	A1	A2	A3	A4
	字体高度 h				
字母与数字	5			3.5	
汉字	7			5	

注:h = 汉字、字母和数字的高度。

（7）字体的最小字（词）距、行距以及间隔线或基准线与书写字体之间的最小距离

字体的最小字（词）距、行距以及间隔线或基准线与书写字体之间的最小距离，见表 11.4。

表 11.4　字体的最小字（词）距、行距以及间隔线或基准线与书写字体之间的最小距离
（摘自 GB/T 14665—2012）

单位：mm

字体	最小距离	
汉字	字距	1.5
	行距	2
	间隔线或基准线与汉字的间距	1
字母与数字	字符	0.5
	词距	1.5
	行距	1
	间隔线或基准线与字母、数字的间距	1

注：当汉字与字母、数字混合使用时，字体的最小字距、行距等应根据汉字的规定使用。

11.1.4　尺寸线的终端形式

机械工程的 CAD 制图中所使用的尺寸线的终端形式有以下几种可供选用，其具体尺寸比例一般参照 GB/T 4458.4 中的有关规定，如图 11.7（a）所示。在图样中一般按实心箭头、开口箭头、空心箭头、斜线、圆点的顺序选用。

当尺寸线的终端采用斜线时，尺寸线与尺寸界线必须互相垂直。同一张图样中一般只采用一种尺寸线终端的形式。当采用箭头位置不够时，允许用圆点或斜线代替箭头，如图 11.7（b）、（c）所示。

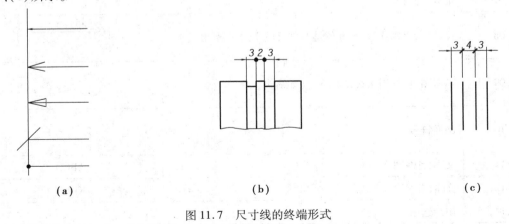

（a）　　　　　　　　**（b）**　　　　　　　　**（c）**

图 11.7　尺寸线的终端形式

11.1.5　图形符号的表示

在机械工程的 CAD 制图中，所用到的图形符号，应严格遵守有关标准或规定要求。第一角画法和第三角画法的识别图形符号表示见表 11.5。

表 11.5 第一角画法和第三角画法的识别图形符号

（摘自 GB/T 14665—2012）

图形符号	说明
	第一角画法的识别图形符号表示
	第三角画法的识别图形符号表示

11.1.6 图样中各种线型在计算机中的分层

图样中各种线型在计算机中的分层标识可参照表 11.6 的要求。

表 11.6 图样中各种线型在计算机中的分层标识

（摘自 GB/T 14665—2012）

标识号	描述	图例
01	粗实线	———
02	细实线	———
	波浪线	~~~
	双折线	⋀⋁⋀
03	粗虚线	- - - - -
04	细虚线	- - - - -
05	细点画线	—·—·—
06	粗点画线	—·—·—
07	细双点画线	—··—··—
08	尺寸线,投影连线,尺寸终端与符号细实线,尺寸和公差	423 ± 1
09	参考圆,包括引出线及其终端(如箭头)	
10	剖面符号	/////
11	文本(细实线)	ABCD
12	文本(粗实线)	KLMN
13,14,15	用户选用	

11.2　机械产品三维建模的通用要求(GB/T 26099.1—2010)

11.2.1　术语和定义

(1)特征

特征是指与一定功能和工程语义相结合的几何形状或工程信息表达的集合。

(2)实体

实体是指由面或棱边构成封闭体积的三维几何体。

(3)成熟度

成熟度是指对设计完成及完善程度的量化描述,其数值范围为 0 ~ 1。

(4)零件特征树

零件特征树是指体现零件设计过程及其特征组成的树状表达形式,反映了模型特征间的相互逻辑关系。

(5)三维建模

三维建模是指应用三维机械 CAD 软件建立产品整机或零部件三维数字模型的过程。

(6)三维数字模型

三维数字模型是指计算机中反映机械产品几何要素、约束要素和工程要素信息的集合。

(7)装配结构树

装配结构树是指以树状形式表达并体现装配模型层次关系的信息集合。

11.2.2　三维数字模型的分类

(1)按建模对象分类

根据建模对象分类,一般可分为零件模型和装配模型。

(2)按建模特点分类

根据零部件的建模特点分类,一般可分为机加类、铸锻类、钣金类、线缆管路类等。

(3)按模型用途分类

根据三维数字模型的具体用途分类,一般可分为设计模型、分析模型、工艺模型等。

(4)按研制阶段分类

根据三维数字模型不同研制阶段技术特点分类,一般可分为概念模型、工程设计模型等。

11.2.3　三维数字模型的构成

完整的零部件三维数字模型由几何要素、约束要素和工程要素构成。

(1)几何要素

几何要素是指三维数字模型所包含的表达零部件几何特性的模型几何和辅助几何等要素。

(2)约束要素

约束要素是指三维数字模型所包含的表达零部件内部或零部件之间约束特性的要素,如尺寸约束、表达式约束、形状约束、位置约束等。

（3）工程要素

工程要素是指三维数字模型所包含的表达零部件工程属性的要素，如材料名称、材料特性、质量、技术要求等。

11.2.4 三维建模通用要求

（1）建模环境设置

在建模前应对软件系统的基本量纲进行设置，这些量纲通常包括模型的长度、质量、时间、力、温度等。其余量纲可在此基础上进行推算，例如，当长度单位为毫米（mm）、时间单位为秒（s）、力的单位为牛顿（N）时，可推算出速度的单位为毫米每秒（mm/s）、弹性模量单位为兆帕（MPa）。

此外，还应对建模环境进行设置，这通常包括公差设置、缺省层设置、缺省路径设置、辅助面设置、工程图设置等。

（2）模型比例

模型与零部件实物一般应保持1:1的比例关系。在某些特殊应用场合（如采用微缩模型进行快速原型制造时），可使用其他比例。

（3）坐标系的定义与使用

坐标系的使用应遵循以下原则：

①三维数字模型应含有绝对坐标系信息。

②可根据不同产品的建模和装配特点使用相对坐标系和绝对坐标系，坐标系的使用可在产品设计前进行统一定义。

③坐标系应给出标识，且其标识应简明易读。

11.2.5 三维数字模型文件的命名原则

为了适应三维数字模型的建模、文件管理、存储、发放、传递和更改等方面的要求，模型文件应按 GB/T 24734.2—2009 中第 4 章的规定，采用统一规则进行命名。

三维数字模型文件的命名应遵循以下原则：

①使模型文件得到唯一的存储标识，例如，可采用文件名使之唯一，也可通过其他属性使之唯一。

②文件名应尽可能地精简、易读，便于文件的共享、识别和使用。

③文件名应便于追溯和版本（版次）的有效控制。

④同一零部件的不同类型文件名称应具有相关性，例如，同一零部件的三维模型文件与其工程图文件之间应具有相关性。

⑤文件命名规则也可参照行业或企业规范进行统一约定。

11.2.6 三维数字模型检查

（1）检查的基本原则

在将三维数字模型发放给设计团队或相关用户前，必须进行模型检查。模型检查的基本原则如下：

①以产品规范及相关建模标准等为技术依据。

②以模型的有效性和规范性检查为重点。

③在设计的关键环节进行,通常应在数据交换或数据发放之前完成。

(2)检查的基本内容

模型检查按 GB/T 18784 和 GB/T 18784.2 进行,其基本内容通常包括以下几个方面:

①模型中几何信息的完整性、正确性和可更新性。

②工程属性信息描述的完整性(包括零件的材料、技术要求和互换性等)。

③三维模型与其投影生成二维工程图的信息应一致、无歧义。

11.2.7　三维数字模型管理要求

1)三维数字模型发布

(1)发布的内容

发布的内容可根据模型的不同应用要求发布不同的模型信息。

(2)发布的原则

模型发布应符合以下原则:

①发布模型是下游相关用户获得有效模型的合法途径。

②发布模型应处于锁定状态,任何人和部门在没有获得更改权力前不得对其进行修改。

③根据发布用途,确定发布模型的性质、对象和应用场合。

(3)发布数据的使用

发布数据的使用应符合以下原则:

①下游的设计活动必须以上游正式发布的数据为设计输入。

②发布数据应具有唯一的数据源,能够有效地控制版本和版次。

③发布数据的信息应能满足本设计环节所需的设计信息。

2)数据管理要求

三维数字模型数据的管理应按 GB/T 16722.1～16722.4 中的规定,在产品的全生命周期中,都能提供必要的信息,以保证对数据的管理和跟踪。数据管理还应考虑以下内容:

①建议将模型数据放在产品数据管理系统(PDM)中进行管理。

②应建立数据安全权限管理机制,定时对数据进行备份。对所有涉及三维数字模型日常工作进程的数据、文档资料,都应实行多机存档、多种存储介质(至少两种)备份,以避免自然或人为因素而造成的灾难性数据、资料损失。

3)技术状态管理要求

三维数字模型技术状态更改应符合下列要求:

①所有更改需按程序提出更改申请。

②重大更改应由授权部门(如技术状态控制委员会)审查后才能实施更改。

③应保证所有相关部门都及时获得最新的更改信息,确保数据的协调一致性。

④具体的更改要求也可参照行业或企业有关规定执行。

11.3 机械产品三维零件建模的通用规则(GB/T 26099.2—2010)

11.3.1 机械产品三维零件建模的总体原则和总体要求

(1)总体原则

机械产品三维零件建模的总体原则如下:

①零件模型应能准确地表达零件的设计信息。

②零件模型包含零件的几何要素、约束要素和工程要素。

③零件模型的信息表达应具备在保证设计意图的情况下可被正确更新或修改的能力。

④不允许冗余元素存在,不允许含有与建模结果无关的几何元素。

⑤零件建模应考虑数据间应有的链接和引用关系,例如,模型的几何要素、约束要素和工程要素之间要建立正确的逻辑关系和引用关系,应能满足模型各类信息实时更新的需要。

⑥建模时应充分体现面向制造的设计准则,提高零件的可制造性。

(2)总体要求

机械产品三维零件建模的总体要求如下:

①参与三维设计的机械零件应进行三维建模,这不仅包括自制件,还包括标准件和外购件等。

②一般采用公称尺寸按 GB/T 4458.5 中的规定进行建模,尺寸的公差等级可通过通用注释给定,也可直接标注在尺寸数字上。

③一般先建立模型的主体结构(如框架、底座等),然后再建立模型的细节特征(如小孔、倒圆、倒角等)。

④某些几何要素的形状、方向和位置由理论尺寸确定时,应按理论尺寸进行建模。

⑤推荐采用参数化建模,并充分考虑零部件及零部件间参数的相互关联。

⑥对管路及其线束的卡箍等零件建模,推荐以其装配状态建立模型,但在设计中应考虑其维修或分解成自由状态时所需的空间。

⑦在满足应用要求的前提下,尽量使模型简化,使其数据量减至最少。

⑧工业设计要求较高的零部件对象,应进行相应的工业造型设计评审。

⑨模型在发放前,应对其进行检查。

11.3.2 机械产品三维零件建模的详细要求

1)零件建模的基本流程

零件建模的基本流程如图 11.8 所示。

2)模型工程属性

零件模型应包含正确的工程属性,通常包括以下内容:材料名称、密度、弹性模量、泊松比、屈服极限(或强度极限)、折弯因子、热传导率、热膨胀系数、硬度、剖面形式等。应将常用的工程材料特性存储在数据库中,并便于扩展。

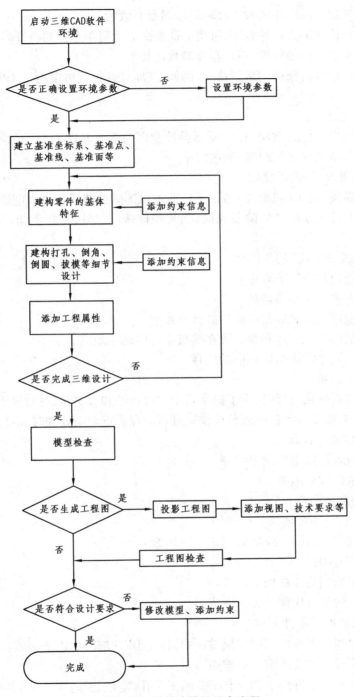

图 11.8　零件建模的基本流程

3)特征的使用

零件建模特征的使用应符合以下要求:

①特征应全约束,不得欠约束或过约束,另有规定的除外;优先使用几何约束,例如,平行、垂直或重合,其后才使用尺寸约束。

②特征建立过程中所引用的参照必须是最新且有效的。

③为了便于表达和追溯设计意图,可将特征重命名为简单易读的特征名。

④推荐采用参数化特征建模,不推荐非参数化特征。

⑤不应为修订已有特征而创建新特征,例如,在原开孔位置再覆盖一个更大的孔以修订圆孔的尺寸和位置。

(1)草图特征的使用

草图应尽量体现零件的剖面,且应按照设计意图命名。草图对象一般不应欠约束(概念设计中的打样图和草图允许欠约束)和过约束。

(2)倒角(或倒圆)特征的使用

除非有特殊需要,倒角(或倒圆)特征不应通过草图的拉伸或扫描来创建。倒角(或倒圆)特征一般放置在零件建模的最后阶段完成,除某些特殊情况外,可将倒角(或倒圆)特征提前完成。

(3)表达式(或关系式)的使用

表达式的使用应符合以下要求:

①表达式的命名应反映参数的含义。

②表达式中变量的命名应符合应用软件的规定。

③对于经常使用的表达式和参数可在模板文件中统一规定。

④对于复杂的表达式应增加相应的注释。

4)模型着色与渲染

在评价模型的可视化效果时,为了提高模型的可读性和真实性,可对模型进行合理的着色处理。着色时,可参照零件实物的颜色或纹理进行。在进行渲染处理时,应包括以下内容:

①灯光照明的效果渲染。

②材料及材料表面纹理的效果渲染。

③环境与背景的效果渲染。

5)DFM(面向制造的设计)要求

(1)三维建模设计中的要求

在三维建模设计时,针对 DFM 应考虑以下因素:

①外形曲面应光顺。

②曲面片尽量采用直纹曲面。

③外形曲面片的划分应便于加工和成形。

(2)数控及其他加工零件要求

在数控及其他加工零件的三维建模设计中,针对 DFM 应考虑以下因素:

①模型数据应提供加工所需的基准面信息。

②模型数据应提供零件加工和安装所需的工艺孔、定位孔等。

③应提供所有实体定义中忽略标识的孔的中心线。

④有特殊加工要求的零件应提供所要求的加工信息。

6)标准件与外构件建模要求

(1)标准件建模

标准件模型应优先采用具有参数化特点的系列族表方法建立。对于无法参数化的零件,可建立非系列化的独立模型。为了满足快速显示和制图的需要,标准件应按 GB/T 24734.11 规定的方法采用简化级表示。

（2）外构件建模

外构件产品的模型推荐由供应商提供。用户可根据需要进行数据格式的转换,转换后的模型是否需要进一步修改,由用户根据使用场合自行确定。转换后的初始模型应予以保留,并伴随装配模型一起进入审签流程。对无法从供应商处获得外构件的三维模型,可由用户自行建立。允许根据使用要求对外构件模型进行简化,但简化模型应包括外构件的最大几何轮廓、安装接口、极限位置、质量属性等影响模型装配设计的基本信息。

7）结构要素的建模要求

球面半径、润滑槽、滚花、零件倒圆与倒角、砂轮越程槽等结构要素按 GB/T 6403.1 ~ GB/T 6403.5 中的规定允许不建模,但必须采用注释对其进行说明。

11.3.3　典型零件建模要求

1）机加零件建模要求

机加零件设计需考虑零件刚、强度要求,工艺性要求,制造成本等方面,应考虑零件的装配、拆卸和维修。

（1）机加零件建模的总体原则

机加零件建模时应考虑以下总体原则:

①零件的建模顺序应尽可能地与机械加工顺序一致。

②在保证零件的设计强度和刚度要求的前提下,应根据载荷分布情况合理选择零件截面尺寸和形状。

③设计时应充分考虑零件抗疲劳性能,尽量使零件截面均匀过渡,尽量采用合理的倒圆,以降低应力集中。

④机加零件设计时应充分考虑工艺性（包括刀具尺寸和可达性）,避免零件上出现无法加工的区域。

⑤铣削加工的零件应设计相对统一的圆角半径,以减少刀具种类和加工工序。

（2）机加零件建模的总体要求

机加零件建模时应满足以下总体要求:

①采用自顶向下的设计零件时,零件关键尺寸（如主轴孔、定位孔的关键尺寸等）应符合上一级装配的布局要求。

②对零件进行详细建模时,可把零件装配在上级装配件中,利用装配件中的相对位置,对零件进行详细建模,也可在零件建模环境下直接建构。

③为了获得较高的加工精度和较好的零件互换性,设计基准和工艺基准应尽量统一,避免加工过程复杂化。

④钻孔零件应充分考虑孔加工的可操作性和可达性,对方孔、长方孔等一般不应设计成盲孔。

⑤选用合理的配合公差、几何公差和表面结构。

2）铸锻零件建模要求

（1）铸锻零件建模的总体原则

锻件一般包括自由锻件和模锻件。铸件一般包括砂型铸件和特种铸件。铸锻零件建模应符合以下总体原则：

①采用铸造工艺成形的零件，应考虑流道、浇口、纤维方向、流动性等要素。

②采用锻造工艺成形的零件，应考虑纤维方向、流动性、应力集中等要素。

③铸锻成形的零件建模时应考虑材料的收缩率。

（2）铸锻零件建模的总体要求

铸锻零件建模时应满足以下总体要求：

①模锻件建模时可采用注释给出零件的纤维方向信息。

②铸锻零件模型上的起模特征一般应建出。

③铸锻零件模型上的圆角特征通常应建出，如确实需要简化，应在注释中给出说明。

④铸锻零件中的机加特征应符合机加零件的建模要求。

3）钣金零件建模要求

（1）钣金零件建模的总体要求

可展开的钣金零件模型至少应包含以下内容：

①准确的折弯系数表。

②成形曲面。

③以成形曲面上直线和曲线定义的零件边界。

④弯折线和下陷线。

⑤紧固件的安装孔位。

⑥零件厚度、弯曲半径等信息。

（2）钣金零件建模的基本流程

钣金零件建模的基本流程如下：

①设置环境参数。

②选取或创建坐标系、基本目标点、基准线、基准面。

③构造零件特征轮廓线。

④几何特征设计，生成三维模型。

⑤模型检查与修改。

4）管路零件建模要求

（1）选择管路零件的材料

管路零件材料的确定，一方面应根据系统的工作压力和工作温度范围，另一方面应考虑导管中介质的特性，以及满足耐油性和耐腐蚀性的要求。

（2）管路零件建模的总体原则

管路零件建模一般应遵循下列原则：

①确定合理的直径保证油泵、液压马达等附件所需的流量和压力要求。

②根据系统设计要求，选择适当的导管连接形式，保证管路组件具有良好的密封性、抗震性和耐疲劳性。

③在满足导管安装协调的情况下，一根导管应采用一个相同弯曲半径值，以简化制造工艺。

④管路敷设的层次应考虑安全性和维修性，走向避免迂回曲折，减少复杂形状，减小流体

阻力。

　　⑤导管的支承、固定应合理而可靠。

　　(3)管路零件建模的基本流程

　　管路零件建模的基本流程如下：

　　①管路参数的设定。

　　②管线的设计。

　　③管线的修改。

　　④管路构建。

　　⑤管路修改。

　　5)线缆零件建模要求

　　(1)线缆敷设的总体原则

　　线缆敷设应至少满足以下原则：

　　①安全可靠性要求。

　　②电磁兼容性要求。

　　③便于检查和维修。

　　④防止机械磨损和损坏。

　　⑤便于拆卸和完整地更换线缆。

　　(2)线缆建模的基本流程

　　线缆建模的基本流程如下：

　　①系统环境设置。

　　②接线图设计。

　　③电器零件模型建立。

　　④进行线缆敷设，根据需要可输出敷设二维图。

　　⑤定义电线路径，根据需要可输出接线图。

　　⑥输出展开的线缆二维图。

11.3.4　机械产品三维零件模型的简化

　　(1)简化原则

　　为了缩短三维数字模型的建模时间，节省存储空间，提高模型的调用速度，三维数字模型的几何细节简化应遵循以下原则：

　　①模型的简化应便于识别和绘图。

　　②模型的简化不致引起误解或不会产生理解的多义性。

　　③模型的简化不能影响自身功能表达和基本外形结构，也不能影响模型装配或干涉检查。

　　④模型的简化应考虑三维模型投影为二维工程图时的状态。

　　⑤模型的简化应考虑技术人员的审图习惯。

　　(2)详细的简化要求

　　①与制造有关的一些几何图形，如内螺纹、外螺纹、退刀槽等，允许省略或使用简化表达，但简化后的模型在用于投影工程图时，应满足机械制图的相关规定。

　　②若干直径相同且成一定规律分布的孔组，可全部绘出，也可采用中心线简化表示。

③模型中的印字、刻字、滚花等特征允许采用贴图形式简化表达,必要时,也可配合注释说明。

④在对标准件、外构件建模时,允许简化其内部结构和与安装无关的结构,但必须包含正确的装配信息。

11.3.5 机械产品三维零件模型检查

在对模型提交和发布前,应对模型进行以下检查:

①模型是稳定的且能成功更新。

②具有完整的特征树信息。

③所有元素是唯一的,没有冗余元素存在。

④零件比例为全尺寸的1:1三维模型。

⑤自身对称的零件应建立完整零件模型,并标识出对称面。

⑥左右对称的一对零件应建立各自的零件模型,并用不同的零件编号进行标识。

⑦模型应包含供分析、制造所需的工程要素。

11.3.6 机械产品三维零件模型的发布与应用

(1)模型的发布

完成后的模型需要提供给相关用户使用时,必须经由发布流程进行发放,相关用户一般包括分析工程师、工艺工程师和制造工程师等。

三维数字模型的发布应遵循以下原则:

①模型在发布前应进行必要的清理,需要时,可去除与下游相关用户使用无关的信息。

②模型发布时,应根据不同应用场合确定其所包含的几何要素、约束要素和工程要素信息的构成,例如,将原始模型发布为轻量化模型,以满足对模型调用速度要求较高的场合。

③模型发布时,可根据企业或行业的规定对模型的视角、颜色、零部件状态(如自由状态或装配状态)等进行统一规定。

④下游相关用户应以发布模型作为设计输入。

⑤一旦进入发布阶段,模型就处于"锁定"状态,不得在未经变更审批的情况下对其进行修改。

⑥如需对模型进行修订,须由模型的创建人或授权人提出申请,经批准后方可修订。

⑦修订后的模型新版本重新发布时,应通知相关用户,以保持发布模型的及时更新。

(2)模型的应用

已发布的模型可根据需要用于不同应用场合,这些应用通常包括工程分析与优化、装配建模、加工制造、变形设计、宣传与培训等。

为了满足不同应用环境,发布的数字模型应至少包含以下内容:

①对工程分析类的应用,发布的模型应包括几何信息、材料信息(如名称、密度、弹性模量、屈服极限、强度极限、泊松比等)、优化变量等。

②对投影二维工程图应用,发布的模型应包括几何信息、技术要求、尺寸公差、几何公差、表面结构、剖面信息等。

③对加工制造的应用,发布的模型应包括几何信息、尺寸公差、几何公差、表面结构、制造

要求等。

④对装配建模的应用,发布的模型应包括几何信息、配合公差、摩擦系数等。

⑤对于宣传与培训的应用,发布模型应包含几何信息、材质与纹理、光源信息、环境信息等。

11.4　机械产品三维装配建模的通用规则(GB/T 26099.3—2010)

11.4.1　术语和定义

(1)装配建模

应用三维机械 CAD 软件对零件和部件进行装配设计,并形成装配模型的过程。

(2)装配约束

在两个装配单元之间建立的关联关系,它能反映出装配单元之间的静态定位和动态运动副关系。

(3)装配单元

装配模型中参与装配操作的零件或部件。

(4)布局模型

布局模型也称为骨架模型或控制模型,它用于控制装配模型的姿态、整体布局及关键几何和装配接口等信息,主要由基准面、轴、点、坐标系、控制曲线和曲面等构成,在自顶向下设计中常作为装配单元设计的参照基准。

11.4.2　机械产品三维装配建模的通用原则

在装配建模设计中,应遵循以下通用原则:

①所有的装配单元应具有唯一性和稳定性,不允许冗余元素存在。

②应合理划分零部件的装配层级,每一个装配层级对应装配现场的一道装配环节,因此,应根据装配工艺来确定装配层级。

③装配模型应包含完整的装配结构树信息。

④装配有形变的零部件(如弹簧、锁片、铆钉、开口销、橡胶密封件等)一般应以变形后的工作状态进行装配。

⑤装配建模过程应充分体现面向制造的设计(DFM)与面向装配的设计(DFA)准则,应充分考虑制造因素,提高其工艺性能。

⑥装配模型中使用的标准件、外购件模型应从模型库中调用,并统一管理。

⑦装配模型发布前应通过模型检查。

11.4.3　机械产品三维装配建模的总体要求

在装配建模设计中,应遵循以下总体要求:

①装配建模采用统一的量纲,长度单位通常设为毫米,质量单位通常设为千克。

②模型装配前,应将装配单元内部的与装配无关的基准面、轴、点及不必要的修饰进行消

隐处理,只保留装配单元在总装配时需要的参考基准。

③为了提高建模效率和准确性,零件级加工特征允许在装配环境下采用装配特征建构,但所建特征必须反映在零件级。

④装配工序中的加工特征在零件级应被屏蔽掉。

⑤在自顶向下设计时,可在布局模型设计中,将关键尺寸定义为变量,以驱动整个模型,实现产品的设计和修改。

⑥只有在装配模型中才能确定的模型尺寸,可采用表达式或参照引用的方式进行设定,必要时可加注释。

⑦复杂零部件参与装配时,可使用轻量化模型,以提高系统加载和编辑速度。

⑧在进行模型装配前,宜建立统一的颜色和材质要求,给定各种漆色对应的 RGB 色值和材料纹理,以满足模型外观的统一性要求。

⑨可根据应用需要,建立装配模型的三维爆炸图状态,以便快速示意产品结构分解和构成。

⑩每一级装配模型都应进行静、动态干涉检查分析,必要时,按 GB/T 26101 中的规定进行装配工艺性分析和虚拟维修性分析。

11.4.4 机械产品三维装配层级定义原则

每一级装配模型对应着产品总装过程中的一个装配环节。根据实际情况,每个装配环节可分解为多个工序。在分解工序和工步过程中应遵循 DFA 原则:

①根据生产规模的大小合理划分装配工序,对于小批量生产,为了简化生产的计划管理工作,可将多工序适当集中。

②根据现有设备情况、人员情况进行装配工序的编排。对于大批量生产,既可工序集中,也可将工序分散形成流水线装配。

③根据产品装配特点,确定装配工序,例如,对于重型机械装备的大型零部件装配,为了减少工件装卸和运输的劳动量,工序应适当集中,对于刚性差且精度高的精密零件装配,工序宜适当分散。

11.4.5 机械产品三维装配约束的总体要求

装配约束的选用应正确、完整,不相互冲突,以保证装配单元准确的空间位置和合理的运动副定义。装配约束的定义应符合以下要求:

①根据设计意图,合理选择装配基准,尽量简化装配关系。

②合理设置装配约束条件,不推荐欠约束和过约束情况。

③装配约束的选用应尽可能地真实反映产品对象的约束特性和运动关系,选用最能反映设计意图的约束类型;对运动产品应能真实地反映其机械运动特性。

1)对无自由度的装配模型的装配约束总体要求

对无自由度的装配模型,每个装配单元均应形成完整的装配约束。对于常用的平面与平面配合,一般采用面与面的对齐与匹配方式进行约束;对常用的孔轴类配合一般采用轴线与轴线对齐的方式。常用的静态装配约束通常包括平面与平面、轴线与轴线、曲面相切、坐标系等。

(1)平面与平面

可约束两个平面相重合,或具有一定的偏移距离。若两个平面的法向相同,简称为"面对齐"约束;若两个平面的法向相反,简称为"面匹配"约束;若两个平面只有平行要求,没有偏距要求,简称为"面平行"约束。

（2）轴线与轴线

可约束两个轴线相重合。这种约束常用于轴和孔之间的装配约束,通常简称为"轴线对齐"或"插入"。

（3）曲面相切

可控制两个曲面保持相切。

（4）坐标系

可用坐标系对齐或偏移方式来约束装配单元的位置关系。可将各个装配单元约束在同一个坐标系上,以减少不必要的相互参照关系。

2）对具有自由度的装配模型的装配约束总体要求

对具有自由度的装配模型,应根据其实际的机械运动副类型进行装配。所形成的约束应与实际机械运动副的运动特性保持一致。常用的机械运动副包括转动副、移动副、平面副、球连接副、凸轮副、齿轮副等。

（1）转动副

转动副又称"回转副"或"铰链",指两构件绕某轴线作相对旋转运动。此时,活动构件具有 1 个旋转自由度。

（2）移动副

移动副又称"棱柱副",指一个构件相对于另一个构件沿某直线仅作线性运动。此时,活动构件具有 1 个平移自由度。

（3）平面副

一个构件相对于另一个构件在平面上移动,并能绕该平面法线作旋转运动。此时,活动构件具有 3 个自由度,分别是 2 个平动和 1 个转动自由度。

（4）球连接副

一个构件相对于另一个构件在球心点位置作任意方向旋转运动。此时,活动构件具有 3 个转动自由度。

（5）凸轮连接副

凸轮连接属于高副连接,用以表达凸轮传动特性。

（6）齿轮连接副

齿轮连接属于高副连接,用以表达齿轮传动特性。

3）装配模型中的机构运动分析基本要求

装配模型中的机构运动分析应符合以下要求:

①针对具有运动机构的区域,定义装配约束关系、运动副类型、机构的极限位置。

②对运动机构分别进行运动过程模拟,进行碰撞检查和机构设计合理性分析,并基于分析结果做出设计改进。

③对产品各装配区域进行全局机构运动分析,直到得到最优的设计结果。

4）装配结构树的管理要求

装配结构树的管理应符合以下要求:

①装配结构树应能表达完整有效的装配层次和装配信息。

②应对零、部件模型在装配结构树上相应表达的信息进行审查。

③完成模型装配后,应对装配模型结构树上的所有信息进行最终的检查。

11.4.6 机械产品三维装配建模的详细要求

1)装配建模设计流程

产品的装配建模一般采用两种模式:自顶向下设计模式和自底向上设计模式。根据不同的设计类型及其设计对象的技术特点,可分别选取适当的装配建模设计模式,也可将两种模式相结合。

2)装配建模流程的选用

两种设计模式各有特点,应根据不同的研发性质和产品特点选用合适的流程。对产品结构较简单或对成熟度较高产品的改进设计,建议采用自底向上设计模式。对新产品研发或需要曲面分割的产品更适宜采用自顶向下的设计模式。两种设计模式并不互相排斥,在实际工程设计中,也常将两种设计模式混合使用。

3)自底向上装配建模的设计流程

自底向上装配建模的设计流程如图 11.9 所示。

(1)完成装配单元设计

在进行装配建模设计前,应分别完成参与装配的零部件设计。

(2)创建装配模型

通过新建装配文件,创建产品的装配模型。装配模型可在行业或企业预定义的模板文件上产生。

(3)确定装配的基准件

根据装配模型的结构特点和功能要求,确定装配基准件。其他装配单元依据此基准件确定各自的位置关系。

(4)添加装配单元

根据装配要求,按顺序将已完成设计的装配单元安装到装配模型中,逐步完成模型装配。装配时应选择合适的装配约束,减少不相关的参照关系。

4)自顶向下装配建模的设计流程

自顶向下装配建模的设计流程,如图 11.10 所示。

(1)创建装配模型

依据行业或企业预定义的模板文件产生初始的装配模型。

(2)创建顶层布局模型

根据装配模型特点,建立顶层布局模型,并在布局模型中建立控制顶层装配模型位置和姿态的关键点、线、面、坐标系,以及顶层模型的关键装配尺寸和装配基准参照等信息。

(3)逐级创建装配单元

根据产品的结构分解,在总装配模型中依次创建参与各级别装配的装配单元,并根据需要对子装配模型分别建立各自的子布局模型,形成该子装配模型设计所需的几何信息和约束信息。子布局模型从顶层布局模型中继承模型信息,并随之更新;子布局模型可随着装配设计逐步细化和完善。

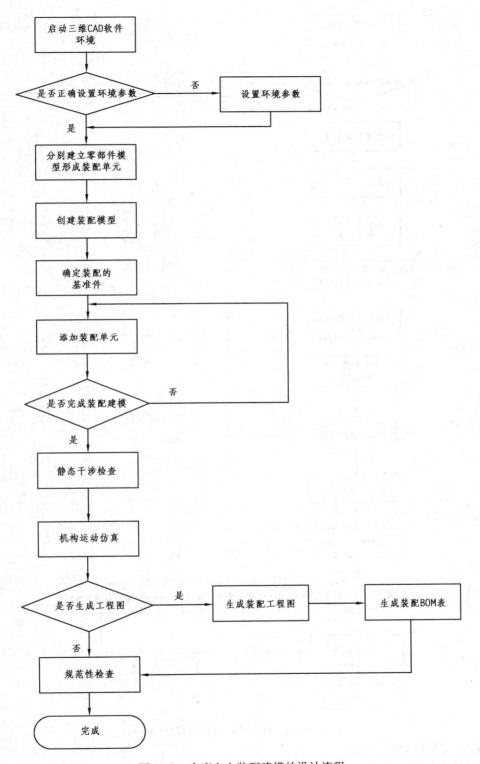

图 11.9　自底向上装配建模的设计流程

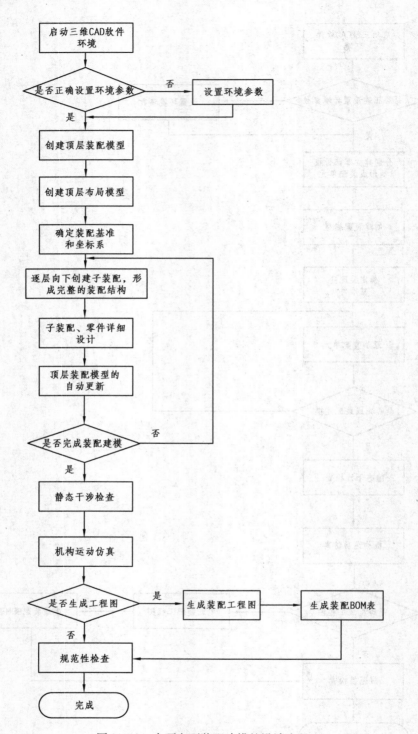

图 11.10　自顶向下装配建模的设计流程

（4）定义全局变量

在总装配模型中定义全局变量，并通过全相关性信息逐级反映各级子装配模型及其子布局模型中，形成产品设计的控制参数。

（5）在装配模型中设计实体元件

根据从上级装配模型中传递来的设计信息,分别设计出满足要求的实体零件,通过零件装配形成子装配模型。子装配模型设计可独立进行,也可协同并行完成。各子装配模型设计完成后,通过数据更新可实现顶层装配模型的自动更新。

5）装配模型的封装

装配模型的封装应符合下列要求:

①简化的实体在去除内部细节的同时,应确保正确的外部几何信息。

②对模型进行容积和质量特性分析时,可以封装模型。

③为消隐专利数据,实体可以在提供给供应商或子合同商之前简化或删除专利细节。

④用于有限元分析的模型可进行封装。

11.5　机械产品或零部件三维模型投影工程图的通用规则（GB/T 26099.4—2010）

11.5.1　三维模型投影工程图的总体要求

采用三维机械设计软件通过投影产生工程图样应符合以下总体要求:

①用户通过定制三维机械设计软件中的工程图环境,投影生成的工程图应按 GB/T 4458.1 和 GB/T 14665 中的规定,对某些不能满足的要求,用户应制订企业标准以补充说明图样中与国家标准的不符之处。

②可统一定制三维机械设计软件中的工程图模板,以对工程图中的投影法、字体、字高、线型、线宽、比例、图框、标题栏、基本视图等进行规定。

③所有视图应由三维模型投影生成,不推荐在工程图环境下绘制产生,除非某些无法用投影直接表达的示意图和原理图才允许在工程图环境下绘制产生。

④以三维模型通过投影产生的视图,其形状和尺寸源于三维模型,且与三维模型相关联;但三维模型被修改时,其投影的视图和标注应随之修改。

⑤对仅采用工程图表达零部件对象时,工程图图样应具有完整性,应包含独立表达零部件所需的全部信息。

⑥各种标注的定位原点应与相应的视图对象相关联,如尺寸、表面结构、焊接符号等。

11.5.2　三维模型投影工程图的详细要求

1）图样构成

当一个零部件以多页图样表达时,推荐绘制在一个文件中。同一文件中的每个图样均应有效,不应有多余的与本零部件无关的图形要素。图样的命名可根据行业和企业规定制订统一的命名规则。

2）图样简化

为了提高工程图绘图效率,应按 GB/T 16675.1 的规定采用简化画法。简化时应遵守以下原则:

①应避免引起歧义。

②便于识读。

③应尽量避免使用虚线表示不可见的结构。

11.5.3 三维模型投影工程图的基本要求

（1）图幅

图幅大小应按 GB/T 14689 的规定。为了方便使用，可在三维机械设计软件中预定义常用标准图幅以供选择。

（2）图框与标题栏

图框宜采用工程图模板的方法实现，并依照不同图幅分别制作。标题栏应按 GB/T 14689 和 GB/T 10609.1 中的规定。标题栏中的信息，一般应在模型参数中预先定义相应属性，并进行赋值。

（3）比例

比例遵照 GB/T 14690 中的规定。必要时，可采用表 11.7 中的特殊比例。图样的基本比例应在图样标题栏的比例栏中填写。图样中与基本比例不一致的视图比例，应在该视图的上方与视图名称组合标出。

表 11.7　比例的选取
（摘自 GB/T 26099.4—2010）

种类	优选	特殊比例
原值	1:1	—
放大比例	$2:1,5:1,10n:1,2\times10n:1,5\times10n:1$	$4:1,2.5:1$
缩小比例	$1:2,1:5,1:10n,1:2\times10n,1:5\times10n$	$1:1.5,1:2.5,1:3,1:4,1:6$

注：n 为正整数。

（4）字体

图样中字体和字高应按 GB/T 14691 中的规定。

（5）图线

图线应按 GB/T 4457.4 和 GB/T 14665 中的规定预先在有关配置文件中设置好，供绘图时直接选用。

11.5.4 三维模型投影工程图的视图要求

（1）投影法

投影按 GB/T 14692 中的规定作正投影法绘制，采用第一角投影法，有特殊要求的除外。单位制采用公制系统（SI）。

（2）主视图

主视图（前投影视图）应以完整反映、清晰表达物体特征为原则。

（3）基本视图和向视图

基本视图和向视图的配置位置应按 GB/T 14692 中的规定，其中各个几何元素的投射位置应保持一致。当基本视图不按默认配置关系进行放置时（如向视图），应在视图的上方标注视图的名称"X"，同时在相应的视图附近用箭头指明投射方向，并注上相同的字母。

（4）剖视图和断面图

剖视图和断面图应按 GB/T 17452 中的规定绘制。剖面区域应按 GB/T 17453 中的规定表示。用户可根据材料库的内容建立对应的剖面符号库,以便在剖切面中自动形成相应材料的剖面符号,且能有效区分。

(5)局部放大图

当图形中孔的直径或薄片厚度等于或小于 2 mm 以及斜度和锥度较小时,应严格按比例而不应夸大画出。必要时使用局部放大视图进行表达。当同一零部件上有几个被放大的部分时,应用罗马字母依次标明被放大的部分,并在局部放大图的上方标注出相应的罗马字母和采用的比例。

(6)轴测图

为了方便识图,推荐在图样的合适位置增加轴测图,并标明轴测类型,例如,正等测、正二测和斜二测等。

11.6　计算机辅助三维设计的通用理论知识

11.6.1　计算机辅助三维设计的相关术语和定义(GB/T 24734.1—2009)

(1)标注

无须手工或外部处理即可见的尺寸、公差、注释、文本和符号。

(2)标注面

标注所在的概念性平面。

(3)装配模型

由两个或多个零部件装配而成的模型总成。

(4)关联实体

与标注关联的产品定义中的相关部分。

(5)关联组

由用户定义的相关数据元素的集合。

(6)关联性

数据元素间的关联关系。

(7)属性

表达产品定义或产品模型特征所需的不可见的尺寸、公差、注释、文本或符号,但这些信息可查询得到。

(8)数据

为适合人或计算机进行通信、解释或处理而以某种正式方式表达的信息。

(9)基准体系

两个或 3 个单独基准构成的有序组合,这些基准可以是单基准,也可以是公共基准。

(10)设计模型

数据集的一部分,包括模型几何及辅助几何。

(11)数据元素

数据集中的几个元素模型、特征模型、特征组、标注组或属性。

(12)数据元素标识

唯一识别数据元素的标记或名称。

（13）与方向相关的公差

其公差带是平行直线或曲线之间区域的公差。

（14）标记注释

仅适用于模型或工程图中特定面（点）的注释，该注释与通用注释一起放置。

（15）几何元素

数据集中的几何实体。

（16）硬拷贝

通过打印或绘图获得全部或部分数据集的副本。

（17）安装模型

包含零件或装配件以及部分或全部组装位置的模型。

（18）管理数据

发布、控制和存储产品定义数据以及其他相关工程数据所需的数据。

（19）模型

描述产品的设计模型、标注和属性的集合。

（20）模型坐标系

产品定义数据袋中的笛卡儿坐标系。

（21）模型几何

产品定义数据中表达设计产品的几何元素。

（22）模型特征

表达零部件某物理部分的模型几何。

（23）模型值

通过查询模型得到的数值，该数值根据计算机系统的精度（小数位）量化了设计模型和装配模型的几何形状和空间关系。

（24）产品定义数据

完整定义产品时所需的数据元素。

（25）产品定义数据集

一个或多个计算机文件的集合，该集合通过图形、文字或两者的结合来直接或间接表达产品的物理和功能要求。

（26）查询

查找数据元素及其相互关系的操作。

（27）表征线素

辅助直线或曲线线段，用来描述与方向相关的公差方向。

（28）圆整尺寸

按照设计要求舍入一定小数位的模型值。

（29）屏幕硬拷贝

显示图像的硬拷贝。

（30）保存视图

包含特定方向和缩放倍率，已被保存并可被检索的模型视图。

（31）特殊字符

不属于字母 A～Z、a～z、数字和标点符号的字符。

(32)辅助几何

包含在产品定义数据中的几何元素,用来表达设计要求,但不表示产品的物理部分。

11.6.2　计算机辅助三维设计数据集的识别与控制(GB/T 24734.2—2009)

(1)数据集标识符定义的基本要求

数据集标识符应具有唯一性,并由数字、字母或特殊字符以任何形式组合构成,数据集标识符中不允许出现空格。

数据集标识符的最大长度取决于所采用的计算机系统和操作系统。当使用零件信息识别编码(PIN 码)作为数据集的标识符时,应符合 GB/T 10609.1—2008 和 IEC 82045 2:2004 关于长度限制的相关规定。

只有在不影响数据集标识以及不会对计算机系统运行带来负面影响的情况下,数据集标识符中才能选用连字号(-)、斜杠(/)或星号(*)等特殊字符。

在标识符中允许加入可识别的前缀或后缀,用于将文件和相关数据集关联起来。

有关图样、图号和 PIN 码的描述及使用应符合 GB/T 10609.1—2008、ISO 7200:2004 和 IEC 82045 2:2004 中的要求。

(2)数据集的组成

相关数据应集成于数据集,或被数据集引用。相关数据包括但不限于图 11.11 中所示的内容:分析数据、明细栏、测试要求、材料说明、过程及最终要求。

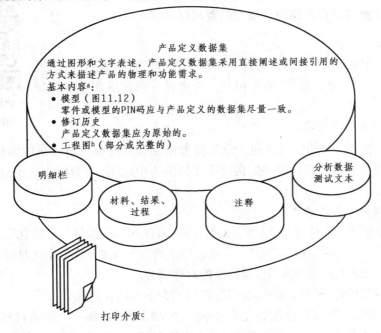

图 11.11　产品定义数据集的组成

说明:a—完整定义所要求的相关数据可以是产品定义数据集的组成部分,或者被其引用。产品定义数据集的组成部分之外的数据可独立修订。

b—在仅使用模型的情况下,数据集不包括工程图。

c—相关数据可通过手工或计算机生成。

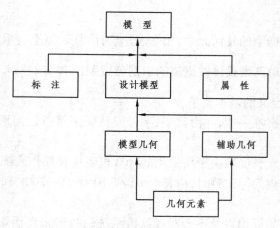

图 11.12　模型内容

（3）数据管理的内容和控制要求

数据管理的内容和控制要求如下：

①数据集管理系统应符合 GB/T 16722.1～16722.4—2008 中的规定,在产品全生命周期中,应能提供必要的信息,实现对数据集的控制和跟踪。数据集管理系统应包括正在执行的工作、数据的审查状态、模型检查状态、发布状态、设计工具与版本和资源库等。

②数据集中应包含 GB/T 16722.1～16722.4—2008 所规定的修订历史的信息。

11.6.3　计算机辅助三维设计模型的要求（GB/T 24734.4—2009）

计算机辅助三维设计数据集的要求

1）通用要求

设计模型是产品在特定尺寸条件下的理想几何形状的表达,特定尺寸条件,如最小尺寸、最大尺寸、平均尺寸。特定尺寸条件应在通用注释中予以说明。

2）几何比例和精度要求

设计模型应按照 1:1 的比例建模。设计模型精度是工件加工所要求的数值精确性,以确保加工件满足设计要求。设计模型的精度应在数据集中说明,模型标注的小数位数不能超过设计模型的精度。

3）零部件模型完整性要求

为了保证完整的零部件定义,模型应包括几何、属性和标注信息。应建立完整的模型,以形成包括几何、属性和注释在内的完整产品定义。以下列出了模型不完整定义时应满足的要求：

①非完全表示的模型应被标明,如模型的对称部分。

②非完全表示的特征应被标明,如螺孔被显示为不带螺纹的孔。

③薄壁件的表示,当其厚度没有完全表示时,应加字母"t"和一个指明材料厚度方向的箭头,并在"t"右边或数据集中加上厚度值,见 GB/T 4458.4—2003 中 5.6 的内容,如图 11.13 所示。

4）装配模型完整性要求

装配模型完整性应符合"零部件模型完整性要求"的要求,显示在装配模型中的零件及子装配模型仅需显示保证正确标识、方向和位置所需的信息即可。装配模型可采用爆炸图、部分

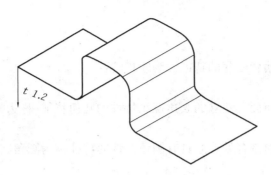

图 11.13　非完整建模的薄壁件的厚度标注

装配或完全装配的方式显示。零件和子装配件的位置和方向可以用标注、几何定义或两者的结合来定义。

5）安装模型完整性要求

安装模型完整性应符合"零部件模型完整性要求"的要求和"装配模型完整性要求"的要求。显示在安装模型中的零部件和子装配模型仅需提供支持安装和空间要求的信息。零部件和子装配件的最大包络线（或包络面），可以使用辅助几何、标注或两者的组合来标示。零部件和子装配件的位置和方向可以用几何定义、标注或两者的结合来表示。

11.6.4　计算机辅助三维设计的几何建模特征规范（GB/T 24734.6—2009）

计算机辅助三维设计的
产品定义数据的要求

1）术语与定义

（1）几何建模特征

由一定拓扑关系的一组几何元素所构成的特定几何体称为几何建模特征。几何建模特征具有特定的功能及其特定的加工方法集。

（2）草图特征

草图是一种参数化特征，是应用草图工具绘制曲线轮廓，在添加约束后用于表达设计意图。草图修改时，关联实体模型将会自动更新。

（3）拉伸特征

平面上的草图沿该草图面的法线方向线性平移而生成的几何体或面片特征称为拉伸特征。

（4）旋转特征

位于草图平面上某直线轴一侧的草图轮廓绕该轴线旋转一定角度而生成的几何体或面片特征称为旋转特征。

（5）扫描特征

平面上的草图垂直于某轨迹线方向移动，并保持草图平面与该轨迹线交点的位置和方向不变，由此移动生成的几何体或面片特征称为扫描特征。

（6）放样特征

用两个或两个以上平面草图的轮廓按照一定规则连接形成连续几何体或面片称为放样特征，该特征在规定截面上应满足已定义的草图轮廓形状和尺寸。

（7）孔特征

按给定参数（如直径、深度等）在指定几何体上通过布尔差运算方式生成的几何孔，称为

363

孔特征。

（8）肋板特征

在几何体上生成的肋状凸起的特征称为肋板特征。

（9）螺纹特征

在圆柱或圆锥等几何面上建立的表达螺纹特性的几何特征,称为螺纹特征。

（10）圆角特征

在几何体上不同表面接合处建立具有圆角特性的特征称为圆角特征。

（11）倒角特征

在几何体上不同表面接合处建立具有倒角特性的特征称为倒角特征。

（12）抽壳特征

按照一定厚度和方向将几何体挖成壳状几何的特征称为抽壳特征。

（13）起模特征

按给定参数对几何体上的一个面或一系列面生成具有起模特性的特征称为起模特征。

2）几何建模特征分类

几何建模特征一般包括基本建模特征、附加建模特征、编辑操作特征和其他特征,如图11.14 所示。

（1）基本建模特征

基本建模特征也称为主建模特征,用于构造零件的主体形状或基本体素。

基本建模特征可以是增加材料特征,也可以是去除材料特征,另外还可以是生成面片。

基本建模特征一般由草图特征通过拉伸、旋转、扫描和放样等方法获得,也可直接利用基本体素获得。

（2）附加建模特征

附加建模特征也称为辅助建模特征,通常不作为第一个特征出现。附加建模特征是对基本特征或其他附加建模特征的修饰或细化,如倒角、圆角、肋板等。

（3）编辑操作特征

编辑操作特征是对已有的特征对象进行编辑或操作的特征,通常不作为第一个特征出现。

①比例缩放。比例缩放用于对几何体的大小进行按比例的放大或缩小,缩放操作应具有关联关系。

a. 一致性缩放。根据给定的参考点和缩放比例,沿着 3 个坐标的方向一致缩放几何对象。

b. 自定义比例缩放。对 X,Y,Z 坐标轴方向分别设定缩放比例,实现几何体的缩放操作。

②镜像。以参考轴线或参考平面为镜像参考,可以对选定特征进行镜像操作。通过镜像操作生成的特征或几何体与原特征或几何体间具有关联关系。

③阵列。根据指定的阵列方式对选定特征或几何体进行阵列操作。阵列产生的特征或几何对象之间应保持关联关系。

④修剪。利用辅助几何对已有特征或几何体进行修剪,修剪后的几何体与辅助几何之间应保持关联关系。

⑤复制。对指定特征或几何体进行复制,复制得到的特征或几何体之间应保持关联关系。

⑥布尔运算。布尔运算是将两个或多个几何体（或面片）通过相加、相减、相交的运算生成新的特征或几何体的操作。布尔运算应至少存在两个操作对象,各相关几何体必须相交

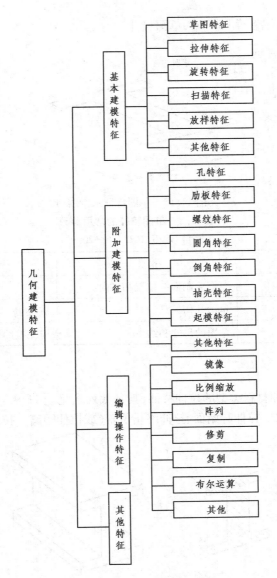

图 11.14　几何建模特征分类

（有重叠的部分）。

a. 相加运算

将两个或两个以上的几何体合并于一体的操作。

b. 相减运算

从一个几何体中减去（移除）另一个或多个几何体的操作称为差运算。

c. 相交运算

将两个几何体或多个几何体通过相交操作生成多个几何体的重叠部分。

3）基本特征参数

（1）草图特征

草图特征的示意图如图 11.15 所示，参数列表见表 11.8。草图特征的常用参数包括（但不仅限于)草图绘制面位置、草图几何、草图尺寸。

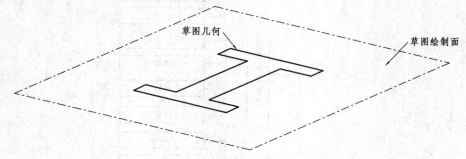

图 11.15　草图特征示意图

表 11.8　草图特征的常用参数

（摘自 GB/T 24734.6—2009）

参数	描述	限制条件
草图绘制面位置	草图绘制面的位置和方向	—
草图几何	草图几何信息	应位于一个平面内
草图尺寸	草图的尺寸和约束	应完整约束

（2）拉伸特征

图 11.16 列举了增加材料类型的拉伸特征,其参数列表见表 11.9。拉伸特征的常用参数包括(但不仅限于)草图特征、拉伸起始面、拉伸终止位置(或拉伸距离)、拉伸方向、拉伸方式。

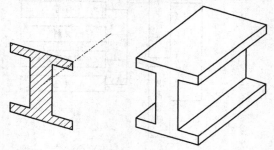

图 11.16　增加材料的拉伸特征示意图

表 11.9　拉伸特征的常用参数

（摘自 GB/T 24734.6—2009）

参数	描述	限制条件
草图特征	提供完整的草图特征信息	草图信息应完整,对于体特征草图应封闭
拉伸起始面	拉伸起始面的位置	—
拉伸终止位置(或拉伸距离)	拉伸终止位置,也可是拉伸距离	—
拉伸方向	指定拉伸特征的生成方向	草图面的法线方向(正向或反向)
拉伸方式	指定拉伸特征的生长方式	单向、双向

（3）旋转特征

图 11.17 列举了用于增加材料的旋转特征,其参数列表见表 11.10。旋转特征的常用参数包括(但不仅限于)草图特征、旋转轴线、旋转起始面(或起始角)、旋转终止位置(或终止角)、旋转方向、旋转方式(单向或双向)。

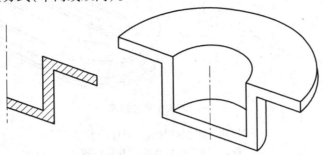

图 11.17　加材料的旋转特征示意图

表 11.10　旋转特征的常用参数

（摘自 GB/T 24734.6—2009）

参数	描述	限制条件
草图特征	提供完整的草图特征信息	草图信息应完整,对于体特征草图应封闭
旋转轴线	提供旋转轴信息	与草图特征共面,且位于其一侧
旋转起始面(或起始角)	旋转起始面的位置或起始角	
旋转终止位置(或终止角)	旋转终止位置,也可是旋转终止角	旋转角大于 0,但不大于 360°
旋转方向	指定旋转特征的生成方向	绕旋转轴线的切向
旋转方式(单向或双向)	指定旋转特征的生长方式	单向、双向

（4）扫描特征

图 11.18 列举了用于增加材料的扫描特征,其参数列表见表 11.11。扫描特征的常用参数包括(但不仅限于)扫描轨迹线、草图特征及规定方向、扫描起始点及方向、扫描终止点。扫描特征按照轨迹是否封闭可分为开放型轨迹扫描[图 11.18(a)]和封闭型轨迹扫描[图 11.18(b)]。

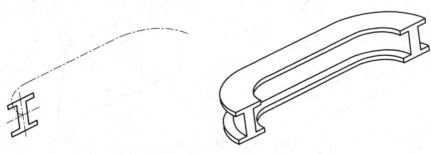

(a)开放型轨迹扫描

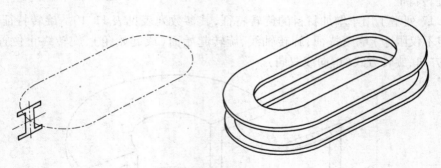

（b）封闭型轨迹扫描

图 11.18　增加材料的扫描特征示意图

表 11.11　扫描特征的常用参数

（摘自 GB/T 24734.6—2009）

参数	描述	限制条件
扫描轨迹线	提供完整扫描轨迹信息	通常为平面内的切向曲线
草图特征及规定方向	提供完整的草图信息和在扫描过程中草图的规定方向	草图信息应完整，扫描中的草图方向应确定
扫描起始点及方向	扫描轨迹线上的起始位置和方向	—
扫描终止点	扫描特征在轨迹线上的终止位置	—

（5）放样特征

图 11.19 列举了用于增加材料的放样特征，其参数列表见表 11.12。放样特征的常用参数包括（但不仅限于）截面个数、各截面草图、每个放样截面的空间位置和放样类型。

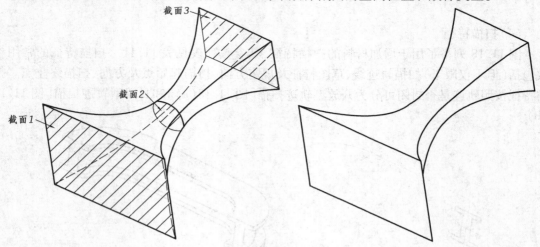

图 11.19　增加材料的放样特征示意图

表 11.12 放样特征的常用参数

（摘自 GB/T 24734.6—2009）

参数	描述	限制条件
截面个数 n	放样截面的数量	不小于 2
各截面草图	完整的各截面草图信息	每个草图信息均应完整,对于体特征每个草图均应封闭
每个放样截面的空间位置	放样截面的初始位置和截面间的位置关系	各草图截面在空间不允许交叠
放样类型	指定放样的类型是平行截面放样还是旋转截面放样	平行平面、旋转平面或一般平面等

4）附加特征参数

（1）孔特征

图 11.20 给出了孔特征的示意图。各种类型的孔特征有不同的参数定义,以简单孔为例,其参数常包括（但不仅限于）孔直径、孔深、末端角,其参数列表见表 11.13。

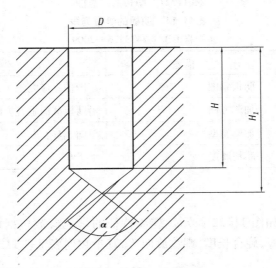

图 11.20 孔的示意图

表 11.13 简单孔的参数列表

（摘自 GB/T 24734.6—2009）

参数	描述	限制条件
孔径 D	孔直径	—
孔深 H（钻孔深度 H_1）	孔深度（钻孔深度）	$H_1 > H$
末端角 α	末端角	—

（2）肋板特征

肋板的示意图如图 11.21 所示,参数列表见表 11.14。肋板特征的参数常包括(但不仅限于)肋板草图、加厚方向、加厚类型、肋板厚度。

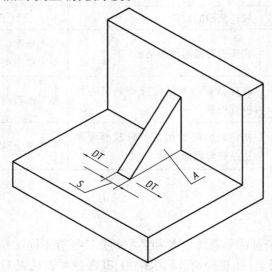

图 11.21　肋板的示意图

表 11.14　肋板的参数列表

（摘自 GB/T 24734.6—2009）

参数	描述	限制条件
肋板草图	肋板草图	草图信息应完整,一般为封闭截面
加厚方向	加厚方向	沿肋板截面垂直方向
加厚类型	加厚类型	单向、双向
肋板厚度	肋板厚度	大于 0

（3）螺纹特征

螺纹特征的示意图如图 11.22 所示。螺纹特征的常见参数包括(但不仅限于)大径、小径、螺距、线数、导程、牙型、旋合长度、螺纹旋向等,其参数列表见表 11.15。

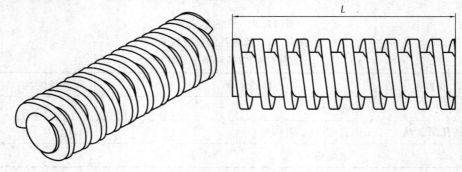

图 11.22　螺纹的示意图

表 11.15　螺纹的参数列表

（摘自 GB/T 24734.6—2009）

参数	描述	限制条件
旋合长度 L	螺纹旋合长度	—
导程	导程	—
螺距	螺距	—
线数	螺纹的线数	$n = 1, 2, \cdots$
大径	螺纹大径	—
小径	螺纹小径	—
牙型	螺纹牙断面形式,本例为矩形螺纹	—
螺纹旋向	旋向,本例为右旋螺纹	左旋、右旋

（4）圆角特征

对于圆角特征,不同圆角过渡类型的参数有所不同,如等半径过渡圆角的参数包括(但不仅限于)圆角边、圆角半径。等半径圆角的示意图如图 11.23 所示,其参数列表见表 11.16。

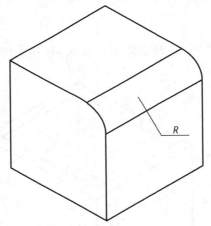

图 11.23　等半径圆角的示意图

表 11.16　等半径圆角的参数列表

（摘自 GB/T 24734.6—2009）

参数	描述	限制条件
圆角边	添加圆角过渡的边	—
圆角半径	圆角半径	$R > 0$

（5）倒角

对倒角特征,不同倒角类型的参数有所不同,例如等边倒角(即 $D \times D$ 型)的参数包括(但不仅限于)倒角边、倒角距离。采用等边倒角的示意图如图 11.24 所示,其参数列表见表 11.17。

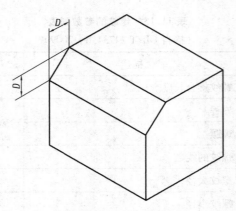

图 11.24　等边倒角的示意图

表 11.17　等边倒角的参数列表

（摘自 GB/T 24734.6—2009）

参数	描述	限制条件
倒角边	添加倒角过渡的边	—
倒角距离 D	倒角距离	$D > 0$

（6）抽壳

抽壳的示意图如图 11.25 所示，其参数列表见表 11.18。抽壳的参数包括（但不仅限于）抽壳厚度和抽壳面。

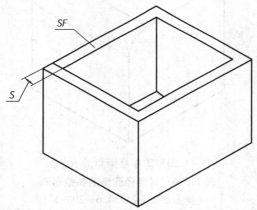

图 11.25　抽壳的示意图

表 11.18　抽壳的参数列表

（摘自 GB/T 24734.6—2009）

参数	描述	限制条件
抽壳厚度 S	抽壳厚度	$S > 0$ 或 $S < 0$
抽壳面 SF	抽壳面	—

（7）起模特征

起模特征的示意图如图 11.26 所示,参数列表见表 11.19。起模特征的参数常包括(但不仅限于)中性面(边)、起模度、起模面和起模方向。

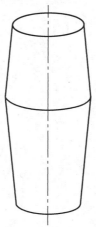

图 11.26　起模的示意图

表 11.19　起模的参数列表

（摘自 GB/T 24734.6—2009）

参数	描述	限制条件
中性面(边)	中性面(边)	—
起模度	起模角度	30° > 起模度 > 0
起模面	起模面	一个或多个
起模方向	起模方向	—

11.6.5　计算机辅助三维设计模型和图形的注释要求(GB/T 24734.7—2009)

1) 对模型的要求

标记注释都应赋予唯一的标识符与之相对应,并能通过标识符识别出对应的标记注释,如图 11.27 所示。标记注释符应指在应用表面上。

标记注释符应放置在注释区域标识符的附近,用来指示其应用的模型或工程图的特定区域。当通用注释、标记注释和特殊注释同时应用于一个模型时,它们应被置于一个不随模型旋转的独立标注面上,该标注面应与被标注模型一起显示。

通用注释不做关联性要求,可用来描述整个模型的一般公差。但局部注释应与其应用的模型特定数据元素相关。

当标记注释应用于模型中时,应满足以下要求:

①标记注释符号、注释编号和文本置于标注面的注释区内。

②标记注释符号、注释编号和文本应与其应用的数据元素相关联。

③标记注释符号和注释编号应在其应用的模型数据元素附近显示。

④标记注释符号和注释编号应能随模型旋转。

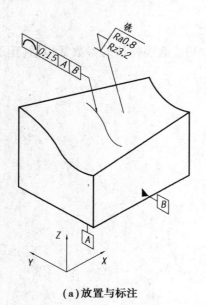

（a）放置与标注

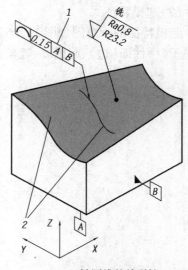

（b）被测线的关联性

图 11.27　线轮廓度公差—由表征线素标识方向
1—查询；2—视觉反应

在特殊注释应用于模型中时,应满足以下要求:

①当特殊注释适用于整个模型时,特殊注释置于标注面的注释区内。

②当特殊注释仅适用于模型的一部分时,特殊注释及其相关文本应根据本条款的要求置于标注面的注释区内。特殊注释应在模型中的特定数据元素附近显示,并与该特定数据元素相关联。

2）对工程图的要求

轴测图中的局部注释使用指引线指向相关的模型特征。

11.6.6　计算机辅助三维设计的模型数值与尺寸要求（GB/T 24734.8—2009）

1）对模型和工程图的共同要求

（1）模型值查询

在设计模型的绝对或自定义坐标系中,所进行的模型值查询应包含以下内容:

①面的位置和方向。

②两个面之间的距离或角度。

③尺寸要素的定位（位置和方向,应符合 GB/T 18780.1—2002 的规定）。

④尺寸要素阵列内的要素关系尺寸（如孔与孔间距及方向等）。

模型表面或其尺寸要素的直接查询通常包含以下内容:

①面的外形（如曲率）。

②尺寸要素或其阵列的尺寸值。

（2）圆整尺寸

模型中显示的尺寸应为圆整尺寸。表 11.20 为模型圆整尺寸显示示例。尺寸的圆整应满足以下要求:

①圆整尺寸的圆整位数,应符合模型设计的精度要求。

②所有圆整尺寸应按 ISO 129 1:2004 和 GB/T 1182—2018 的规定给出绝对的数值。

③圆整方法应符合 ISO 80000 1:2009 中的相关规定。

④圆整尺寸的保存与关联:圆整尺寸应与原始模型中的对应数值建立直接的和永久的关联。

⑤模型或圆整尺寸的应用:模型值和圆整尺寸用于分析和其他处理过程时,应在适当的文档中给出说明。

表 11.20　圆整尺寸举例

（摘自 GB/T 24734.8—2009）

	模型值[a]	圆整尺寸[a]	应用实例
理论正确值[b] （应符合 GB/T 1182—2008 的规定）	88.4100000…	88.4	88.4
理论正确角度 （应符合 GB/T 1182—2008 的规定）	28.5918273…	28.6	28.6°
尺寸[c] （应符合 ISO 129-1:2004 和 GB/T 4249—2009 的规定）	7.0000000…	7.0	$\phi 7^{+0.5}_{0}$
尺寸 （应符合 GB/T 1800.1—2009 的规定）	45.700000…	45.7	45.7h7
线性长度	19.6666666…	19.67	19.67±0.12
半径	3.1500000…	3.2	$R3.2^{+0.8}_{0}$
角度	28.5918273…	28.6	28.6°±0.4°
单一极限[b]	12.0000000…	12	12′
参考尺寸[b] （应符合 ISO 129-1:2004 的规定）	21.6018043…	21.6	(21.6)

注:[a]表中的数值只是示例,实际应用中该数值应能反映模型的精度以及在不同应用场合中所取的圆整位数。

[b]线性值、半径、角度、直径或球体的直径。

[c]线性值、直径或球体的直径。

（3）极限偏差尺寸

可以指定一个或多个通用注释,以表示极限偏差尺寸的公差值,如模型的一般公差。

2）对模型的要求

（1）理论正确尺寸和公称尺寸

在几何公差完整约束的要素上,查询得到的模型值应被认为是理论正确尺寸,应符合 GB/T 1182 的规定。其他情况下,不带公差的或标记为辅助尺寸的查询后得到的模型值应被认为是公称尺寸,应符合 GB/T 24734.3—2009 中 3.1 的规定,例如,被标记为一般公差的尺寸。GB/T 18.4—2000 不适用于从模型中查询模型值得到的公称尺寸。

①应在适当的模型坐标系中进行模型轮廓、位置和方向等要素的查询,应符合 GB/T 24734.8—2009 中第 3 章和 GB/T 24734.9—2009 中 3.1 的规定。

②在定义模型关系时,显示理论正确尺寸是必要的。这适用于看起来垂直,但实际上不垂直的倾斜基准特征。理论正确尺寸应布置在符合 GB/T 1182—2018 相关规定的框格中。

③理论正确尺寸应位于与坐标系某一平面平行的标注面中,图 11.28 中 3×6.35 的尺寸是例外的情况。

④标注曲面曲率的理论正确尺寸(如倒角等)时,采用指引线直接指向要素表面,如图 11.28 所示。

⑤表示线性距离或角度关系的理论正确尺寸应采用尺寸线及其延长线表示,如图 11.28 所示。

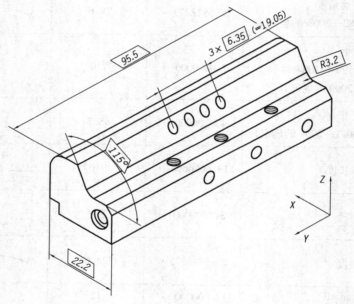

图 11.28　理论正确尺寸的放置与标注

(2)尺寸数值

测量圆整模型值时,尺寸应与查询模型值一致。这种一致性应属于以下方式之一。

①双边或单边公差。显示尺寸应等于圆整模型值。

②尺寸值。其布置和标注方法如下:

a. 球面:尺寸和指引线应置于包含球心点的标注面内。

b. 圆柱面:尺寸和指引线应置于垂直特征轴或包含特征轴的标注面内。

c. 两反向平行平面:尺寸和指引线应置于垂直(或包含)模型中心面的标注面内,且应明确标注出两平面的间距,如图 11.29 所示。

(3)编码尺寸公差

涉及编码尺寸公差的内容应按 GB/T 1800.1—2009 的有关规定来指定尺寸公差。在使用这类公差时,应在模型的一般性说明中指出符合 GB/T 1800.1—2009 的相关内容。

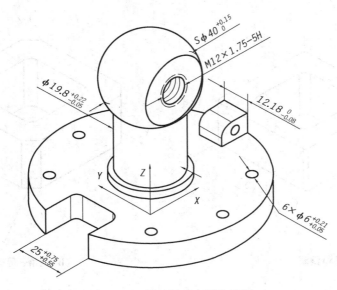

图 11.29　线性尺寸布置与依附

（4）线性、极坐标、角度的极限偏差尺寸的常用标注方法

表 11.21 列出了线性、极坐标、角度的极限偏差尺寸的一般应用规则和最常用的标注方法。

表 11.21　极限偏差尺寸的应用

（摘自 GB/T 24734.8—2009）

应用场合	附加技术			图例序号
	直接标注尺寸	指引线标注	延长线标注	
倒角、倒圆		√		图 11.30
过渡面、台阶面			√	图 11.31
沉孔	√			图 11.32(a)
斜面			√	图 11.32(b)
孔深	√			图 11.33(a)
锪平面	√			图 11.33(b)
保留厚度			√	图 11.33(c)
槽口、台面和销高			√	图 11.34

（5）倒角

表 11.21 给出了 90°表面与等边布置的倒角相交标注。不等边倒角采用尺寸线和延长线方法标注，如图 11.30(d)所示，以线性尺寸和角度尺寸标注的倒角也使用尺寸线和延长线标注，如图 11.30(e)所示。尺寸值的方向和放置应有利于显示。

（6）深度要求

当特征深度由厚度公差驱动时，深度尺寸公差和厚度尺寸公差应在一个关联组内，如图 11.33(c)所示。

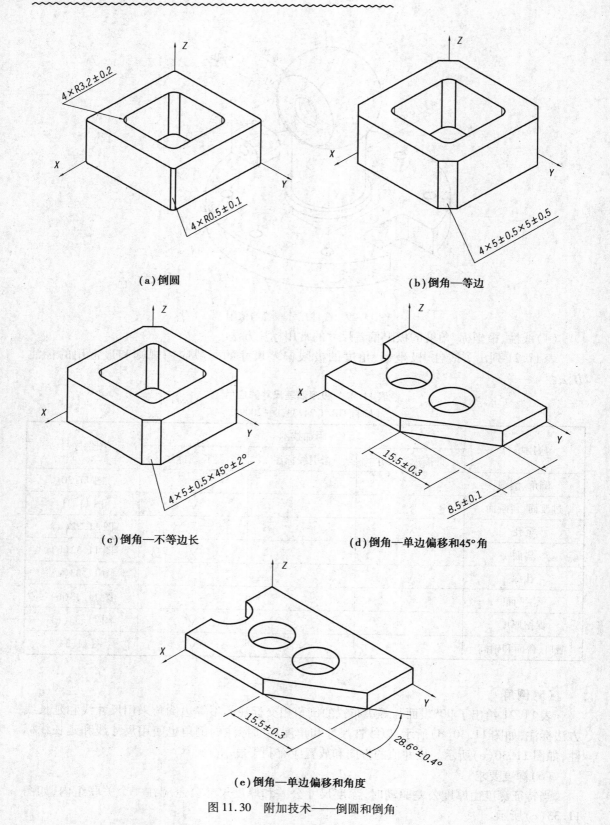

(a)倒圆

(b)倒角—等边

(c)倒角—不等边长

(d)倒角—单边偏移和45°角

(e)倒角—单边偏移和角度

图11.30　附加技术——倒圆和倒角

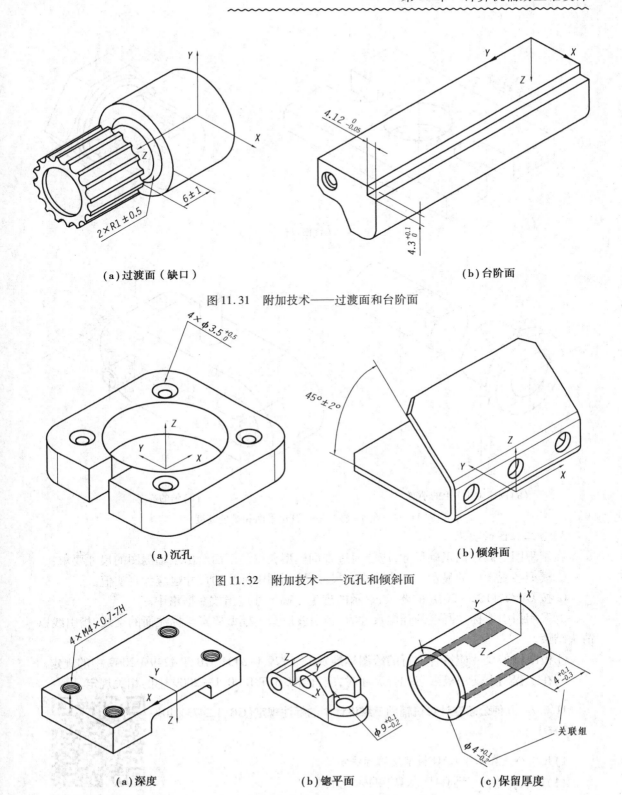

（a）过渡面（缺口）　　　　　　　　　　（b）台阶面

图 11.31　附加技术——过渡面和台阶面

（a）沉孔　　　　　　　　　　（b）倾斜面

图 11.32　附加技术——沉孔和倾斜面

（a）深度　　　　　　　（b）锪平面　　　　　　　（c）保留厚度

图 11.33　附加技术——倾斜面和沉孔

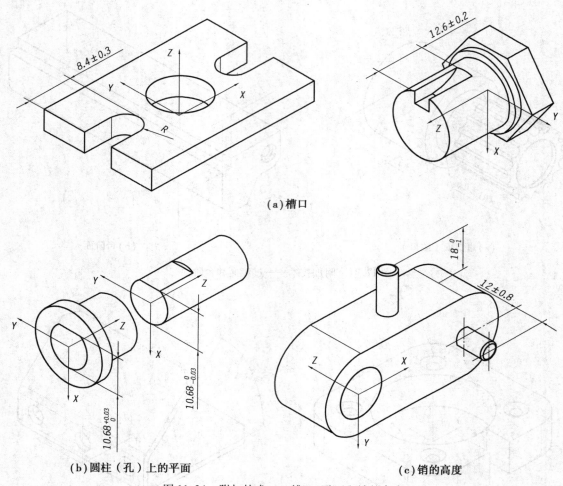

（a）槽口

（b）圆柱（孔）上的平面   （c）销的高度

图 11.34　附加技术——槽口、平面和销的高度

3）对工程图的要求

在工程图上的理论正确尺寸，应能通过查询模型获得。下面给出了轴测图的尺寸要求：

①模型各视图中的显示尺寸应是真实尺寸；轴测图中标注的尺寸也应为真实值。

②按 GB/T 1182—2018 的要求，显示的理论正确尺寸应当放在框格中。

③采用指引线标注圆柱的径向尺寸时，指引线应指向模型要素与标注面的交线，指引线以箭头结束。

④极限偏差尺寸应符合现行的绘图标准及 ISO 129 1:2004，GB/T 4249—2009 中的规定。

⑤在工程图上使用极限与配合尺寸，应符合 GB/T 1800.1—2009 中的相关规定。

11.6.7　几何公差在计算机辅助三维设计中的标注规定（GB/T 24734.10—2009）

1）几何公差在三维 CAD 模型中的标注方法

（1）形状公差在三维 CAD 模型中的标注方法

公差标注所在的标注面应与应用表面平行、垂直或共面，如图 11.35 所示。表 11.22 列出了应用形状公差时的标注方法。

基准在计算机辅助三维设计中的标注规定

①如果平面度公差仅适用于限定要素,应在模型上使用辅助几何来标出其限定区域。指引线应从公差标注引出,并指向该限定区域,如图 11.36 所示。

②应用于球面、圆柱面、圆锥面或回转面的圆度(公差),其公差标注应垂直于模型特征的轴线或位于包含球心的标注面内,如图 11.37 所示。

③应用于圆柱面或圆锥面的直线度,其公差标注应位于包含模型特征轴线的标注面上,如图 11.41 所示。

表 11.22　形状公差

(摘自 GB/T 24734.10—2009)

应用场合		附加技术		图例序号
		附带尺寸线	采用指引线	
平面度	平面		√	图 11.35
	有限区域		√	图 11.36
圆度	球面	√		图 11.37(a)
			√	图 11.37(b)
	圆柱面	√		图 11.37(c)
			√	图 11.37(d)
	圆锥面		√	图 11.37(e)
	回转面		√	图 11.37(f)
圆柱度	圆柱面	√		图 11.38(a)
			√	图 11.38(b)
直线度	平面		√	图 11.39、图 11.40
	圆柱面或圆锥面		√	图 11.41
	中心线或中心面	√		图 11.42

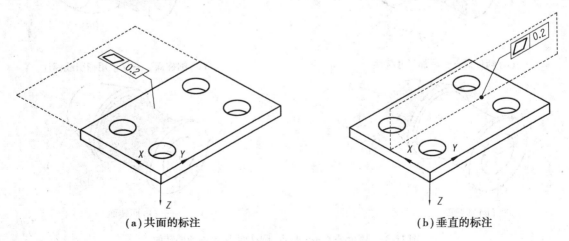

(a)共面的标注　　　　　　　　　　　(b)垂直的标注

注:此处的虚线框只为清楚显示标注面,并不代表实际的表面。

图 11.35　几何公差的共面标注和垂直标注

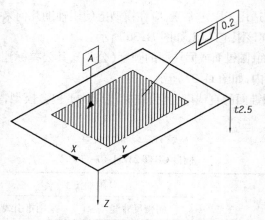

图 11.36　以局部表面作为基准要素

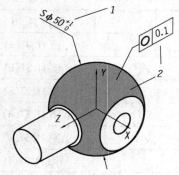

（a）球面——附加尺寸标注

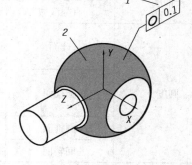

（b）球面——仅采用指引线标注

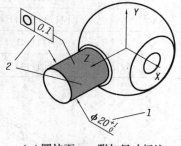

（c）圆柱面——附加尺寸标注

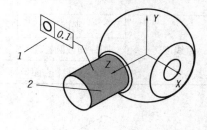

（d）圆柱面——仅采用指引线标注

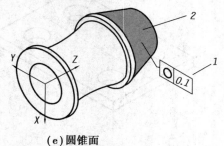

（e）圆锥面

（f）回转面

图 11.37　圆度公差——球面、圆柱面、圆锥面或回转面

1—查询;2—视觉反应

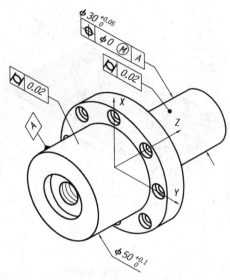

（a）附加尺寸标注

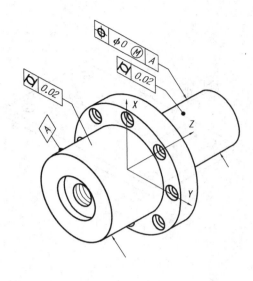

（b）附加尺寸线

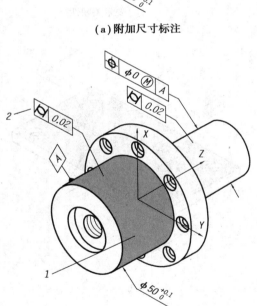

（c）元素关联性

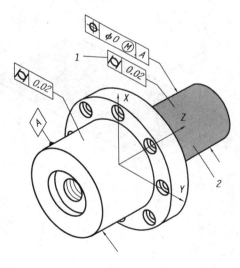

（d）公差关联性

图 11.38　圆柱度
1—查询;2—视觉反应

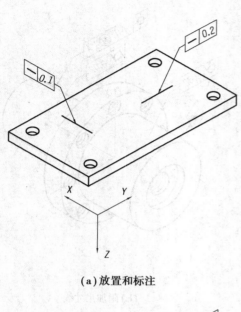

(a)放置和标注

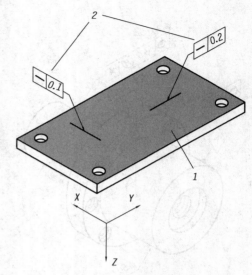

(b)要素关联性

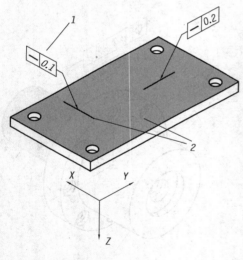

(c)公差方向关联性一

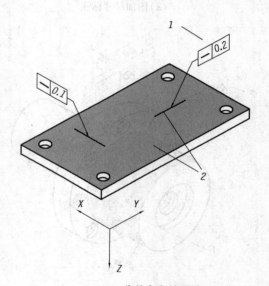

(d)公差方向关联性二

图 11.39　直线度——以表征线素标识方向
1—查询;2—视觉反应

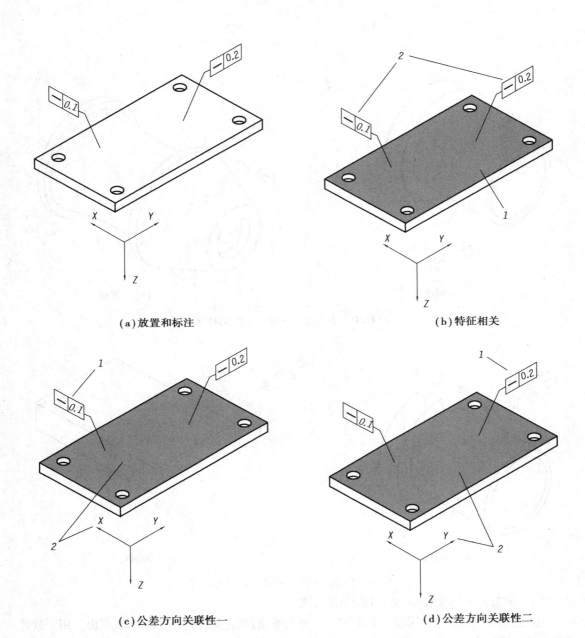

(a) 放置和标注

(b) 特征相关

(c) 公差方向关联性一

(d) 公差方向关联性二

图 11.40　直线度——以坐标轴标识方向
1—查询;2—视觉反应

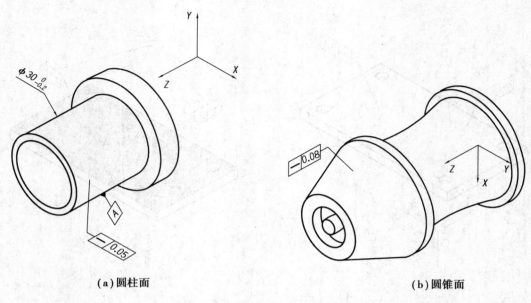

（a）圆柱面　　　　　　　　　　　（b）圆锥面

图 11.41　直线度——圆柱面和圆锥面

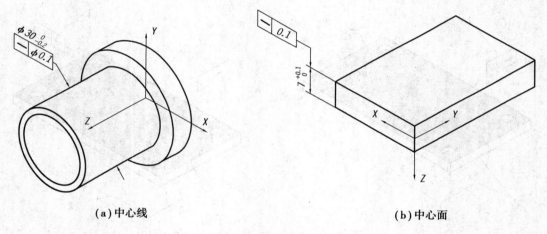

（a）中心线　　　　　　　　　　　（b）中心面

图 11.42　直线度——中心线和中心面

（2）方向公差在三维 CAD 模型中的标注方法

方向公差标注应置于与基准（或第一基准）平行或垂直的标注面上。表 11.23 列出了用于放置方向公差的附加方法。

①当采用坐标轴方向表示表面上线素的方向时，方向公差标注及其附加标记的标注面必须与绝对坐标系或用户坐标系（的坐标轴）平行或垂直，如图 11.25 所示。

②在使用多基准参考时，方向公差标注及其附加标记的标注面必须包含用来标示方向的表征线素，如图 11.44 所示。

③当一个圆柱的中心线的方向被限定在两平行平面公差带内时，方向公差标注应与直径尺寸或其他公差要求一同标注，延长线的方向确定公差带的方向，如图 11.48 所示。

表 11.23   方向公差

(摘自 GB/T 24734.10—2009)

应用范围		附加技术			图例序号
		附带尺寸线	采用指引线	采用延长线	
垂直度、平行度、倾斜度	平面		√		图 11.43
垂直度、平行度、倾斜度	标志方向的线		√		图 11.44、图 11.45
倾斜度	斜面		√		图 11.46
垂直度、平行度、倾斜度	圆柱面的中心线	√			图 11.47(a)
				√	图 11.47(b)
垂直度、平行度、倾斜度	宽度面(固定的平行平面)	√			图 11.47(c)
				√	图 11.47(d)
垂直度、平行度、倾斜度	轴-平面的区域公差	√			图 11.48(a)
				√	图 11.48(b)

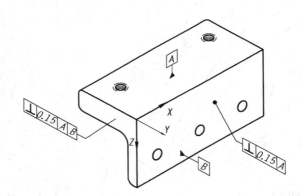

图 11.43   方向公差——平面

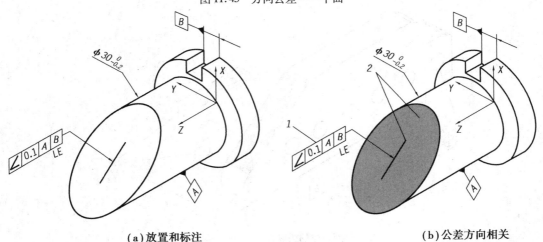

(a)放置和标注   (b)公差方向相关

图 11.44   方向公差——由表征线素标识方向

1—查询;2—视觉反应

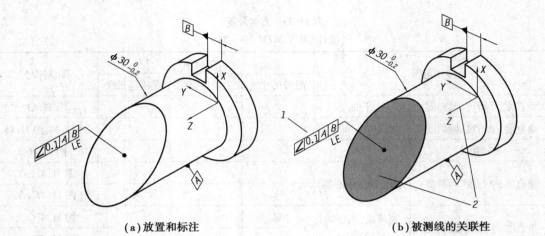

（a）放置和标注　　　　　　　　　　　（b）被测线的关联性

图 11.45　方向公差——由坐标轴标识方向
1—查询；2—视觉反应

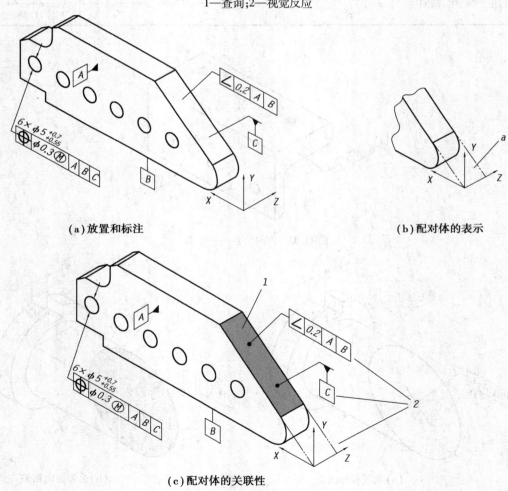

（a）放置和标注　　　　　　　　　　（b）配对体的表示

（c）配对体的关联性

图 11.46　方向公差——倾斜面
1—查询；2—视觉反应；a 图中的辅助几何表示理论正确配对体

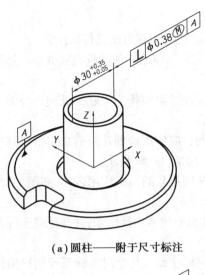

(a) 圆柱——附于尺寸标注

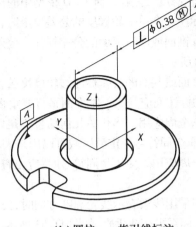

(b) 圆柱——指引线标注

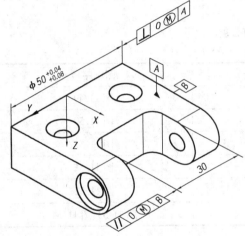

(c) 宽度面——附于尺寸标注

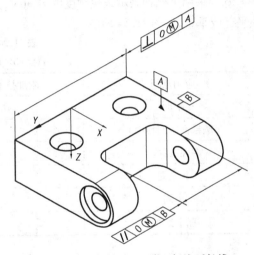

(d) 宽度面——附于标注延长线

图 11.47 方向公差——圆柱或两方向平行表面

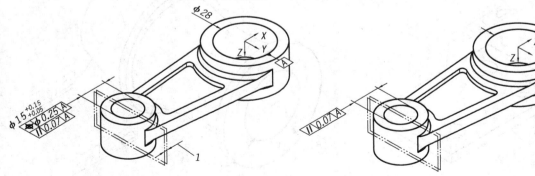

(a) 附于尺寸标注

(b) 附于标注延长线

注:这里显示的公差带只是为了表达清楚,并不是实际表达的一部分。

图 11.48 被限定在两平行平面公差带内的轴线的方向公差

389

（3）轮廓度公差在三维 CAD 模型中的标注方法

在标注一个单一轮廓度的公差要求时,应采用表 11.24 给出的指引线方法进行标注。

①圆锥面或回转表面的公差标注。公差标注所在的标注面应与模型特征轴垂直或共面。如图 11.49(b)所示。

②多面或共面的公差标注。轮廓度公差用于多面时,被标注要素应作为关联组处理。公差标注所在的标注面应与第一基准面平行或垂直,如图 11.50 所示。

③非全周应用。当相关几何信息不足以指示其应用范围时,应使用辅助几何信息来指定其应用范围,非全周符号界定的区域可以用来表示公差应用的范围,如图 11.51 所示。

④全周应用。使用全周符号时,应由查询功能来标识该全周符号的所有应用表面,如图 11.52 所示。

⑤当采用线素表示线轮廓度方向时,公差标注所在的标注面应包含表征线素,并与绝对坐标系或用户坐标系平行或垂直,如图 11.53 所示。

⑥当采用坐标轴表示线轮廓度的方向时,公差标注所在的标注面应与绝对坐标系或用户坐标系平行或垂直,如图 11.54 所示。

表 11.24　轮廓度公差

（摘自 GB/T 24734.10—2009）

应用范围	附加技术(指引线)	图例序号
平面	√	图 11.49
圆锥面或回转面	√	图 11.50
多面或共面	√	图 11.51
非全周	√	图 11.51
全周	√	图 11.52
面上线素	√	图 11.53、图 11.54

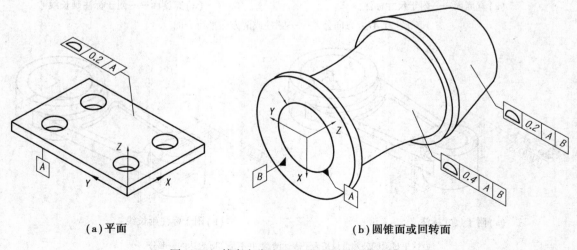

（a）平面　　　　　　　　（b）圆锥面或回转面

图 11.49　轮廓度公差——平面、圆锥面或回转面

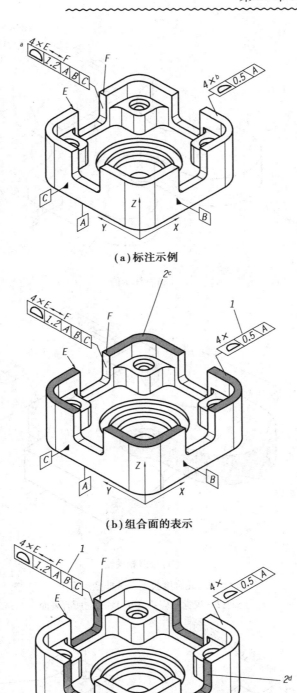

（a）标注示例

（b）组合面的表示

（c）组合面的相关性

图 11.50　轮廓度公差——多面或共面的表示

1—查询;2—视觉反应;[a] 多个表面;[b] 共面的表面;[c]4 个共面表面;[d]4 个凹槽

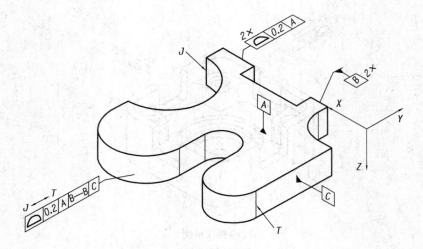

(a) 标注示例

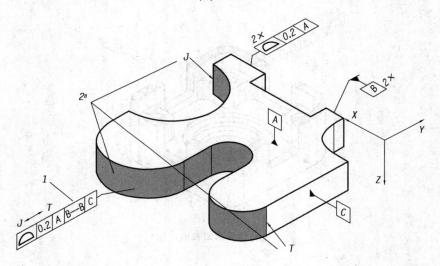

(b) 公差相关性

图 11.51　轮廓度公差——非全周应用

1—查询;2—视觉反应;[a] 介于 J ~ T 的所有表面

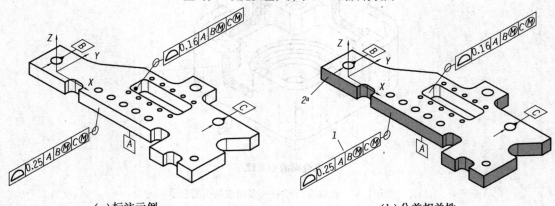

(a) 标注示例　　　　　　　　　　　　　　　　　(b) 公差相关性

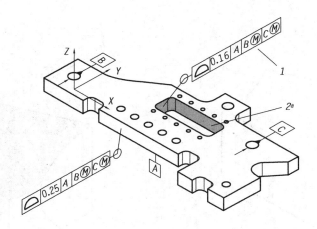

（c）公差相关性

图 11.52　轮廓度公差——全周应用
1—查询;2—视觉反应;ᵃ 封闭环路内的所有表面

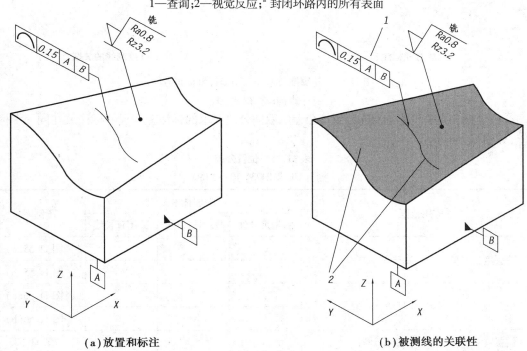

（a）放置和标注　　　　　　　　　　　　　　　　　　（b）被测线的关联性

图 11.53　轮廓度公差——由表征线素标识方向
1—查询;2—视觉反应

（4）位置公差在三维 CAD 模型中的标注方法

位置公差标注应位于平行或垂直于基准（或第一基准）的标注面上。表 11.25 给出了位置公差布置及附加的方法。

①对基于单一基准的位置要素阵列,模型特征的阵列和该单一基准应组成一个关联组。应为每个单一的基准建立模型坐标系,如图 11.55 所示。

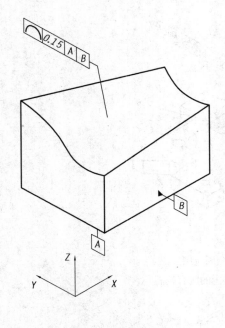

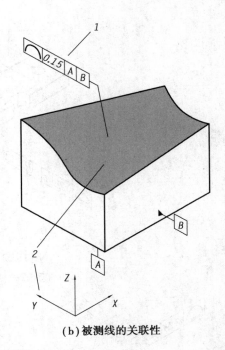

（a）放置和标注 　　　　　　　　　　（b）被测线的关联性

图 11.54　轮廓度公差——由坐标轴标识方向

1—查询；2—视觉反应

②极坐标和直角坐标的双向位置度公差。双向公差要求的标注应和尺寸标注放在同一个标注面上，如图 11.58 所示。

表 11.25　位置公差

（摘自 GB/T 24734.10—2009）

应用范围		附加技术			图例序号
		附带尺寸线	采用指引线	采用延长线	
位置度	基于单一基准	√			图 11.55(a)
			√		图 11.55(b)
位置度	延伸公差带	√			图 11.56(a)
			√		图 11.56(b)
位置度	长孔(槽)			√	图 11.57
位置度	极坐标和直角坐标的双向位置公差			√	图 11.58
同轴度	导出中心线	√			图 11.59(a)
			√		图 11.59(b)
对称度	导出中心面	√			图 11.59(c)
				√	图 11.59(d)

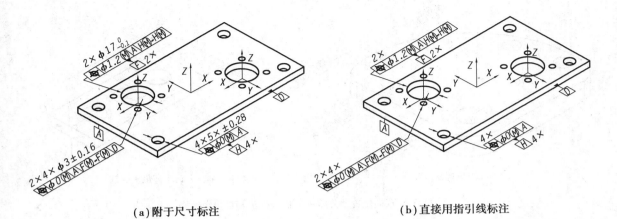

（a）附于尺寸标注　　　　　　　　　　（b）直接用指引线标注

图 11.55　位置度公差

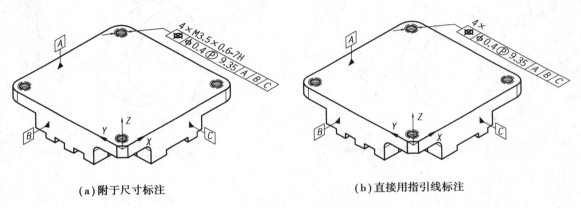

（a）附于尺寸标注　　　　　　　　　　（b）直接用指引线标注

图 11.56　位置度公差——延伸公差带

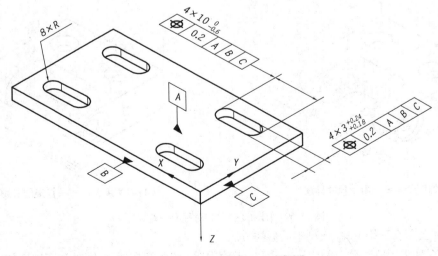

图 11.57　位置度公差——长圆孔

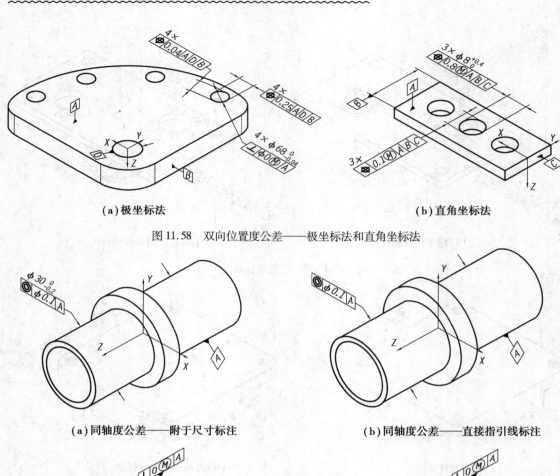

（a）极坐标法　　　　　　　　　　（b）直角坐标法

图 11.58　双向位置度公差——极坐标法和直角坐标法

（a）同轴度公差——附于尺寸标注　　　　　（b）同轴度公差——直接指引线标注

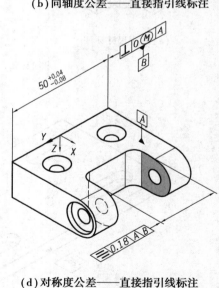

（c）对称度公差——附于尺寸标注　　　　　（d）对称度公差——直接指引线标注

图 11.59　同轴度公差和对称度公差标注

（5）跳动公差在三维 CAD 模型中的标注方法

表 11.26 列出了跳动公差的应用方式和一般使用方法，包括在球面、圆锥和回转面的应用。

表 11.26　跳动公差

（摘自 GB/T 24734.10—2009）

应用范围		附加技术		图例序号
		附带尺寸线	采用指引线	
圆跳动、全跳动	相关性	√	√	图 11.100
圆跳动、全跳动	垂直于基准轴的表面		√	图 11.101（a）
圆跳动、全跳动	圆柱表面	√		图 11.101（b）
			√	图 11.101（c）
圆跳动	球面	√		图 11.102（a）
			√	图 11.102（b）
圆跳动	圆锥或回转面		√	图 11.102（c）

在给跳动公差赋值时,应避免使用多条指引线。当多个要素的跳动公差值及基准相同时,可使用下列方法:

①为所有相同表面建立单一跳动公差标注,且与所有的应用表面组成相关组;公差应用表面数量的注释可以包括在附加的重要的相关性描述中,如图 11.60（a）和图 11.60（b）所示。

②在通用注释中定义跳动公差。

③为每个公差应用表面分别标注跳动公差,如图 11.60（c）所示。

对球面、圆锥面、回转面的跳动公差,跳动公差标注所在的标注面应垂直于圆锥（或回转体）轴线或包含球心,如图 11.61、图 11.62 所示。

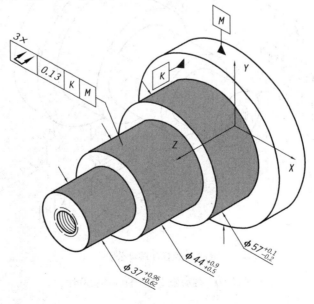

（a）尺寸相关的特征

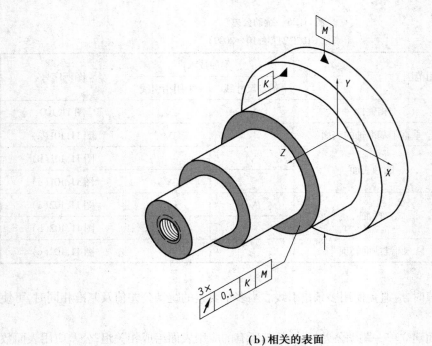

（b）相关的表面

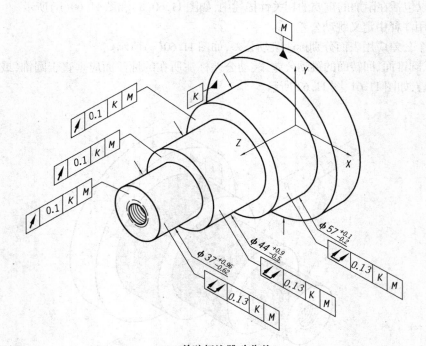

（c）单独标注跳动公差

图 11.60　跳动公差——标注与关联性

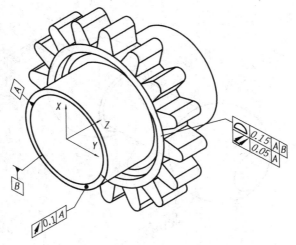

（a）垂直表面

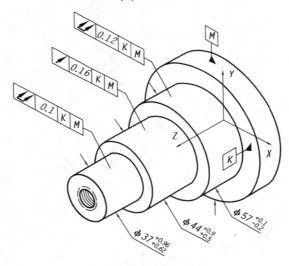

（b）附于尺寸标注

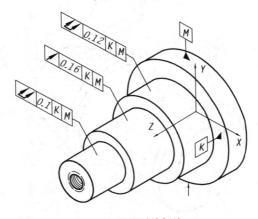

（c）直接指引线标注

图 11.61　跳动公差——垂直表面与圆柱面

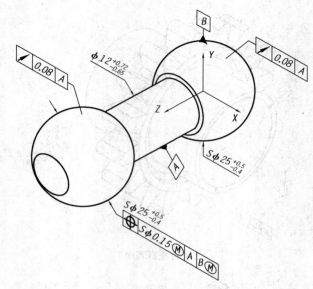

(a)球面——附于尺寸注法

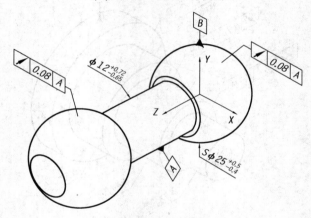

(b)球面——直接指引线注法

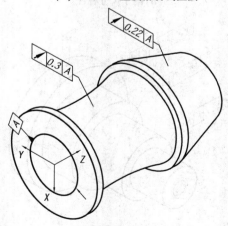

(c)圆锥和回转体表面

图11.62　球面、圆锥面和回转面上的跳动公差注法

2）几何公差在工程图中的标注方法

（1）概述

使用正投影图时，如无另外说明，几何公差的标注应符合 GB/T 1182—2018 和 GB/T 17851—2010 的规定。

（2）通用要求

①对轴测图中的几何公差，要求标注公差的被测要素应可见。

②当几何公差应用于尺寸要素时，公差标注应位于尺寸值下方，如图 11.63（a）所示。

③对应用于要素表面的公差标注，从公差标注中引出的指引线应以实心圆点的形式落在该表面上，如图 11.63（b）所示。

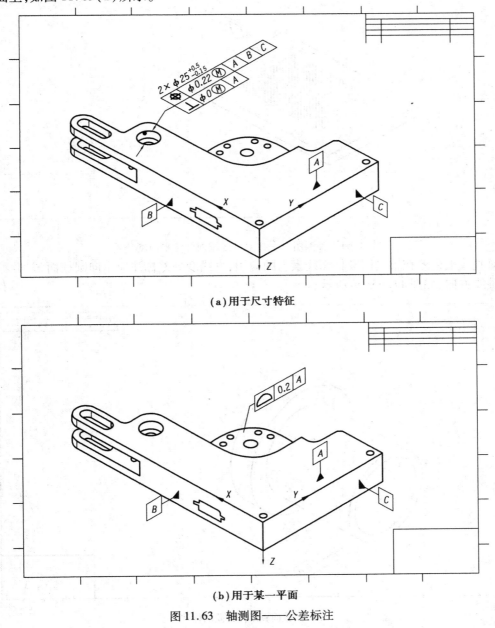

（a）用于尺寸特征

（b）用于某一平面

图 11.63　轴测图——公差标注

401

（3）形状公差在工程图中的标注方法

若无特殊情况，形状公差在工程图中的标注方法应符合"形状公差在三维 CAD 模型中的标注方法"章节的相关要求。

平面度在轴测图中限定区域的应用。限定区域的范围应由辅助几何进行表示，平面度公差标注的指引线应位于该区域内，如图 11.64 所示。

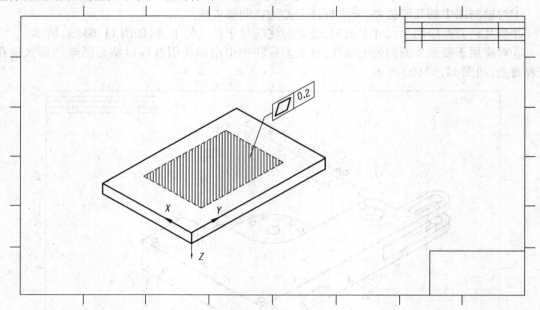

图 11.64　轴测图——在限定区域内标注平面度公差

对直线度公差在轴测图圆柱面线素上的应用，直线度公差标注应指向圆柱面，并沿着该圆柱的轴线方向，如图 11.65(a)所示。

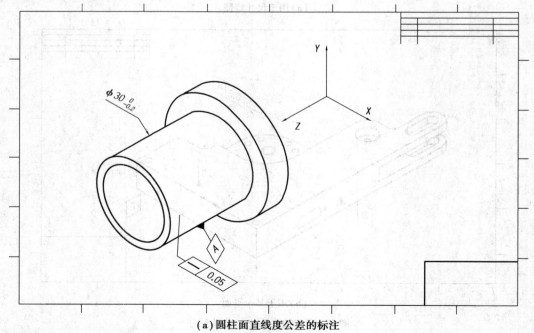

（a）圆柱面直线度公差的标注

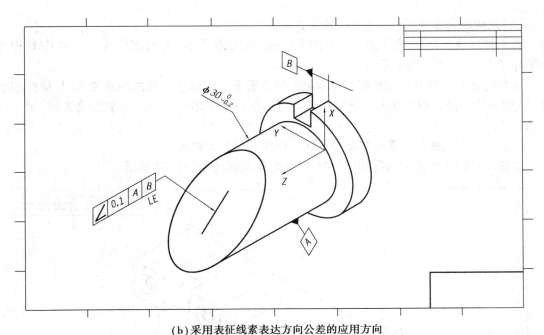

(b) 采用表征线素表达方向公差的应用方向

图 11.65　轴测图——直线度和表征线素的应用

(4) 方向公差在工程图中的标注方法

若无特殊情况,方向公差在工程图中的标注方法应符合"方向公差在三维 CAD 模型中的标注方法"章节的相关要求。

当在轴测图中采用表征线素表达方向公差的应用方向时,公差标注和符号"LE"应指向表征线素以表示应用方向,如图 11.65(b)所示。

当在轴测图中用平行平面的公差带来确定轴线的方向时,公差标注应与直径尺寸及其他公差要求一起标注,并以延长线的方向确定公差带的方向,如图 11.66 所示。

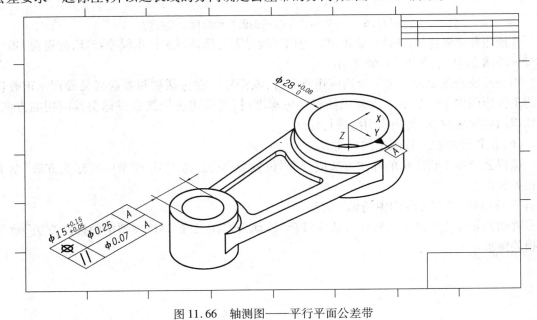

图 11.66　轴测图——平行平面公差带

（5）轮廓度公差在工程图中的标注方法

若无特殊情况，轮廓度公差在工程图中的标注方法应符合"轮廓度公差在三维 CAD 模型中的标注方法"章节的相关要求。

表面轮廓度公差可应用在视图中未显示的要素上。在标注单独的轮廓要求时，应按照表 11.24 中介绍的使用指引线方法进行标注。当标注应用于多个表面的轮廓度公差时，可采用下列方法：

①公差标注应使用一条或多条指引线指向所有的公差要素。

②在公差标注中使用的附加符号"CZ"应能被识别，如图 11.67 所示。

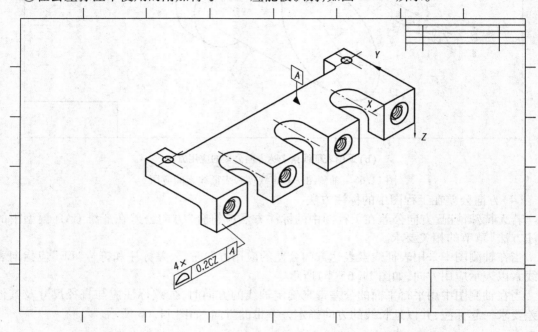

图 11.67　应用与多个相同表面的轮廓度公差标注

③使用非全周符号，并使用表示限定应用区域界限的两条线来标识模型特征，应符合 GB/T 1182—2018 的规定，如图 11.68 所示。

当表面轮廓度公差采用了全周应用符号时，该符号应在包括被测要素名义或理论正确轮廓的正投影图中予以显示。当标识任意线轮廓度时，可采用表征线素以标明其应用的方向。当标识面轮廓度时，应使用指引线进行标注。

（6）位置公差在工程图中的标注方法

位置公差在工程图中的标注方法应符合"位置公差在三维 CAD 模型中的标注方法"章节的相关要求。

（7）跳动公差在工程图中的标注方法

跳动公差在工程图中的标注方法应符合"跳动公差在三维 CAD 模型中的标注方法"章节的相关要求。

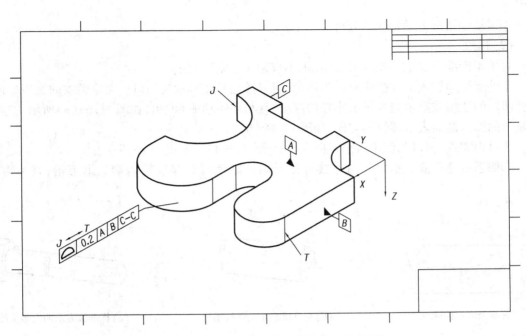

图 11.68　应用与非全周表面的轮廓度公差标注

11.6.8　计算机辅助三维设计模型的几何细节层级(GB/T 24734.11—2009)

1)计算机辅助三维设计模型的几何细节层级的分类

(1)标准级表示

在标准级表示中,对识别功能目的所需的几何形状和设计细节进行建模或显示。除非有特别说明,小于最大长度 0.5% 以及表达功能目的所不需的元素可不建模或不显示。

(2)简化级表示

在简化级表示中,只有零件的各部分、零件或装配体的基本形状需要建模或显示。倒角、沟槽、刻痕等元素以及内部细节不需要建模或显示。

(3)扩展级表示

在扩展级表示中,所有的零件、总成或模型特征的建模或显示都应能表现其完整的细节。在满足功能需要的前提下,建模或显示的精度可以低于零件或模型特征的实际形式。除非有特别说明,小于最大长度 0.1% 的元素可不予建模或显示。有限体积的内部细节只有在必要时方予显示。

2)标准级表示的建模或显示要求

(1)基本要求

在标准级表示中,对识别功能目的所需的几何形状和设计细节进行建模或显示。除非有特别说明,小于最大长度 0.5% 以及表达功能目的所不需的元素可不建模或不显示。标准级表示用途示例包括(但不仅限于):

①装配体(总成)的设计和产品工艺。

②对安装要求的分析。

③对干涉状态的分析。

④运动学及动力学特性的分析。

（2）螺纹

对采用标准级表示的螺纹可采用（但不仅限于）以下方法：

①外螺纹的旋入端建模或显示为倒角，退刀槽建模或显示为凹口。无论螺纹的类型如何，这些凹口的建模或显示应表示出小径的深度，且与旋转轴成60°角，如图11.69（a）所示。建模或显示的凹口侧面表示螺纹的方向，如图11.69（b）、（c）所示。

②对内螺纹，凹口和倒角从小径向大径显示，如图11.69（d）、（e）所示。

③如果从建模或显示的几何连接特征可以清晰地看到螺纹旋入端或退刀槽，则不需要凹口。

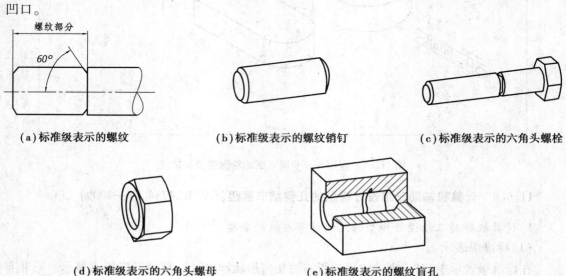

（a）标准级表示的螺纹　　　　　（b）标准级表示的螺纹销钉　　　　　（c）标准级表示的六角头螺栓

（d）标准级表示的六角头螺母　　　　　（e）标准级表示的螺纹盲孔

图11.69　标准级表示的螺纹

（3）孔、埋头孔、倒角和沟槽

如果为了识别的目的或进行安装空间和干涉检查分析的需要，这些模型特征应建模或显示，如图11.70所示。

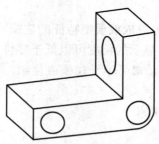

图11.70　带有孔、埋头孔、倒角和沟槽零件的标准级表示

（4）齿轮

对齿轮齿形进行建模或显示时，应表现出主要尺寸（如齿轮分度圆），并应对一个轮齿进行建模或显示，以表现出齿轮类型（如螺旋齿轮副）。渐开线形状可以用直线或弧线近似表示，如图11.71所示。

（5）轴承

具有内圈和外圈轴承体的应被建模,如图 11.72 所示。

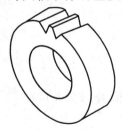 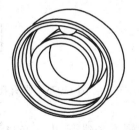

图 11.71　标准级表示的齿轮　　　图 11.72　标准级表示的轴承

（6）螺旋弹簧

可用波纹管或套有环的柱体对螺旋弹簧进行建模或显示,如图 11.73 所示。

（7）表面的结构要素（如压花、浮刻、压印等）

表面的结构要素（如压花、浮刻、压印等）可以不建模或不显示。

（8）管路

根据当前使用目的需要决定是否对模型内部特征、内径和倒角等细节进行建模或显示。

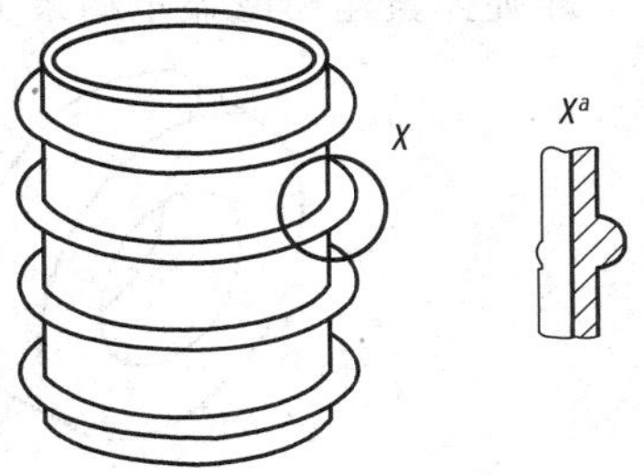

3）简化级表示的建模或显示要求

（1）基本要求

在简化级表示中,只有零件的各部分、零件或装配体的

图 11.73　标准级表示的螺旋弹簧
ª详细视图

基本形状需要建模或显示。倒角、沟槽、刻痕等元素以及内部细节不需要建模或显示。因此,模型或零件不需要非常详细的显示。简化级表示用途示例包括（但不仅限于）:

①处理非常大的零件或装配体（总成）。

②可用的计算机资源非常有限。

③只需少量的特定建模特征（如出于尺寸上的考虑）。

（2）螺纹

用简化级表示的螺纹可采用（但不仅限于）以下方法:

简化级表示对外螺纹的大径及内螺纹的小径进行建模或显示,如图 11.74 所示。简化级表示对外螺纹的小径和内螺纹的大径不建模或不显示。

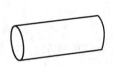 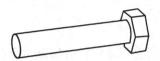

（a）简化级表示的螺纹销钉　　　**（b）简化级表示的六角头螺栓**　　　**（c）简化级表示的六角螺母**

图 11.74　简化级表示的螺纹

（3）孔、埋头孔、倒角和沟槽

这些模型特征不建模或不显示,如图 11.75 所示。

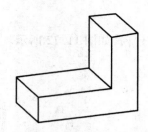

图 11.75　带有孔、埋头孔、倒角和沟槽零件的简化级表示

（4）齿轮

齿轮的齿廓不必建模，也不必显示，只需显示零件的最大圆周。对外齿轮，只需显示齿顶圆，如图 11.76 所示。

（5）螺旋弹簧

螺旋弹簧建模或显示结果为空心圆柱体，直径为弹簧直径，如图 11.77 所示。

图 11.76　简化级表示的齿轮

图 11.77　简化级表示的螺旋弹簧

4）扩展级表示的建模或显示要求

（1）基本要求

在扩展级表示中，所有的零件、总成或模型特征的建模或显示都应能表现其完整的细节。在满足功能需要的前提下，建模或显示的精度可以低于零件或模型特征的实际形式。除非有特别说明，小于最大长度 0.1% 的元素可不予建模或显示。有限体积的内部细节只有在必要时方予显示。扩展级表示用途例包括（但不仅限于）：

①爆炸图的生成。

②手册的插图、制造工艺的说明等内容的生成。

（2）螺纹

用扩展级表示的螺纹可采用（但不仅限于）以下方法：

螺纹轮廓建模或显示为一系列圆周凹槽或沿螺旋线一侧的单一螺旋凹槽，如图 11.78 所示。

（3）孔、埋头孔、倒角和沟槽

这些模型特征建模或显示的完整程度应符合实际对象的情况，如图 11.79 所示。

（4）齿轮

齿轮的所有轮齿应完整建模或显示。齿形可以是近似形状，渐开线形状允许用平面或柱体近似表示，如图 11.80 所示。

（5）轴承

所有的轴承体和内部模型特征（如轴承罩和密封件）都应建模或显示，如图 11.81 所示。

(a)扩展级表示的螺纹销钉

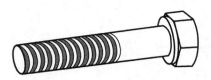
(b)扩展级表示的六角头螺栓

(c)扩展级表示的六角螺母

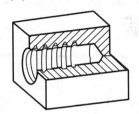
(d)扩展级表示的螺孔

图 11.78　扩展级表示的螺纹

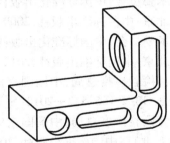

图 11.79　带有孔、埋头孔、倒角和沟槽的零件的扩展级表示

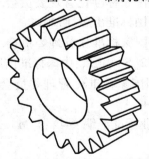

图 11.80　扩展级表示的齿轮

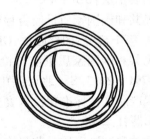

图 11.81　扩展级表示的轴承

(6)螺旋弹簧

按照螺旋弹簧的尺寸和形状建立模型,如图 11.82 所示。

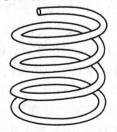

图 11.82　扩展级表示的螺旋弹簧

参考文献

[1] 全国技术产品文件标准化技术委员会,中国标准化出版社第三编辑室.技术产品文件标准汇编 机械制图卷[M].2 版.北京:中国标准出版社,2009.

[2] 全国技术产品文件标准化技术委员会,中国标准化出版社第三编辑室.技术产品文件标准汇编 技术制图卷[M].3 版.北京:中国标准出版社,2012.

[3] 中华人民共和国国家质量监督检验检疫总局,中国国家标准化管理委员会.技术制图 简化表示法 第 2 部分:尺寸注法:GB/T 16675.2—2012[S].北京:中国标准出版社,2012.

[4] 中华人民共和国国家质量监督检验检疫总局,中国国家标准化管理委员会.机械制图 轴测图:GB/T 4458.3—2013[S].北京:中国标准出版社,2014.

[5] 中华人民共和国国家质量监督检验检疫总局,中国国家标准化管理委员会.机械制图 剖面区域的表示法:GB/T 4457.5—2013[S].北京:中国标准出版社,2014.

[6] 中华人民共和国国家质量监督检验检疫总局,中国国家标准化管理委员会.技术制图 简化表示法 第 1 部分:图样画法:GB/T 16675.1—2012[S].北京:中国标准出版社,2012.

[7] 中华人民共和国国家质量监督检验检疫总局,中国国家标准化管理委员会.螺纹 术语:GB/T 14791—2013[S].北京:中国标准出版社,2014.

[8] 全国技术产品文件标准化技术委员会.中国机械工业标准汇编 螺纹卷[M].3 版.北京:中国标准出版社,2005.

[9] 中华人民共和国国家质量监督检验检疫总局,中国国家标准化管理委员会.管螺纹收尾、肩距、退刀槽和倒角:GB/T 32535—2016[S].北京:中国标准出版社,2016.

[10] 中华人民共和国国家质量监督检验检疫总局,中国国家标准化管理委员会.梯形和锯齿形螺纹收尾、肩距、退刀槽和倒角:GB/T 32537—2016[S].北京:中国标准出版社,2016.

[11] 中华人民共和国国家质量监督检验检疫总局,中国国家标准化管理委员会.普通螺纹 公差:GB/T 197—2018[S].北京:中国标准出版社,2018.

[12] 国家市场监督管理总局,中国国家标准化管理委员会.小螺纹 第 1 部分:牙型、系列和基本尺寸:GB/T 15054.1—2018[S].北京:中国标准出版社,2018.

[13] 国家市场监督管理总局,中国国家标准化管理委员会.小螺纹 第 2 部分:公差和极限尺寸:GB/T 15054.2—2018[S].北京:中国标准出版社,2018.

[14] 中华人民共和国国家质量监督检验检疫总局,中国国家标准化管理委员会.梯形螺纹 第

1 部分:牙型:GB/T 5796.1—2005［S］.北京:中国标准出版社,2005.

［15］中华人民共和国国家质量监督检验检疫总局,中国国家标准化管理委员会.梯形螺纹 第 2 部分:直径与螺距系列:GB/T 5796.2—2005［S］.北京:中国标准出版社,2005.

［16］中华人民共和国国家质量监督检验检疫总局,中国国家标准化管理委员会.梯形螺纹 第 3 部分:基本尺寸:GB/T 5796.3—2005［S］.北京:中国标准出版社,2005.

［17］中华人民共和国国家质量监督检验检疫总局,中国国家标准化管理委员会.梯形螺纹 第 4 部分:公差:GB/T 5796.4—2005［S］.北京:中国标准出版社,2005.

［18］中华人民共和国国家质量监督检验检疫总局,中国国家标准化管理委员会.锯齿形(3°、 30°)螺纹 第 1 部分:牙型:GB/T 13576.1—2008［S］.北京:中国标准出版社,2008.

［19］中华人民共和国国家质量监督检验检疫总局,中国国家标准化管理委员会.锯齿形(3°、 30°)螺纹 第 2 部分:直径与螺距系列:GB/T 13576.2—2008［S］.北京:中国标准出版社, 2008.

［20］中华人民共和国国家质量监督检验检疫总局,中国国家标准化管理委员会.锯齿形(3°、 30°)螺纹 第 3 部分:基本尺寸:GB/T 13576.3—2008［S］.北京:中国标准出版社,2008.

［21］中华人民共和国国家质量监督检验检疫总局,中国国家标准化管理委员会.锯齿形(3°、 30°)螺纹 第 4 部分 公差:GB/T 13576.4—2008［S］.北京:中国标准出版社,2008.

［22］中华人民共和国国家质量监督检验检疫总局,中国国家标准化管理委员会.米制密封螺 纹:GB/T 1415—2008［S］.北京:中国标准出版社,2008.

［23］中华人民共和国国家质量监督检验检疫总局,中国国家标准化管理委员会.60°密封管螺 纹:GB/T 12716—2011［S］.北京:中国标准出版社,2012.

［24］中华人民共和国国家质量监督检验检疫总局.自攻螺钉用螺纹:GB/T 5280—2002［S］. 北京:中国标准出版社,2002.

［25］中华人民共和国国家质量监督检验检疫总局,中国国家标准化管理委员会.气瓶专用螺 纹:GB 8335—2011［S］.北京:中国标准出版社,2011.

［26］中华人民共和国国家质量监督检验检疫总局,中国国家标准化管理委员会.轮胎气门嘴 螺纹:GB 9765—2009［S］.北京:中国标准出版社,2009.

［27］中华人民共和国国家质量监督检验检疫总局,中国国家标准化管理委员会.气动连接 气 口和螺柱端:GB/T 14038—2008［S］.北京:中国标准出版社,2008.

［28］国家技术监督局.电气导管 电气安装用导管的外径和导管与配件的螺纹:GB/T 17194— 1997［S］.北京:中国标准出版社,1997.

［29］国家技术监督局.包装 玻璃容器 螺纹瓶口尺寸:GB/T 17449—1998［S］.北京:中国标准 出版社,1998.

［30］中华人民共和国国家质量监督检验检疫总局,中国国家标准化管理委员会.紧固件 螺 栓、螺钉和螺柱 公称长度和螺纹长度:GB/T 3106—2016［S］.北京:中国标准出版 社,2016.

［31］中华人民共和国国家质量监督检验检疫总局,中国国家标准化管理委员会.紧固件标记 方法:GB/T 1237—2000［S］.北京:中国标准出版社,2000.

［32］全国紧固件标准化技术委员会,中国标准出版社第三编辑室.紧固件标准汇编 2008 产 品卷(上)［M］.北京:中国标准出版社,2008.

［33］全国紧固件标准化技术委员会,中国标准出版社第三编辑室.紧固件标准汇编2008产品卷(下)［M］.北京:中国标准出版社,2008.

［34］中华人民共和国国家质量监督检验检疫总局,中国国家标准化管理委员会.六角头螺栓:GB/T 5782—2016［S］.北京:中国标准出版社,2016.

［35］中华人民共和国国家质量监督检验检疫总局,中国国家标准化管理委员会.1型六角螺母:GB/T 6170—2015［S］.北京:中国标准出版社,2015.

［36］中华人民共和国国家质量监督检验检疫总局,中国国家标准化管理委员会.开槽盘头螺钉:GB/T 67—2016［S］.北京:中国标准出版社,2016.

［37］中华人民共和国国家质量监督检验检疫总局,中国国家标准化管理委员会.内六角圆柱头螺钉:GB/T 70.1—2008［S］.北京:中国标准出版社,2008.

［38］中华人民共和国国家质量监督检验检疫总局,中国国家标准化管理委员会.开槽锥端紧定螺钉:GB/T 71—2018［S］.北京:中国标准出版社,2018.

［39］中华人民共和国国家质量监督检验检疫总局,中国国家标准化管理委员会.轴用弹性挡圈:GB/T 894—2017［S］.北京:中国标准出版社,2017.

［40］全国机器轴与附件标准化技术委员会,中国标准出版社第三编辑室.零部件及相关标准汇编 键与花键联结卷［M］.北京:中国标准出版社,2000.

［41］中华人民共和国国家质量监督检验检疫总局,中国国家标准化管理委员会.矩形内花键长度系列:GB/T 10081—2005［S］.北京:中国标准出版社,2005.

［42］中华人民共和国国家质量监督检验检疫总局,中国国家标准化管理委员会.花键基本术语:GB/T 15758—2008［S］.北京:中国标准出版社,2008.

［43］中华人民共和国国家质量监督检验检疫总局,中国国家标准化管理委员会.圆锥直齿渐开线花键:GB/T 18842—2008［S］.北京:中国标准出版社,2008.

［44］国家市场监督管理总局,中国国家标准化管理委员会.弹性圆柱销 直槽 重型:GB/T 879.1—2018［S］.北京:中国标准出版社,2018.

［45］国家市场监督管理总局,中国国家标准化管理委员会.弹性圆柱销 直槽 轻型:GB/T 879.2—2018［S］.北京:中国标准出版社,2018.

［46］国家市场监督管理总局,中国国家标准化管理委员会.弹性圆柱销 卷制 重型:GB/T 879.3—2018［S］.北京:中国标准出版社,2018.

［47］国家市场监督管理总局,中国国家标准化管理委员会.弹性圆柱销 卷制 标准型:GB/T 879.4—2018［S］.北京:中国标准出版社,2018.

［48］国家市场监督管理总局,中国国家标准化管理委员会.弹性圆柱销 卷制 轻型:GB/T 879.5—2018［S］.北京:中国标准出版社,2018.

［49］中华人民共和国国家质量监督检验检疫总局,中国国家标准化管理委员会.销轴:GB/T 882—2008［S］.北京:中国标准出版社,2008.

［50］中华人民共和国国家质量监督检验检疫总局,中国国家标准化管理委员会.无头销轴:GB/T 880—2008［S］.北京:中国标准出版社,2008.

［51］中华人民共和国国家质量监督检验检疫总局,中国国家标准化管理委员会.槽销 带导杆及全长平行沟槽:GB/T 13829.1—2004［S］.北京:中国标准出版社,2004.

［52］中华人民共和国国家质量监督检验检疫总局,中国国家标准化管理委员会.槽销 带倒角

及全长平行沟槽:GB/T 13829.2—2004[S].北京:中国标准出版社,2004.

[53] 中华人民共和国国家质量监督检验检疫总局,中国国家标准化管理委员会.槽销 中部槽长为1/3 全长:GB/T 13829.3—2004[S].北京:中国标准出版社,2004.

[54] 中华人民共和国国家质量监督检验检疫总局,中国国家标准化管理委员会.槽销 中部槽长为1/2 全长:GB/T 13829.4—2004[S].北京:中国标准出版社,2004.

[55] 中华人民共和国国家质量监督检验检疫总局,中国国家标准化管理委员会.槽销 全长锥槽:GB/T 13829.5—2004[S].北京:中国标准出版社,2004.

[56] 中华人民共和国国家质量监督检验检疫总局,中国国家标准化管理委员会.槽销 半长锥槽:GB/T 13829.6—2004[S].北京:中国标准出版社,2004.

[57] 中华人民共和国国家质量监督检验检疫总局,中国国家标准化管理委员会.槽销 半长倒锥槽:GB/T 13829.7—2004[S].北京:中国标准出版社,2004.

[58] 中华人民共和国国家质量监督检验检疫总局,中国国家标准化管理委员会.圆头槽销:GB/T 13829.8—2004[S].北京:中国标准出版社,2004.

[59] 中华人民共和国国家质量监督检验检疫总局,中国国家标准化管理委员会.沉头槽销:GB/T 13829.9—2004[S].北京:中国标准出版社,2004.

[60] 全国齿轮标准化技术委员会.零部件及相关标准汇编 齿轮与齿轮传动卷(上)[M].北京:中国标准出版社,2012.

[61] 国家市场监督管理总局,中国国家标准化管理委员会.圆柱蜗杆传动基本参数:GB/T 10085—2018[S].北京:中国标准出版社,2018.

[62] 国家市场监督管理总局,中国国家标准化管理委员会.圆柱蜗杆模数和直径:GB/T 10088—2018[S].北京:中国标准出版社,2018.

[63] 中华人民共和国国家质量监督检验检疫总局.滚动轴承 词汇:GB/T 6930—2002[S].北京:中国标准出版社,2002.

[64] 中华人民共和国国家质量监督检验检疫总局,中国国家标准化管理委员会.滚动轴承 分类:GB/T 271—2017[S].北京:中国标准出版社,2017.

[65] 中华人民共和国国家质量监督检验检疫总局,中国国家标准化管理委员会.滚动轴承 代号方法:GB/T 272—2017[S].北京:中国标准出版社,2017.

[66] 中华人民共和国国家质量监督检验检疫总局,中国国家标准化管理委员会.机械制图 滚动轴承表示法:GB/T 4459.7—2017[S].北京:中国标准出版社,2017.

[67] 中华人民共和国国家质量监督检验检疫总局,中国国家标准化管理委员会.滚动轴承 外形尺寸总方案 第1 部分:圆锥滚子轴承:GB/T 273.1—2011[S].北京:中国标准出版社,2011.

[68] 中华人民共和国国家发展和改革委员会.整体有衬正滑动轴承座 型式与尺寸:JB/T 2560—2007[S].北京:机械工业出版社,2007.

[69] 中华人民共和国国家发展和改革委员会.对开式二螺柱正滑动轴承座 型式与尺寸:JB/T 2561—2007[S].北京:机械工业出版社,2007.

[70] 中华人民共和国国家发展和改革委员会.对开式四螺柱正滑动轴承座 型式与尺寸:JB/T 2562—2007[S].北京:机械工业出版社,2007.

[71] 中华人民共和国国家发展和改革委员会.对开式四螺柱斜滑动轴承座 型式与尺寸:JB/T

2563—2007［S］.北京：机械工业出版社，2007.

［72］全国弹簧标准化技术委员会，中国标准出版社第三编辑室.零部件及相关标准汇编 弹簧卷（上）［M］.北京：中国标准出版社，2009.

［73］国家机械工业局.机械工业新产品开发设计 基本程序：JB/T 5055—2001［S］.北京：机械科学研究院，2001.

［74］中华人民共和国国家质量监督检验检疫总局，中国国家标准化管理委员会.技术制图 简化表示法 第2部分 尺寸注法：GB/T 16675.2—2012［S］.北京：中国标准出版社，2012.

［75］中国标准出版社第三编辑室、全国铸造标准化技术委员会.铸造标准汇编（上）［M］.北京：中国标准出版社，2011.

［76］中国标准出版社第三编辑室、全国铸造标准化技术委员会.铸造标准汇编（中）［M］.北京：中国标准出版社，2011.

［77］陈宏钧.实用机械加工工艺手册［M］.4版.北京：机械工业出版社，2020.

［78］全国产品几何技术规范标准化技术委员.产品几何技术规范标准汇编 极限与配合［M］.北京：中国标准出版社，2014.

［79］全国产品几何技术规范标准化技术委员.产品几何技术规范标准汇编 几何公差［M］.北京：中国标准出版社，2014.

［80］国家市场监督管理总局，中国国家标准化管理委员会.产品几何技术规范（GPS）几何公差 形状、方向、位置和跳动公差标注：GB/T 1182—2018［S］.北京：中国标准出版社，2018.

［81］国家市场监督管理总局，中国国家标准化管理委员会.产品几何技术规范（GPS）几何公差 最大实体要求（MMR）、最小实体要求（LMR）和可逆要求（RPR）：GB/T 16671—2018［S］.北京：中国标准出版社，2018.

［82］中华人民共和国国家质量监督检验检疫总局，中国国家标准化管理委员会.优先数和优先数系：GB/T 321—2005［S］.北京：中国标准出版社，2005.

［83］中华人民共和国国家质量监督检验检疫总局，中国国家标准化管理委员会.优先数和优先数系的应用指南：GB/T 19763—2005［S］.北京：中国标准出版社，2005.

［84］中华人民共和国国家质量监督检验检疫总局，中国国家标准化管理委员会.优先数和优先数化整值系列的选用指南：GB/T 19764—2005［S］.北京：中国标准出版社，2005.

［85］中华人民共和国国家质量监督检验检疫总局，中国国家标准化管理委员会.机械制图 剖面区域的表示法：GB/T 4457.5—2013［S］.北京：中国标准出版社，2013.

［86］中华人民共和国国家质量监督检验检疫总局，中国国家标准化管理委员会.技术制图 明细栏：GB/T 10609.2—2009［S］.北京：中国标准出版社，2009.

［87］中华人民共和国机械电子工业部.装配通用技术要求：JB/T 5994—1992［S］.北京：机械科学研究院，1992.

［88］中华人民共和国国家质量监督检验检疫总局，中国国家标准化管理委员会.机械制图 机构运动简图用图形符号：GB/T 4460—2013［S］.北京：中国标准出版社，2013.

［89］中华人民共和国国家质量监督检验检疫总局，中国国家标准化管理委员会.机械工程CAD制图规则：GB/T 14465—2012［S］.北京：中国标准出版社，2012.

［90］中华人民共和国国家质量监督检验检疫总局，中国国家标准化管理委员会.机械产品三

维建模通用规则:GB/T 26099.1~4—2010[S].北京:中国标准出版社,2010.

[91] 中华人民共和国国家质量监督检验检疫总局,中国国家标准化管理委员会.技术产品文件 数字化产品定义数据通则:GB/T 24734.1~11—2009[S].北京:中国标准出版社,2009.

[92] 管巧娟.构型基础与机械制图[M].北京:机械工业出版社,2015.

[93] 林晓新.工程制图[M].北京:机械工业出版社,2018.

[94] 李澄,吴天生,闻百桥.机械制图[M].北京:高等教育出版社,2013.